ISBN 978-0-260-72966-8
PIBN 11118503

CAROLO · RICHET

AMICVS · AMICO

DISCIPVLVS · DISCIPULO

ILLVSTRISSIMO · ILLVSTRISSIMI

GVLIELMI · HARVEY

HVNC · LIBRVM

D · D ·

ARTVRVS · MYERS .

———

MDCCCLXXXVII .

PRELECTIONES ANATOMIÆ UNIVERSALIS

BY

WILLIAM HARVEY

EDITED

WITH AN AUTOTYPE REPRODUCTION OF THE ORIGINAL

BY A COMMITTEE OF

THE ROYAL COLLEGE OF PHYSICIANS OF LONDON

LONDON
J. & A. CHURCHILL
11 NEW BURLINGTON STREET
1886

PRINTED BY
SPOTTISWOODE AND CO., NEW-STREET SQUARE
LONDON

INTRODUCTION.

THE manuscript now for the first time printed is in the handwriting of Harvey, as may be seen by a comparison with his letter published some years since by Sir George Paget and with other letters in his handwriting. The title-page bears his signature, "per me Gulielmum Harveium," and the date A.D. 1616. The manuscript, with another volume also in his handwriting, formed part of the collection of Sir Hans Sloane, which became the property of the nation in 1753. Of its history from 1657, the year of Harvey's death, till 1753 nothing is certainly known. At the death of many physicians of his time, as of Dr. Francis Bernard (1698) and of Dr. Edward Browne (1708), Sir Hans Sloane bought their manuscripts and note-books, and it was most likely from a purchase of this kind that the manuscript became part of the Sloane collection. Dr. Lawrence, the editor of the edition of Harvey's works published by the College of Physicians in 1766, had examined the manuscript and describes it correctly. Somewhat later the volume got among printed books, and could not be found among the manuscripts of the Museum. In the year 1877 it was restored to its proper place in the collection. In that year it was exactly described by Sir Edward Sieveking in his Harveian oration, who read several extracts from it and exhibited an autotype of one of its most important pages. Sir Edward Sieveking continued his investigations, and at his suggestion the subject was brought before the Royal College of Physicians, where, on March 30, 1885, Dr. George Johnson asked for the appointment of a committee to consider the question of printing in facsimile the manuscript notes of the anatomical lectures of Harvey, and gave notice that he would at the next meeting ask the College to guarantee two hundred guineas towards the expense.

Dr. George Johnson, Sir Edward Sieveking, Dr. F. Payne, Dr. Stone, and Dr. Norman Moore were appointed a committee to consider the question. The committee presented their report on April 30, 1885, and its consideration was postponed to the next meeting.

On May 28, 1885, the report of the committee, recommending that the College guarantee the cost of one hundred copies at *2l. 2s.* each, and that a permanent committee be appointed to superintend the publication, was adopted, and the committee was reappointed to arrange and supervise the publication.

Messrs. J. and A. Churchill, on the representation of the subject to them by Sir Edward Sieveking, undertook, with laudable public spirit, the remaining risk of publication, and the undertaking was further supported by a subscription from the Royal College of Surgeons of England and by several private subscribers. Messrs. Churchill, on the recommendation of Sir Edward Sieveking, employed Mr. Edward Scott, of the Manuscript Department of the British Museum, to make a transcript of the whole, a work of great labour owing to the extreme obscurity of many pages of Harvey's writing, and which Mr. Scott accomplished in a manner and in a space of time which deserve the highest commendation. The generous way in which Mr. Maunde Thompson, chief of the Manuscript Department, gave his invaluable aid in deciphering the most obscure lines has added much to the value of the transcript. The transcript is accompanied by an autotype reproduction of every page of the manuscript. Dr. George Johnson acted as chairman of the committee of the Royal College of Physicians, and the other members shared among them the several parts of the work—viz. the examination and approval of each autotype plate as it was issued, the comparison of every word of the printed transcript with the original writing of Harvey as shown in the autotype, and the revision of the proofs.

Several passages still remain obscure, but, as the reader has before him every stroke as it was made by Harvey's pen, the editors did not feel it necessary to delay the publication to the extent which would have been necessary if a minute study of all known writing of Harvey had been made, by which alone further interpretation would have been possible.

The rule followed in the transcript has been to print the words as written by Harvey without any emendation, however obvious or probable. His Latin cases are often wrong; sometimes by a slip of the pen he spells the names of well-known Latin authors in several ways; he often omits or repeats a word. All these points are exhibited in the transcript; but where Harvey marked a flexional termination by a scratch or a stop the termination has been written out; and for the sake of clearness capital initials, which are sometimes absent in the manuscript, have been given in the transcript to all proper names. A few, for the most part illegible, additions in red ink are hardly visible in the autotype and have been omitted in the transcript. Erased words in the manuscript are indicated by inverted commas in the transcript. The use of small type on some pages and large type on others is due to the necessity of printing every page of the transcript opposite the corresponding page of the autotype.

The object of the publication was to preserve and make public the original notes of the lectures in which Harvey, in 1616, set forth for the first time his discovery of the circulation. He describes the course of the blood precisely, and lays stress upon the important evidence afforded by the valves in the veins, and the direction in which they act. The notes are of course incomplete, and cannot be expected to add to the well-known statement of the discovery which Harvey made in full, and after several years more of thought and observation, in 1628, in his "Exercitatio anatomica de motu cordis et sanguinis in animalibus," published at Frankfort. The manuscript is to be regarded with veneration as one of the most precious of the archives of English science, and as showing how early Harvey had begun to penetrate the difficulty of explaining the motion of the blood, and how long his active mind was willing to enlarge and confirm its first thoughts before he gave final expression to them and published the splendid discovery of the circulation of the blood, matured and completed by twelve years of observation and meditation.

Besides this chief and greatest value, these rough notes of Harvey have a lesser interest, because, unpolished and unaltered just as they came from his pen, as if he felt the force of the often-quoted line of Manilius,

> Ornati res ipsa negat, contenta doceri,

they illustrate his ways of thought and his habits of observation. He is to be seen in his library perusing at his table the huge and nobly printed pages of Vesalius, or sitting in his chair with the terse and easily carried anatomy of Bauhin in his hand, or dipping into Aristotle or into the sermons of St. Augustine, or refreshing his memory of some passage in the familiar pages of Columbus and of Fallopius, or turning perhaps as he walked under the trees to some passage in his favourite Virgil. It is easy to trace in the quotations given in these lectures his whole anatomical reading, and part of his acquirements in general literature. It was from Aristotle, he says, that he obtained his first direction to the true explanation of the movements of the heart, and he quotes the father of Science more often than any other author. Galen comes next in order of frequency of quotation; while of the moderns, Vesalius, Columbus, Fallopius, Fernelius, Laurentius, Nicholaus Massa, Bauhin, and Piccolhomini are the writers whose opinions he most often discusses. In classical literature he had read Plautus as well as Virgil and Horace; while among prose authors, besides Cæsar and Cicero, he had studied Vitruvius. He was learned in the Scriptures, and knew something of the Latin fathers. That he was a student of Nature as well as of books, and a daily devoted observer of everything that came before him, is clearly shown in these notes. He had already been physician to St. Bartholomew's Hospital for seven years, and he quotes cases observed in its wards, and also mentions many patients seen in his private practice: Sir William Rigden, Sir Robert Wrath, Sir James Crosby, John Bracey, Mrs. Yeoung, Lady Croft, Lady Hervey, his own father, and his sister who, like Mrs. Yeoung, had an enlarged spleen which weighed five pounds. He had watched the bear tied to the stake, and cocks in their pit, and greyhounds and falcons, and noted the odd development of a boy at Holborn bridge, and of a man behind Covent garden, and the appearances in a criminal just cut down from the gallows. He had dissected many animals of all kinds, and refers to the anatomy of more than eighty. The anatomical structure of the porpoise, the kite, the angler fish, the woodpecker, the barbel, the flounder, the pastinaca, and of the chief English mammals and birds, formed part of his acquirements. Several he had examined often, and was sometimes puzzled, as in the eft, the kidneys of which he failed to discover. Some of his biographers have suggested that Harvey, however remarkable as a discoverer in physiology, was not great as a physician. This may be disbelieved, for it is certain that the powers of so careful an observer would not desert him at the bedside. These lectures contain many examples of acute clinical observation; he compares the desquamation after scarlet fever to the shaking off of the feather scales of a bird in the royal menagerie then kept at St. James's. He did not, it is true, discover amyloid infiltration of the liver, but he had noted that the liver was sometimes greatly enlarged in those who died after long-continued suppuration, and he had observed the shrunken liver of cirrhosis, and that it sometimes followed the permanent obstruction of a bile duct. The varying appearances of gallstones and the common shape of large renal calculi were well known to him, and he describes pericarditis and its symptoms from his own observation. It is clear that he brought all his powers into the service of his patients, and in this as in every other way deserved the respect of his contemporaries. He uses much that he had heard in talk, as well as the stores of his reading and of his observation, to elucidate his lectures. He quotes Dr. Wilkinson, his predecessor and colleague at St. Bartholomew's, and Dr. Argent and other fellows of the college of his time, and what he had heard at home and abroad, in Venice, in Padua—no matter from whom so that it illustrated the points of his lecture. To most of these little notes by the way, as to his more important original observations of facts, he appends his initials in the manuscript. The lectures show Harvey to us at his books, seeing his patients in their beds, examining them post mortem, talking with other physicians, listening to the phrases of the people and watching their sports; and, lastly, they give a picture of him as no carefully prepared work could, delivering his lectures with a body dissected on the table before him, and a demonstrator who lifted up or exposed this part or that, at his bidding. There can be no doubt that the lectures interested their audience. Harvey never tries to appear learned, his whole aim seems to be to make the subject clear; there is no affectation, every remark has the stamp of his own original, thoughtful, observing mind. No method of elucidation is too homely for him; he often takes the first that strikes him. When he is mentioning the names of the several parts of the intestine, he illustrates the subject by the remark that from St. Paul's to Leadenhall there is one line of street, but many names as you go along—Cheap, Poultry, and the rest. The arrangement of the small intestine is like that of an unset ruff, and he explains the proportions of contiguous organs by a comparison of a kitchen and its appendant washhouse. The parenchyma of a gland surrounds and supports the vessels "as cotton to keep a jewel;" an acid taste rising from the stomach into the mouth reminds him of a motion from the lower to the upper house of Parliament. He follows well the rules that he lays down at the beginning for the teaching of anatomy in lectures. They are expressed in a curious mixture of Latin and English, and their general sense may be stated in the following propositions:—

1. To show as far as possible the whole of a part of the body at once, so that the relations of the structures may be grasped by the student.

2. To demonstrate the features of the particular body on the table.

3. To supply by speech only what cannot be shown on your own credit and authority.

4. To dissect as much as possible before the audience.

5. To enforce by remarks drawn from far and near, the right opinion, and to illustrate man by the structure of animals; and to bring in points beyond mere anatomy in relation to the causes of diseases, and the general study of nature, with the object of correcting mistakes and of elucidating the use and actions of parts.

6. Not to praise or to dispraise other anatomists.

7. Not to spend the short time in disputing with others or in confuting them.

8. To state things briefly and plainly, but not letting pass undescribed anything which the students can see before them.

9. Not to speak anything which may be just as well learnt at home without the body.

10. Not to spend time in minute details.

11. To give a definite time to each part of the body.

These rules complete the picture of Harvey in the lecture theatre, lucidly expounding the structure of the human body, and making clear, not only what was known before, but also what had been inexplicable till his demonstration taught the world to see clearly what wise men had looked at for ages without understanding it—the course of the blood in its lifelong circuit of the body.

August 24, 1886.

Stat Jove principium, Musæ,
Jovis omnia plena.

PRELECTIONES ANATOMIÆ VNIVERSALIS

PER ME

GULIELMUM HARVEIUM

Medicum Londinensem
Anatomie et Chirurgic
Professorem

Anno Domini 1616
Anno ætatis 37
prelectæ Aprili "1616"
16 17 18

Aristoteles Historia Animalium lib. 1. cap. 16.
Hominum partes interiores incertæ et
incognitæ quam ob rem ad
cæterorum Animalium partes quarum similes
humanæ referentes eas contemplare

2

~~MS 248.~~

1314.

M/C. 450
2 30

[redacted]

XII. C

Prelectiones
Anatomiae
Universalis

per me

Gulielmum
Medicum
Anatomie
Professorem

An. Domi. 1616
Anno aetat. 37

Anatomia est facultas quae oculari
inspectione et sectione partes usus et actiones

Anatomiae ad 6 capita
- Historia
- usus actio utilitates et q.
- observat: et quae rara et morbosa
- problemata: ex Arist: resolvere
- controversia: [illegible] divisiones [illegible]
- et praeparat. Cadaveris: [illegible]

Anatomia alia
- popularis
- ostentatio
- iii doctius.

Anatom.
- philosoph.
- Medica
- Mechanic

- Curiosa et philosophica
- Medica [illegible]

1. de [illegible] physiog.
2. ossium [illegible]
3. Musculorum ligamentorum
4. de organis [illegible]
5. de Vasis ven: art. nerv.
6. de [illegible]
7. de generalibus [illegible]

Cum Anatom. sit divisio: de definitione [illegible]

Divid. [illegible] de corpore
1. positura [illegible]
2. situ: [illegible]
3. [illegible] et a Natura [illegible] divisionem [illegible] Natura [illegible]

[illegible] et actiones Natur. plures [illegible] distinctas [illegible] plures et [illegible]
Corpus [illegible] organum

vel potius [illegible] pars et organum [illegible]
[illegible]

Hinc plures divisiones [illegible] varias [illegible]
Arist. et Galen.

Ut pars relative ad totum dicit. [illegible]
[illegible] et [illegible] dicit.
[illegible]

Corpus itaque [illegible] dicit.
- Animal ad [illegible] plantas
- [illegible] ad differentias [illegible]
- [illegible] et [illegible] ad differentias [illegible]

Anatomia eſt facultas quæ occulere
inſpectione et ſectione partium vſus et actiones

Anatomiæ ad 5 Capita
- Hiſtoria
- vſus actio vtilitates propter quid
- obſervationes corum quæ raro et morh.
- problemata ex Autoribus reſolvere
- peritia aut diviſionis dexteritas
  et præparati Cadaveris conditio.

Anatomia alia
- Popularis
- que hoc libro iij ventrium
  1. de partibus exteris phyſiognomie
  2. oſſium ſceletoni
  3. muſculorum ligamentorum
  4. de organis ſenſetivis et voeis
  5. De vaſis venarum arteriarum nervorum
  6. De partibus ſimilaribus
  7. De genitalibus embrione mainmis
- Curioſa et philoſophica Medica partes

Anatomia
- philoſophica
- Medica
- Mæchanica

Cum Anatomiæ ſit diviſio de Deviſione pauca

Dividitur proinde Corpus
1. poſitura partes
   - eXteriores
   - interiores
2. ſitu
   - ſuperiora inferiora
   - ante retro
   - hine inde deXtra ſiniſtra
3. Continuitate provt a Natura magis et minus diſtinxit vel incepit diſtinguere vnde Anatomiam non vlterius dividere quam Natura deviſit

Quoniam enim operationes et actiones Naturæ plurimæ et
Diſtinctæ ideo plures et diſtinctas partes
Corpus enim Animæ organon
vel potius homo et pars vt organon potentiam habens
vt ſerra ſi ſponte ſecare potuiſſet.
Hinc plurimæ diviſiones partium et dubium de parte
et Authores variant tam ſibi ipſis inconſtantes
Ariſtoteles et Galen.
pars relativum eſt et ad totum dicitur vnde
quoniam Corpus equivocum et Multifarium dicitur
pars ambiguum et quid ſit ambiguum

Corpus itaque vt totum dicitur
- Animal ad differentiam plantæ
- vivens ad differentiam Miſti
- provt Compoſitum et Miſtum ad diferentiam homoicros eteros

Ad differentiam plantæ quoniam ſenſu differt
ſecundum quod tale nihil pars proprie quod non habet ſenſum
ſic "ſecundum actiones propter paſſiones"
Ad differentiam Miſti ſecundum quod tale nulla pars non vivens
ſic contenta Medulla

provt miſtum Compoſitum philoſophice magis
ſimpliciter et vere quia Anima fiet vegetativam
et vegetativa forma miſti vt trigonis in tetragonum
diapente in diapaſon.
WH ſic pars provt miſtum etiam pars viventis et
pars provt vivens etiam pars ſenſetivum licet nec
provt ſenſetivum vt ſemiditonus diapaſo
vnde quæcunque A Natura ſeperata differunt
vel perfecte ſeperata vel obſcure
vel ad ſenſum vel potentiam vel facili Negotio
WH q? et pars WH quod quovis modo totum integratur pars integrum

Compoſitum ſive { Continens / Contentum / Impetum faciens &c }

---

2 diviſio itaque partium alia { philoſophica et Medica a fine / Anatomica ad ſenſum vt eſt Compoſitur }

Ad ſenſum Aliæ { ſimilares *ομοιομηρος* / diſſimilares Heterogenea }
Similares enim partes ad ſenſum ſimplices: ſimpliciter "WH" enim
WH forſan "ad ſe" Nullæ partes Corporis præteria
Nulla pars quæ aliquo modo non figurat organica
vt caro vitellus coctio

Similarium vſus et Neceſſitas propter { actiones et paſſiones / et vt ſimilis Materia diſſimil }

propter Actiones { calefacere fovere coquere "re" / Defrigeſcere contemperare / Humectare lenire lubricare / ſiccare abſorbere detenere coectere [coercere] }

4 differentiis [illegible] [illegible] [illegible] [illegible]
[illegible] [illegible] [illegible] [illegible] [illegible] [illegible] [illegible] sensu
[illegible]

Differentiis [illegible] [illegible] [illegible] [illegible] non [illegible]:
[illegible] [illegible] Medulla.

4 [illegible] magis compositae philosophiae magis.
simplices et [illegible] [illegible] [illegible] [illegible] [illegible]
et [illegible] [illegible] [illegible] [illegible] [illegible] [illegible]
[illegible] [illegible]
[illegible] [illegible] [illegible] alius pars [illegible] et
pars [illegible] alius pars [illegible]: [illegible] [illegible]
[illegible] [illegible] [illegible] [illegible] diapase.
[illegible] [illegible] A Natura [illegible] [illegible] differentia
[illegible] [illegible] [illegible] [illegible] [illegible]
[illegible] [illegible] vel [illegible] vel [illegible] [illegible]
et [illegible] [illegible] [illegible] [illegible] [illegible] [illegible] [illegible] [illegible]
[illegible] compositae sive [illegible] [illegible] [illegible]

Divisio [illegible] [illegible] alius { Philosophiae et Medicinae [illegible]
{ [illegible] ad [illegible] [illegible]
{ Similares [illegible] [illegible]
Ad [illegible] [illegible] { dissimilares [illegible].
Similares [illegible] ad [illegible] [illegible]: [illegible] [illegible]
[illegible] [illegible] Nullae partes corporis [illegible]
[illegible] [illegible] [illegible] [illegible] [illegible] [illegible] [illegible]
[illegible] [illegible] [illegible] { [illegible] [illegible]
Similares [illegible] et Non [illegible] [illegible] [illegible] [illegible] [illegible]
[illegible] [illegible] [illegible] { [illegible] [illegible] [illegible]
[illegible] [illegible]
[illegible] [illegible] [illegible]
[illegible] [illegible] [illegible] [illegible]

p[illegible] passio[illegible] vel [illegible]. { [illegible] [illegible]

[illegible] 1°. Mater dissimilaris { Co[illegible] plurimis partis

[illegible] { [illegible]
Cristal.
[illegible] Marra
[illegible]
[illegible]

liquidae.

Divisio similarium { consistentes.

liquidae { sanguis sperma: [illegible]
Camdium [illegible]
pituita: bilis: [illegible]

— post alias { [illegible] genita
post genitas

Consistentes { Molles. vel { Caro — { [illegible] { [illegible]
Medulla
Cerebr: Cristallin[illegible]

Caro 4x { Musculosa { Grosse
[illegible]
[illegible]
propria

propria { [illegible]
[illegible]
[illegible]
[illegible]
ligam[illegible]

Media { [illegible] Membrana [illegible]
[illegible]: [illegible]
Nervy. ligamenta [illegible]

Dura { fragilis: { [illegible] ossa: Dentes
Alijs [illegible]

flexilis: { pili Chartilag: [illegible]
Alij { [illegible]
[illegible]: testudo
plumae squamae

Ex[illegible] { 1° [illegible] [illegible]
aut [illegible] aut [illegible] reliqu[illegible]
aut [illegible] reliq[illegible]
2a. q[illegible] [illegible] [illegible] [illegible]
[illegible] reliq[illegible].

1a. [illegible] { [illegible]
sang:
[illegible] } ex liquidis [illegible]: reliq:

2a. { mollis. Caro
media [illegible]
Durae os } [illegible] [illegible] vegetal[illegible].
No-veg: { [illegible]
[illegible]

- proprie
  - occuli cornea
    - cristallina
  - Intestinorum Mucca
  - oris saliva
  - vteri

Divisio similarium in
- liquidas
- consistentes

2

- liquidæ — sanguis sperma lac humores occuli
- *viscosæ* — *cambium ros gluten*
- *exhalabiles* — pituita bilis Muccha lachrimæ ichor serus

quorum aliæ
- primogenitæ
- postgenitæ

Consistentes
- Molles vt
  - Caro
    - musculorum
    - gingivorum
    - parenchymorum
    - glandularum
      - *spongiosa*
      - *porosa*
  - Medulla pinguedo adeps
  - Cerebrum cristales
    - *pinguia*
    - *lenta ductilia*
- Mediæ
  - fibra membrana tunica
    - *fissilis*
    - *in fila*
  - vena arteria Cutis *fissilis in tunicas*
  - nervus ligamentum tendo
- Duræ
  - frangibiles / *friabiles*
    - Homine ossa dentes
    - Alijs testa crusta
  - flexibiles
    - pili Chartilago unguis
    - Alijs
      - vngula cornua spina
      - rostrum testudo
      - *mollificabilia*
      - plurimæ squamæ

Caro 4*
- musculosa fibrosa
- parenchyma
- glandularum
- propria

propria
- cutis
- vesicæ
- gingivorum
- pudendi
- gulæ intestinorum
- linguæ, &c.

3 Ex his omnibus aliæ
- primæ ordinis ex quibus aut fiunt aut componuntur reliqui aut species reliquæ sunt
- 2æ quæ primario ex primis et ex quibus reliquæ

1æ ordinis
- sperma
- sanguis
- lac

— ex liquidis enim reliquæ

2æ
- mollis caro
- mediæ fibra
- duræ os

— f quo Aliæ
- Non regeneratæ
  - sperma
  - sanguis menstrualis
- regeneratæ

Dissimilares sunt quæ ex similaribus diversis 4 ordines
- 1° ex simplicibus vt Musculus
- 2 : ex primis vt digitus
- 3 : ex 2^{is} vt Manus
- 4to ex 3^{is} vt Brachium WH potius Corpus

Philosophica : divisio partium secundum quod organon animæ : secundum divisiones animæ
vel 2^{dum} facultates : A finali causa

3ª { Actio vsus / facultas / functio vitæ / opus }

1 Operibus vel secundum locos vbi opera fiunt in { caput / pectus / abdomen }
- Fernelii in regiones { privatas / publicas { 1ma ab ore ad Cymam / 2da a Cyma in Capillarios / 3 : solidorum } }
- Hippocratis { Continentia / Contenta / Impetum facientia }

2 functionibus
- Animales vnde { motiva { manus " pedes " / pedes progressio } / principalia / sensetiva }
- vitales
- Naturales { præparativa / concoquentia / distribuentia / perficientia }
- { Communes / Proprias }

3 Actionibus et vsu { organicæ instrumentales figuratæ qui actionem edunt / Informes vsum latum habentes }

vnde apparet quid Locus : quid Membrum
quid pars : particula vel partis pars
Nil enim pars provt organon animæ quod non actionem quandam habeat : nec Membrum cuius non est functio
vnde organicas partes non contrarias similaribus
sed : (quia omnes aliquo modo figuratæ) vt plurimum actionem quandam edunt
et esse figuratas nil prohibet esse simplices
et similares figuratas : vt Fallopius contra { Fuchsium / Fernelium / Cardanum }

4 Vtilitatibus et præstantia vnde { necessario simpliciter / sine qua non / ad melius / ad tutelam / ad ornatum }

vnde { principes primo necessariæ / minus principes }

3

Dissimilares sunt quae ex similaribus [illegible]: 4 ordines

1° ex simplicibus vel spermaticis

2: ex primis vel digitis.

3: ex 2is vel manu.

4° ex 3is vel brachio [illegible] corpore.

Philosophice: divisio partium 2 quo organicae: 2 divisio animae

vel 2° [illegible]: [illegible]

Operibus vel 2 locis [illegible] — { Caput / pectus / Abdomen

3 { Actiones / facultates / functiones / Corpus

Facultas — regiones { [illegible] / publicas — { 2 ... a Capite — Capilla / Naturalis — Eodem / 3. [illegible] }

Hipp: { [illegible] / [illegible]

2 Functiones { [illegible] { principales / [illegible] } / Vitales / Naturales { [illegible] / [illegible] / [illegible] / [illegible] } — { Commune / proprium }

3 Actiones { organicae — [illegible] / q. Actiones Edunt

[illegible] [illegible]

Nde Apparet quod Corpus: quid [illegible]

[illegible]: [illegible] vel partis [illegible]

Nil n: pars est organicae, quae non Actionem

[illegible]: nec membrum [illegible] non est [illegible]

Unde organicae [illegible] similaris

[illegible]: [illegible] modo [illegible]

[illegible] actiones [illegible] Edunt.

vel esse [illegible] nil [illegible] esse [illegible]

vel similares [illegible]: [illegible] { [illegible] / [illegible]

4 [illegible] { [illegible] / [illegible]

4 [illegible] { [illegible] / [illegible] / [illegible]

Unde { [illegible] / [illegible] principes / [illegible] omnium [illegible] Naturae / [illegible]

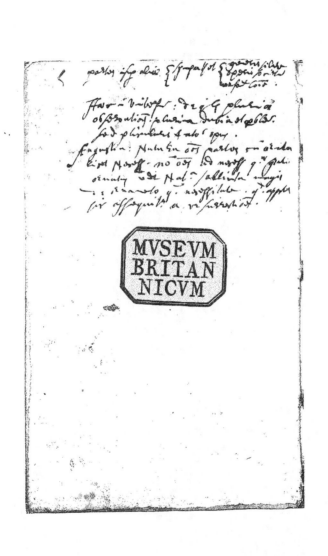

partes [illegible] { [illegible] { [illegible] / [illegible] / [illegible]

[illegible] : de quibus plurimae obscuritates, plurima dubia et problemata. sed [illegible]

Augustinus: [illegible] omnes partes [illegible] [illegible] non omnes sed [illegible] [illegible] [illegible] [illegible] [illegible]

partes inſuper aliæ ſympatheticæ { generis ſimilaritate
operis ſocietate
vaſorum communione }

Hæc in vniverſum : de quibus plurimæ
obſervationes plurima dubia et problematica
ſed particularis Anatomiæ opus.
Auguſtin : Naturæ omnes partes cum ornatu
licet neceſſariæ non omnes ad neceſſe quæ gratia
ornatus vnde Natura ſollicita magis
de ornamento quam neceſſitate quod apoſtolus
hic aſſequitur a reſurrectione

Canones Anatomiæ generalis

1 ſhew as much vno intuitu as can be
vt de toto ventre : vel toto aliquo quæ accidunt
deinde dividere (propter ſitus et conexiones
2 demonſtrare propria illius Cadaveris
Nova vel Noviter inventa
3 to ſupplye only by ſpeech what cannot be ſhewn
on your own credit and by authority
4 cutt vp as much as may be in preſentia ut cum
Hiſtoria peritia innoteſcat
5 obſervationes proprias et alienas recenſere
ad confirmandam propriam opinionem vel obſignatis
tabulis in alijs Animalibus agere
secundum Socratis regulam : where it is farer written
vnde obſervationes exoticas
1 ob cauſas Morborum : Medicis præcipue vtiliſſimas
2 ob varietatem Naturæ philoſophicæ
3 ad refutandos errores et proinde ſolvendos
4 ob vſus et actiones Inveniendas dignitates
et propter inde Colectanea
Anatomiæ enim fiuis partis Cognitio propter quid
Neceſſitas et vſus
philoſophis præcipue qui inde ſciunt
ad vnamquamque actiones quæ requiruntur quod præſtat
Medicis item qui inde conſtitutionem naturalem
regula quo diducendi ægrotantes
et inde Quid agendum morbis
6 Not to prayſe or diſprayſe. all did well
and behowlding ijs qui perperam quia occaſio
7 Not to diſpute confute alias quam argumentis
oſtenſis quia plus quam iij dies requiruntur

Canones Analogi generales. 4

1 [illegible] [illegible] in [illegible] [illegible]
[illegible] e toto vertere. vel toto aliquo variabil.
[illegible] dividere [illegible] [illegible] [illegible].

2 Demo [illegible] propterea illis Cadaveris:
Nova vel Mobilia inventa

3 to supplye [illegible] [illegible] [illegible] [illegible] [illegible]
[illegible] [illegible] [illegible]

4 [illegible] [illegible] [illegible] in [illegible] [illegible]
Historia [illegible] [illegible].

5 observationes [illegible] et [illegible] [illegible]
ad confirmandam propriam opinionem. vel [illegible]
[illegible] in aliis [illegible] agere.
2° Scribendi regul: [illegible] [illegible] [illegible] [illegible]
unde ob [illegible] [illegible].
1 ob causas Morborum: Medici [illegible]
2 ob veritatem Naturae philos.
3 ad refutandos errores: et pro: [illegible] solvenda
4 ob usus Mechanicorum fabricandum [illegible].
et [illegible] [illegible] Colorum.

Analogia: [illegible] partis Cognitio [illegible] [illegible]
Mores et [illegible]
philosophis [illegible] [illegible] [illegible].
ad [illegible] actiones [illegible] [illegible] [illegible]
Medicis [illegible] [illegible] [illegible] Naturales
regula [illegible] [illegible] Absolutus
et inde [illegible] [illegible] morbis

6 [illegible] [illegible] [illegible] [illegible] [illegible] [illegible]
[illegible] [illegible] [illegible] [illegible] [illegible]

7 [illegible] [illegible] [illegible] [illegible] [illegible] [illegible]
[illegible] [illegible] [illegible] [illegible] [illegible] [illegible].

8 Breefly & plainly: yett not letting
pass any one thing. whether it [illegible]
is subject to the vow.

Q. 10 Not to speake any thing w^ch ~~[illegible]~~ till the same
may be delivered or read att home.

11 ~~[illegible]~~ [illegible] [illegible] [illegible]: [illegible].
[illegible]. [illegible] [illegible] [illegible]:

12 to ~~[illegible]~~ [illegible] [illegible] [illegible]. [illegible] [illegible].
1° whither [illegible] [illegible] yett [illegible] [illegible] by ~~[illegible]~~
[illegible] [illegible]
2° the [illegible]: 3° [illegible] [illegible] of the [illegible].

8 Brefly and playnly : yett not letting
pas any one thing vnſpoken of which
is ſubiect to the vew

10 Not to ſpeake anything which with outt the carcaſe
may be delivered or read att home

11 Non nimium curioſe pertinet enim particularibus
diſſectionibus et tempus non patitur

12 to ſerve in their iij courſes according to the glaſs
1° ventris inferni naſty yett recompenſed by "admiry"
admirable variety
2° the parlor 3° divine Banquet of the brayne

```
WH parte organica 5 ⎰ Quantitas  3
                    ⎨ Motus      4
                    ⎩ Divisio    5

                    ⎧ Ante post
                    ⎪ Supra infra
                    ⎪ Hine inde
                    ⎪ Oritur definit
Situs vel           ⎨ occurrit pertransit
Circumscriptio      ⎪                 ⎧ fibrosis
                    ⎪                 ⎪ membranosis
                    ⎪ Conectitur      ⎨ nervosis        ⎫ Vnde Consensus partium
                    ⎪ nexibus         ⎪ ligamentis      ⎬ vasorum communione
                    ⎩                 ⎩ vasibus ⎰ vena  ⎭
                                                ⎩ arteria

                    ⎧ totins cum similitudine Concinnitate
                    ⎪ partium proportio, conformatio pulchritudo
                    ⎪                 ⎧ levis aspera
Figura              ⎨ superficiei     ⎨ glabra Hirsuta
                    ⎪                 ⎩ æqualis Inæqualis
                    ⎪ Meatus          ⎰ Ingredientium
                    ⎩                 ⎱ Egredientium

                    ⎧ discreta           numerus
Quantitas           ⎨                 ⎧ longitudo latitudo profunditas
                    ⎩ continua        ⎨ Magnitudo
                                      ⎩ Capacitas

                    ⎧ localis
Motus               ⎨ Quanto Augmentatio diminutio generatio
                    ⎪                 ⎧ morbos
                    ⎩ Quali secundum  ⎨ consuetudinem
                                      ⎩ Ætatem

Divisio             ⎧ secundum situm ante retro
in partes           ⎨ secundum positurum eXtra intra
                    ⎩ secundum compositionem vnde apparet

                    ⎧ sanguinea    ⎫        ⎧ Temperies
                    ⎪ carnosa      ⎪        ⎪ Robur
De substantia       ⎨ nervosa      ⎬ eX his ⎨ vires
                    ⎪ membranosa   ⎪        ⎪ sensus
                    ⎩ cutacea      ⎭        ⎪ color
                                            ⎩ generatio

                    ⎧ quid sequitur problema
In singulis         ⎨ quid denotat vt signum
                    ⎪ et propter quid.  Necessitas vsus actio
                    ⎩ dignitas

                                                        ⎧ ætatem sexum
                                                        ⎪        ⎧ ingerit
                                      ⎧ eadem specie ⎨ morbos ⎨ egerit
In singulis                           ⎪                        ⎩ degerit
observatio                            ⎪              ⎩ et consuetudinem
Aditus habentis                       ⎪                        ⎧ ripariis
    ⎰ propria                         ⎨ diversa      ⎰ pennatis ⎨ terrestribus
et ⎱ Aliena ex libris                 ⎪ quæ tamen   ⎱           ⎩ aquatilibus
                                      ⎪ eius partes    piscibus serpentibus
                                      ⎩ habet          quadrupedibus oviparis
                                                       quadrupedibus viviparis
```

In historia anatomica

In toto [illegible] { [illegible] [illegible] [illegible]

In p[ar]te organica { Situs 1, Figura 2, Quantitas 3, Motus 4, Divisio 5

Situs vel circumscriptio { ante post, supra infra, dextra sinistra, ortus & finis, [illegible] [illegible], connexiones { [illegible] [illegible] [illegible] vasis [illegible] } [illegible] [illegible] [illegible]

Figura { [illegible] [illegible] [illegible] [illegible]; [illegible] [illegible] [illegible] [illegible]; [illegible] [illegible] { [illegible] [illegible]; [illegible] { [illegible] [illegible]

Quantitas { Dimensio { [illegible] [illegible] [illegible]; Estima { [illegible] [illegible] [illegible]

Motus { localis; quanta [illegible] [illegible] [illegible]; animalis [illegible] [illegible] [illegible]; 2o positio [illegible] [illegible]

Divisio in partes { 2 Compositio [illegible] [illegible]; substantia { sang[uis], [illegible], [illegible], membrana, [illegible] } exhib[illegible] { [illegible], [illegible], [illegible], Color

In singulis { quid [illegible] vel [illegible]; vel [illegible] [illegible] [illegible] [illegible]; [illegible] [illegible]

In singulis observatio [illegible] propria { [illegible] [illegible] { [illegible] 2 [illegible] [illegible]; [illegible] { [illegible] [illegible] [illegible] [illegible] [illegible]

In historia Phis. similares

Color flos vel a fungo

Substantia { Crass. tenuitas
Densitas mollities
Gravitas Levitas

Unde { Temporis
Acces et singulatim
Sensus

~~et a tempore~~

Figura vel situs

Quantitas { Ang. et dimid. { Molus
[illegible] { [illegible]

Motus { naturalis { [illegible] Quantitas [illegible]
facilitas
impossibilitas

passiones { grad. Natur
praeter Nat.

In Hiſtoria partis ſimilaris

- Subſtantia
  - color verſus vel a ſanguine
  - craſſitudo tenuitas
  - durities mollities
  - denſitas raritas
- vnde
  - Temperies
  - Robur et fragilitas
  - Senſus
- et A Temperie
- Figura vel partium ſitus
- "Generatio" Motus
  - activi
  - paſſivi
  - Quanto
    - Augmentatio
    - diminutio
    - generatio
      - materia
      - profficiens
  - Quali
    - colore
    - craſſitudine
    - Duritie omnino
      - Temperies
      - robur
    - Denſitate etc
- paſſiones
  - ſecundum Naturam
  - præter Naturam

In actionibus partium

Quoniam finis Anatomiæ eſt ſcire vel cognoſcere partes et ſcire per cauſas et hæ in omnibus Animalibus cuius gratia et propter quid ergo

Propter Quid { Actio 1
vſus 2

1 Actio motus Activus cuius effectio
Functio dicitur in materia vero Opus

Opus et functio { per ſe cum alijs
principaliter inſtrumentaliter
adiuvans { perficiens
conſervans

2 Vſus et vtilitates Mediæ {
provt ſimilare { calida calfacere coquere fovere
frigida refrigerare contemperare
Humida lubricare lævigare emollire retundere
heca firmare roborare
pro { coloratis ſanguinis temperies activis
duritate Molle temperamentum paſſivis
denſitate levitate gravitas
craſſitudine robur fragilitas
pro organicis { figura
Quantitas
ſitus
Compoſitio

et vſum et actiones ſequuntur vtilitates { Finales
Mediæ

Finales { Ad eſſe vnde Neceſſitas
Ad bene eſſe vnde dignitas
Ad tutelam
Sine qua non vnde Neceſſitas
A ornatum

Præſtantia ſequitur vtilitates viz. ad plura
Neceſſitas ſine qua non ad eſſe
Dignitas bene eſſe et perfectionem tutela ornatum

propter quid Elicitur ex { obſervatione propria et
alienorum opinionibus
ex Hiſtoria
minus omni taliter { partem illam habentes
vel in genere
vel proportionale

notioribus nobis { quæ neceſſaria { licite
contra
cauſis
in quibus { ſperma
organa
materia

In actionibus [illegible]

Quoniam [illegible] Analogia est [illegible]
[illegible] et [illegible] [illegible] – [illegible]
[illegible] [illegible] [illegible] et [illegible] 6
ergo.

Propter [illegible] { Actio 2
Usus 2

1 Actio motus [illegible] [illegible] effectio
Functio [illegible] in materia [illegible] opus
Opus est functio { [illegible] [illegible]
[illegible] [illegible]
ad [illegible] [illegible]

2 Usus et utilitates media { [illegible] similitudine { [illegible] regula [illegible]
[illegible] usus [illegible]
[illegible] [illegible] [illegible]
[illegible] vel [illegible]
[illegible] [illegible]
{ [illegible] [illegible] [illegible]
[illegible] [illegible] [illegible] passibus
[illegible] [illegible] [illegible]
[illegible] [illegible] [illegible]
[illegible] { figura
[illegible]
[illegible]
compositio

Usus et Actiones [illegible] utilitates { finalis
media

Finales { [illegible] [illegible] necessitas
[illegible] [illegible] dignitas
[illegible]
[illegible] non [illegible] necess.
[illegible]

Praestantia [illegible] utilitates [illegible]
Necess. [illegible] [illegible]
dignitas [illegible] et [illegible] [illegible]
[illegible] [illegible]
aliquid [illegible]

[illegible] [illegible] [illegible] Historia [illegible] Sal. Jugurtha [illegible] bellum [illegible]

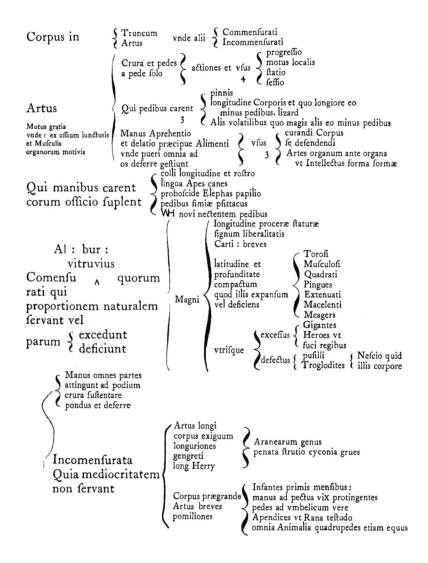

Corpus in
- Truncum
- Artus — vnde alii
  - Commenſurati
  - Incommenſurati

Artus

Motus gratia
vnde : ex oſſium iunctuıris
et Muſculis
organorum motivis

- Crura et pedes / a pede ſolo — actiones et vſus 4
  - progreſſio
  - motus localis
  - ſtatio
  - ſeſſio
- Qui pedibus carent 3
  - pinnis
  - longitudine Corporis et quo longiore eo minus pedibus. lizard
  - Alis volatilibus quo magis alis eo minus pedibus
- Manus Aprehentio et delatio præcipue Alimenti vnde pueri omnia ad os deferre geſtiunt — vſus 3
  - curandi Corpus
  - ſe defendendi
  - Artes organum ante organa vt Intellectus forma formæ

Qui manibus carent corum officio ſuplent
- colli longitudine et roſtro
- lingua Apes canes
- proboſcide Elephas papilio
- pedibus ſimiæ pſittacus
- WH novi nectentem pedibus

Al : bur :
vitruvius
Comenſu ^ quorum
rati qui
proportionem naturalem
ſervant vel
parum
- excedunt
- deficiunt

- Magni
  - longitudine proceræ ſtaturæ ſignum liberalitatis Carti : breves
  - latitudine et profunditate compactum quod illis expanſum vel deficiens
    - Toroſi
    - Muſculoſi
    - Quadrati
    - Pingues
    - Extenuati
    - Macelenti
    - Meagers
  - vtriſque
    - exceſſus
      - Gigantes
      - Heroes vt
      - fuci regibus
    - defectus
      - puſilli
      - Troglodites — Neſcio quid illis corpore

- Manus omnes partes attingunt ad podium
- crura ſuſtentare pondus et deferre

Incomenſurata
Quia mediocritatem
non ſervant
- Artus longi / corpus exiguum / longuriones / gengreti / long Herry
  - Aranearum genus
  - penata ſtrutio cyconia grues
- Corpus prægrande / Artus breves / pomiliones
  - Infantes primis menſibus : manus ad pectus vix protingentes pedes ad vmbelicum vere
  - Apendices vt Rana teſtudo
  - omnia Animalia quadrupedes etiam equus

Commensural [illegible]

Corpus in { Truncū / Artus — de aliis { Incommensural. }

Artus — Crura et pedes / a pede solo } actiones et usus { [illegible] / motus corali / statio / [illegible] }

Qui pedibus [illegible] 3 { pinnis / longitud. corporis et quo longior eo min. pedibus. Lizard. / Alis volat: quo magis ulterior eo min. ped. }

Multis gratia ad: [illegible] vel [illegible] organi: Mobilis

Manus Apprehensio / ad delatio proprie Aliorsi / unde pueri [illegible] / et defensio gestus } 1/3 { tuendi corp. / se defendendi / Artes [illegible] / et [illegible] }

Qui manifestant. / Dot [illegible] { Colliculus Struthi / lingua apes [illegible] / [illegible]. Exp.: papil / pedes [illegible] / [illegible] Nobi [illegible] pedes }

Magni — Longitud. / contra statur / Exp.: Librat / [illegible]

Al. [illegible]: Commensurati A [illegible] / rati [illegible] / [illegible] / pat [illegible]

Mag. [illegible] / [illegible] / [illegible] et defensio

Capitulo et [illegible] / Compactio / [illegible] / vel [illegible] { [illegible] / [illegible] / Quadrati / [illegible] / Extremali / [illegible] / [illegible] } { Gigantes / [illegible] vel / [illegible] / [illegible] / [illegible] }

[illegible] — [illegible] { pusilli / Troglodit. }

Jur

Incommensurat / [illegible] / [illegible]

Artus [illegible] / [illegible] / Corpus [illegible] / Al. [illegible] / [illegible] { [illegible] / [illegible] Studio: [illegible] / [illegible] / [illegible] / Ape [illegible] / [illegible] }

q. bl. Ex [illegible] apti Natura et operationibus [illegible]
vide . [illegible] in distinctis Abilitas. vel [illegible].
[illegible] dicitur 8 [illegible] recta in [illegible]
[illegible] vel [illegible] v.° [illegible]

~~[illegible]~~ Corpore b.° [illegible] Albi [illegible].
[illegible] Corpore [illegible] rochi [illegible]
[illegible] . [illegible] + [illegible]
v.° [illegible] possint
[illegible] a [illegible].

~~[illegible]~~ : i 9 2 k 8
vade ~~[illegible]~~ : [illegible] : et bestia.
Alij [illegible] liberali [illegible] Composito [illegible].
vide . bl in [illegible]
[illegible] in composito [illegible] in [illegible]
bl [illegible] ~~[illegible]~~ vide in composito [illegible]
[illegible] [illegible] [illegible].

vide [illegible] 3 [illegible] { [illegible]
[illegible]
[illegible]
[illegible]
[illegible]
[illegible] : gobbo [illegible]

provt excedunt apti Naturæ eius operationibus excedunt
vnde Manibus induſtrioſi Ambitioſi vt Alexander
pedibus diutius ſtare recte incedere
Aves etiam vt Cygonia vno pede dormire
Corpore vno fluentitius Alvi Ariſtoteles
contra Corpore excedentes coctionibus præpollent
pingues magnanimi perticaces
vno diutius ſtare non poſſunt
waddle like a puffin
vnde " Salamon," Eccleſiaſticus 19.28. inceſſus et riſus et veſtimen
Alij enim liberali vtuntur gradu Compoſito incædunt
vnde vt incedit Carnifex
Alij incompoſito turbido hinc inde Corpus exagunt
vt Anates "Anſeres" unde incompoſitis moribus
pertinaces dogged fellowes

vnde Nanorum 3 ſpecies {
pigmei puſilli
proportionati
pomiliones ſumbody
informes vgly
gibboſi quibus ſpinæ curvæ
artus ſatis longi
gibber Gobbo Nang
}

Truncus dividitur in

- Regiones
  - Ante / Poſt — vnde ſenſus præcipuus viſus ante occulos
  - ſupra quo Alimentum / infra quo EXcrementum — vnde plantis — ſuperius deorſum; Homini ſurſum; Animali ſecundum magis et minus quo calore abundat
  - dextra / ſiniſtra — vnde et quo motus — Equi lepores levam præponunt. Hominis defectus pueris foot-ball decubitu dormiunt deXtro turne on the too: lepp: hop
- Corde omnia Copulantur vnde locus præcipuus et cor principium hominis vt centrum circli
  - Superiora calidiora digniora &c.
  - deXtra ſiniſtra &c. et ſanguis eiſdem vnde vulcera curantur citius deXtra contra vulcera tumores cacoethes
  - ſed quæ ſymptomata frequentius vt vlcera Bubones — leva; deorſum; interius domeſtice
- Partes
  - κεφαλε: Caput et collum ſic enim apparet — Agypt; Ariſtoteles; Ruffinus libro 3
  - A prima vertebra ad verticem cui Magnus Capito
  - ThoraX ad claviculam ad pubem et eXitum excrementi. Ariſtoteles apparens magis avibus &c. — στηθος pectus vnde Hippocrate dicitur venter ſuperior apho. 30 ſec. 7; γαστηρ abdomen

Truncum vulgus in ventres non ſine ratione

- ſuperiorem: Caput cerebri — animæ domicilium ſacrarium arcem vbi ſenſus animales vbi Intellectus ratio
- Medium: pectus cordi — Thalamos lares vbi fons caloris vitalem Ira paſſiones et reſpirationes
- Inferiorem: abdomen jecoris: — culinam officinam vbi Alimenti coctio naturalis Nutritio generatio

Ventres

1. diſtinctio
   - diſtincti: apes veſpæ: vt animalia
   - conexi piſcibus cruſtatis — caput
   - medio modo — et reliqua partim diaphragma partim non
2. ordo
3. dignitas
4. differentia conſtitutione
5. ſigna phyſiognomiæ

Truncus [illegible]

Regio [illegible] posti

[illegible] plata [illegible]

[illegible] Foot [illegible]

[illegible] loo: copp: [illegible]

Suprema [illegible]

[illegible]

[illegible] Babel [illegible]

[illegible] Capit [illegible]

[illegible] Mag: Capito

[illegible] 30: [illegible]

Truncus [illegible] medius [illegible]

[illegible] Tractus [illegible]

[illegible] physiog: [illegible]

2 Ordo

[illegible] Anteriori [illegible] ... [illegible] loco [illegible] — [illegible] — [illegible] ... Noxentis

[illegible] infimo [illegible] ... [illegible] — [illegible] — [illegible] vapores [illegible]

Medio loco qd [illegible] ... fundamentum — [illegible] medio [illegible] ... [illegible]

1

[illegible] ... esse [illegible] ... [illegible] non ... esse [illegible]

Dignitas / praestantia

[illegible] ... dignior ... [illegible] Caput pectori dignior et

Corpus dignitate [illegible] ... [illegible] ... Affectus — nobilior ... magis [illegible] ... 2º loco Abdomen ... [illegible]

[illegible] differentia ... distinctio ab [illegible] ... Curvens — Caput ... [illegible] — pectus Ampl [illegible] ... [illegible] — Navigat[illegible] ... [illegible] ... figura

Cordis regnum ... [illegible] ... [illegible] affectus. — ventr[illegible] ... [illegible] — [illegible] ... [illegible] Ampl [illegible]

Hinc [illegible] physiog[illegible] ... [illegible] ... [illegible]

Hinc ab [illegible] ... [illegible] singulis [illegible] ... breviter ... [illegible] ... excrement[illegible]

- 2 Ordo
  - parte Anteriori Cerebrum et ſenſus et ſuperiori et loco edito
    - vſus vt
      - Electio quæ conducit
      - et Alimentum præpedit
      - et quo motus
      - fuga nocentium
  - parte infimo vt ædificijs culina coctio cibi
    - vt
      - cerebrum et cor
      - tetricis et fuliginoſis
      - coctionis vaporibus
      - ne lædentur
  - Medio loco quod primum omnium fundamentum
    - In medio virtus
    - principium vtrorum hic
    - nutritio et generatio illic ſenſus
    - et intellectus
- 3 dignitas præſtantia
  - ſimpliciter ad eſſe quæ hic
  - vt perpetuetur quæ hic / vt ſine qua non
    - Individuis
    - et ſpeciei
  - ad bene eſſe ſenſu motuque quæ hic
  - Quoniam vero "melius" dignius bene quam eſſe ideo caput pectore dignior et honorabilior
  - Neceſſe vero magis pectus primum enim et fundamentum: ſecundo loco abdomen inſtar terræ enim Animalibus Interius, vt plantis foras
- 4 Conſtitutione differentia
  - Cerebrum. pro dignitate
    - ad ſecuritatem
    - et tutelam
    - oſſeus
  - Jecur.
    - Ad diſtentionem ab
      - Alimento
      - flatibus
      - vtero
    - carneus
  - Cordis regionem.
    - Munitionis gratia
    - ad diſtentionem pulmonum carneus
    - ad tutelam oſſeus
- 5 Hinc ſigna phyſiognomiæ plurima quæ ars vera licet neclecta
  - Caput
    - grande
    - parvum
  - Pectus Amplum et dearticulatum forte ſecundum animum: mares enim ita cuius ſigna
    - Narium amplitudo in equis
    - et latitudo pectoris
    - latis humeris
  - Venter: voraces inſenſibiles Anima in ventre ventricoſo gulæ dedita et ventri ſic inter Animalia et
    - oris amplitudo
    - ſeſquipedalis
    - extat
  - Piſces
    - arctum locum ſenſibus et vitæ
    - voraces: Infinita prole
  - Equilibrium
    - pectore marem
    - alvo feminam
    - eligem
  - Hinc ab umbelico deorſum longius quam ſuper viz: A iugulo ad Cartilaginem
  - breviores vitæ quia
    - cor gravatur
    - excremento

'borax dividitur
tilis medicis
t palpedines
k ſitu de loco
ffecto appareant

roportio
ectoris ad ventrem
iateſſeron
t 3 4
:ſqui tertia
ectoris ad caput $\frac{2}{3}$
iapente
ectoris ad alvum
diapaſon

- poſteriori
  - Νωτον tergum a collo ad=
  - Metaphrenon
    - Emplaſtrum ventriculi
    - introflectum mulieribus gravidis
    - diſlocatum a tumoribus / cum reſolutione Inferioris — vidi : curavi
  - paXes ſpina dorſi
  - Scapulæ ωμοπλαται
  - Lumbi Reyns Anglice renes altiores
  - Coxhendicis regio Iſchiorum vnde dolor ſciatiqua
  - Oſſis ſacti regio re medica applicatio rectl Inteſtini
  - Coccygis regio
  - Nates pulvinari inſtar : hominibus carnoſæ ſimiis calloſæ
- parte priori
  - pectus a clavicula ad enſi cartilaginem
    - ſternon latior in homine et quibus latior ad vomendum aptior. reliquis animalibus carinatum like the keel of a ſhip vnde Aves pro pede dum dormiunt
    - Jugulum
      - ſuperior claves clavicula
      - inferior axillæ
    - pleurai et notai quæ ad ſternum non perveniunt
    - καρδια ſcrobiculus cordis vbi Cardialgia Cardiogmos hinc aliquibus cor et Ignorantes cor ibi demonſtrant. ſic att hart
    - Mammæ papillæ

Venter nferior ividitur

- venter regiones 3 cuius circum ſcriptio talis
  - Epigaſtrica
    - ſtomaci coilia : hole of yᵉ ſtomach
    - Hippochondria ſubcartilago
      - dextra
      - ſiniſtra
  - gaſtrica
    - ομφαλος radix ventris
      - cutis corrugata vetula
      - Emplaſtrum ex galbano vtero
    - Ilia lumbares flanke
      - Columbus 6 vertibræ longitudine aliqui 4 communiter 5
  - Hippogaſtrica vterus et veſica
    - Bubones vnde Bubo
      - Inguine
    - Pecten pubes vnde
      - pubeſcere prominentia feminis ad partus faciles
- Interiores de quibus poſt
  - continentes
  - contentæ
  - partim continentes partim contentæ
- Exteriores
  - Communes
    - Cutis cuticula
    - pinguedo adeps
    - membranaceæ carnoſæ
  - Propriæ
    - Muſculi abdominis
    - Vmbelicus

[illegible] ... [illegible] Epiglottis [illegible]

[illegible] ... [illegible]

[illegible] ... [illegible]

[illegible] ... Hospital.

[illegible] Anglicos [illegible]

[illegible] regio [illegible]

[illegible] regio [illegible]

Coccygis regio

[illegible] pulvinari [illegible]

[illegible] ... [illegible]

[illegible] ... [illegible]

[illegible] Notari [illegible]

[illegible] ... aliquibus [illegible]

[illegible] ... [illegible]

[illegible] ... [illegible]

[illegible] ... [illegible]

[illegible] ... Bubo

[illegible] ... [illegible]

[illegible] ... [illegible]

9

17

Cutis. Corporis propugnaculum Munimentum vniverſum
10

Complementum omnia Colligens alij
- Emunctor
- medium tactus
- organum tactus

Alij × a cerebro deferre Alimentum quod × in Arbore expertus

Subſtantia partium carnoſarum vnde caro nervoſa &c. Quæ ſequuntur
3
- Pars temperatiſſima cutis manus digitorum vnde ſenſus tactus et ſecundum Galen
- — exemplo: aqua calida et frigida omnium tactibus qualitatum medium
- Differt homo ab homine cæteris paribus ſecundum temper. mollitiem et duritiam cutis

2/8 Craſſitudine et tenuitate duritia mollitie variatur. Homini pro magnitudine (Ariſtoteles) tenuiſſima

Sed qualis videar
- ætate
- ſexu
- temperie
- Habitu
- conſuetudine
  - victu
  - Aere

vnde alijs
- craſſa tenuis
- rara denſa
- mollis dura

Corium humore pinguiori : magis aqueo Aparet corijs deauratis

WH tougher vbi tenuior Δ manu exteriori a fronte turne a lance

Omnibus natura terre quia pro ſumma iniurijs expoſita: humore evaporante ſolida terrena quod quominus humido muccoſo lento vt paret glutine ſiſe

[In tabidis tenuiſſimum non macilentis laxum ſqualidum vt vetularum Galen primo relaxatum etc.]

partium differentia variatur &c. Capitis craſſitudo &c.

Aliquibus morbis arida circumtenſa. Hidebownd

A mollitie et duritia, &c. ſigna phiſiognomiæ
- Ingenuis morum equis craſſis will eate meat
- ſani tenuis Agiles ſprightly
- duriore et craſſo animoſitate robur ſalubritate corporis ſed tardiore ingenio ferociter
- tenuis
  - Ingerit Natura benigna manſuetudinem
  - ſenſus exquiſitus vnde ſenſus interiores
- duriores ſenſu hebetiori

Cutis corporis [illegible] { Medici [illegible]
10. complementur [illegible] colliguntur alij { [illegible]
Alij [illegible] [illegible] quod [illegible]
Arbor [illegible]

Substantia [illegible] 3 { [illegible] corporalis [illegible]
[illegible] 2° Gal.
Carnosa [illegible] — Exemplo [illegible] qualitatis medie
Q[a] sequitur. — Diff. [illegible] pars corporis
mollis [illegible]

2/3 — Crassities [illegible] mollities { [illegible]
[illegible]) [illegible] { [illegible]
Unde Alij { crassa [illegible]
[illegible]
mollis [illegible]
[illegible]
[illegible]
[illegible]
Dif. Natura [illegible]
[illegible] solida [illegible]
[illegible]

In [illegible] capitis [illegible]
[illegible] Gal. [illegible]
[illegible] Capitis [illegible]
Alij [illegible]

[illegible]
[illegible]
[illegible] { [illegible]
[illegible]
[illegible] Natura [illegible]
[illegible]
[illegible]

4 Color vel subrubea [illegible] vel [illegible]

3 Causa [illegible] [illegible] sicci [illegible]

[illegible] vel [illegible] pili [illegible] vel Morsu [illegible]
[illegible] [illegible] aliqui [illegible]
[illegible] [illegible] Holborn [illegible] Beard [illegible]
Barba

[illegible] pili [illegible] ubi [illegible]
vel [illegible] ubi [illegible]
[illegible] Barba [illegible] Albi
[illegible] magis [illegible]. Avis.

5 Generatio [illegible] [illegible] labia
[illegible] Barba [illegible] labia

Generatio [illegible]
[illegible]
[illegible] magis [illegible]
[illegible] illa [illegible]
[illegible] plantas [illegible]

Depositio [illegible]
[illegible] quare [illegible]
[illegible]

Vasa [illegible] 2° a [illegible] 2° ab [illegible] ab [illegible]
[illegible] Roger [illegible]
[illegible] made [illegible]
[illegible]
[illegible]

11

4 Color vt ſubſtantia intra carnem et nervum

3 Cauſa coloris ijs qui in cute naſum { pili / roſtro &c

In homine vt cutis ſic pili vngues vt Morfea
cute afferente defluvium creſcunt alienis locis
the boy abowt Holborn bridg Beard in altera
Bucca
A cute pili Homini ſunt vbi Animalibus deficiunt
et contra deficiunt vbi reliquis ſunt
Alij Inguine barba pectore muſtach Anterior
reliqua Animalia magis poſterior exceptis avibus

5 Generatio Spermatica quia &c. × W Δ prima conformatione

5 nec palpebræ neque Buccæ nec labia
Generatur vt in pulte Carne ſicceſcente &c.
ſerpentibus cruſtatis &c   Arboribus Homini &c.
Homine Quo magis atterritur &c. Contra canibus
et ſimijs ſed puto illis &c. ſpurrd Hackney
ſaynts genibus Plautus callum aprugnum
Deperdita cute cicatrix craſſa &c vnde
pili quare Acubus cauteriſare cicatrix
vtilis luxationibus rupturis &c.

Vaſa venas 6 : 2° a Jugulatis 2° ab Axillatis
2° ab Inguine

ex Oribaſio Perſarum Reges pro feneſtra corium
Æncas Silvius Ziſkas ſcin made a drum
Mr. Havers pricks of the poths appeare in the
ſcin of deer in Croxton

6 Figura: ſpeculo Infinitis lineis rugoſis ad &c.
3 In ætate ſiccefcente &c Alijs magis &c. greyne
vbi Hæret Ceruſſa vnde equi acuratius curantur
&c. cutis molem, vnde Venetis god make me
fatt &c. vetulis quo rugoſior &c vnde
the ſcin not for paynting for &c. rugis ſimiliter
ſordes &c. Quare ſi ſaperent &c. tabrina
di ſemola: vna ſuppa divino
8 locis perforatur apertè &c. ſed forſan Ano non.
ſed et perforatur { vnguibus occulis / vmbelico }
poroſam &c. vt Hipericam ad fuliginem &c. ſignum ſudores
3 pili: qui in poris vnde pori obliqui vt ſitus
pilorum Hinc de frictione NB: WH vnde proſcalpſi
poroſitates contra "cutem" vngues
Hippocrates quibus rarior cutis facile &c.
vnde Medicis vt Ariſtoteles omnibus &c. obſtructio
et ab aere frigus
[Quibus nimis aperta Ariſtoteles "ſudare" cruentum quoddam
excrementum et Galen Corii de fracturis
ſanguinem exire obſervaſſe teſtatur Laurentius in
Sudore Anglico: doctor Gilbert &c.
ſanguis tenuitate feruore pororum apertorum
vnde Alijs idem ſumptis cantharidem
Figura cutis eſt Corporis vnde
the beſt faſhion to lep to run to
doe any thing stripp to y^e ſcin.
Faſhion is but copertura redun-
dautiæ diſpoſitio fantaſtica.

6 11

Figura: [illegible] Iulii [illegible] ad &c.
3

Spiral: In [illegible] aliis [illegible] &c.
vbi [illegible]. vide [illegible]
[illegible] molecularis vide [illegible]
facit &c. [illegible] &c.
[illegible] Nol. [illegible] &c.
[illegible] Rule [illegible] &c. [illegible]
di [illegible]: [illegible]

Glori [illegible] apostle &c. [illegible] Anno No
[illegible] orbulis
[illegible]

Potestas: [illegible] vel Hippocris ad [illegible] &c. [illegible]
2 [illegible] vide [illegible] vel [illegible]
[illegible] N: [illegible]
Hipp: [illegible] &c.
vide Medici vel Arist: [illegible] &c. [illegible]:
[illegible]:
[illegible] apost: Arist: [illegible]
[illegible] vel Gal: [illegible] de [illegible]
[illegible]
[illegible] Anglis: Doct. Gilbert &c.
[illegible] apost.
vide Aliis [illegible]

[illegible] vel Corporis vide
[illegible]
[illegible]

[illegible] vide
[illegible]

7 Motus 4 : Ego observavi in pestilentiali [illegible].

præcipue passionibus { [illegible] : Ar.
Horrore [illegible] cum
frigus : flabello [illegible]
a goose skin

Apparet { pili
goose skin

Caus: { horror feb:
frig:
vigiliis
[illegible].

Calvities [illegible] ob [illegible] Horrore
[illegible] : [illegible].

Quibusdam cum volunt { [illegible]
[illegible]
[illegible]
[illegible]

~~[illegible]~~

Hominibus { vigiliis : maner Lord how you look
like [illegible].
Beggar [illegible] : [illegible] pili [illegible]

Hominis [illegible]

8 Sensus 2 Homo [illegible] papillas [illegible] Ar.
2° [illegible] // [illegible]
[illegible] // [illegible] woman [illegible]
[illegible]
[illegible] volu[illegible].

Hominis quidam Anatomici [illegible] : [illegible]
[illegible]
[illegible]
[illegible] Ar.
[illegible]
[illegible] Ar.

7 Motus ego obſervavi poroſitates contrarias
4
præcipue paſſionibus { timore ſee the divil: &c.
Horrore ſteteruntque comæ
frigus ſla bello cowld
a gooſe ſc in

Apparet { pilis
gooſe ſcin

Cauſæ { timore
Horrore febris
frigore
vigilijs
morbo

Cæteris animalibus pennatis ex morbo vel Horrore
cum aqua ſteterit: canibus timentibus cæteras

Quibuſdam motu voluntario { porcupin
Hedghog
turkey
cocktoo, ruff Bird
in ye Ballat

Hominibus { "ægrotantibus: Horrid"
vigilijs: manè lord how you look
as gameſters
ſick leane dog
Begger ſick: eriguntur pili Horridi

Hinc vſus in vlceribus medecinis
mordicativis contra ſiccis vlceribus

8 Senſus Homine præcipue pudendo radice virge papillis vbi &c.
2 2° Nervi inſignes, Nan gunter &c. puto callum
feciſſe the mad woman pins in her arme
Mary pin her croſs-cloth: beginning with the can-
ticula as pueri vola manus
Hinc quidam Anatomiſta Ariſtotelem accuſat "excuſat"
et quidam excuſat quod dicit cutem non habere
ſenſum præcipue in capite vbi et homo exigit
WH Ariſtoteles vniverſaliter de cute omnium animalium &c.
vt plurimum enim non ſentiunt vt pennatis quadrupedibus
oviparis ſerpentibus &c.

9 Conexio Multis locis cum panniculo carnoſo inſeperabiliter
" et ſitus" 2 vt corijs ovilis præcipue volatilibus plantis
laxior elboe talo propter motum
coſtis niſi pingues vnde &c.
ſeperata a carne extenuatur relaxata diſcolorata
vt rupturis Incurabilibus &c. quod non principium

10 Situs Extima corporis parte quo vulgus ex extremitate vaſorum &c. potius
3 puto volatilibus quibus calor &c. Hinc alij fieri ab extremitate vaſorum
vniverſale Emunctor teſtatur effluvia ſudores
Imbecillitas facile enim a ſole et flatu one jorney
1 item quod vlceribus plurimis morbis infinitis
2 facile coloratur ab humoribus peccantibus
vt Ictero pallore &c. pani nomata &c.
ſtigmata: ſcabi
Cauſa imbecillitatis quia in via expanſio exterius
obiecta longe a corde

Dividitur { cutem
cuticulam extima cutis reſiccata facies

generatur vnde continue &c. regeneratur vt Capo di latta
6 vnde Epidermis ſcurfſcin vnde infantie nodum &c
Cuticula et videmus valde exciccantibus
2 proportio late Arborum cruſtatorum ſerpentum ſenectus
Homine porrigine meale Avibus volutando
ſcalptu animalibus equo curried the bird att
St. James bemealing as a man ſcarlet

9 Conaceio — multi [illegible] punirolo [illegible] ~~[illegible]~~ 2
vel coriis obilii // [illegible] vola: [illegible]
[illegible] Elbor lalo [illegible] 12
Coshi [illegible] [illegible] [illegible].
Separata [illegible] [illegible] [illegible]: dissolvent.
vel [illegible] [illegible] [illegible] [illegible].

10 Situs 3 — [illegible] [illegible] [illegible] q° [illegible] [illegible]
[illegible] [illegible] [illegible] [illegible] ab [illegible]
[illegible] [illegible] [illegible] [illegible] [illegible]
[illegible]: [illegible] a sole et flatu [illegible]
1 [illegible]: [illegible] [illegible] [illegible] [illegible]
2 [illegible] [illegible] ab [illegible] [illegible]:
vel [illegible] pallor [illegible]. [illegible] [illegible]
[illegible]: [illegible].
Causa [illegible]: q[illegible] [illegible] [illegible] [illegible]
[illegible] [illegible]

Libido — [illegible] [illegible] [illegible] [illegible] [illegible] [illegible]
[illegible] — [illegible] [illegible] [illegible] [illegible] capo di latta
6 — [illegible] [illegible] [illegible] [illegible] [illegible]
rutrul: [illegible]. [illegible] [illegible]
2 [illegible] [illegible] // [illegible] // [illegible] [illegible]
[illegible] [illegible] // [illegible] [illegible] [illegible] //
[illegible]: [illegible] [illegible] // [illegible] [illegible]
[illegible] [illegible]: [illegible] [illegible]

3 — Comae: non separata vide ex Analogo.
quasi [illegible] pars separata: q[illegible] [illegible]

separari [illegible] lana. [illegible] [illegible]: [illegible]
[illegible] [illegible]: [illegible] [illegible]

non [illegible] mollius [illegible] [illegible]: [illegible]

4 — Contact [illegible] // [illegible] / [illegible] [illegible]

5 — Color varius: white, fayer: pale: darker
[illegible] / [illegible] [illegible] [illegible] [illegible] //
[illegible] [illegible] // Cole black, [illegible] [illegible]:
[illegible] [illegible] [illegible] [illegible] [illegible] [illegible]:
[illegible] [illegible] [illegible] [illegible] & black.

6 [illegible] medius [illegible] [illegible] [illegible] [illegible]
[illegible] [illegible] // [illegible] [illegible].
vide [illegible] [illegible] [illegible] [illegible] [illegible]
[illegible]: [illegible] [illegible] [illegible]

. Aliis [illegible] [illegible] [illegible] [illegible] [illegible]
[illegible]: [illegible] plumis pilis [illegible]: [illegible]
[illegible] [illegible] [illegible] [illegible]: [illegible]
[illegible]. Naked [illegible]. [illegible] [illegible] [illegible] [illegible]
[illegible] [illegible]: q[illegible] [illegible] [illegible] [illegible] wooll
[illegible] [illegible].

3 Conexio non ſeparata vnde × Anatomiſtis
quaſi per ſe pars. ſeparata enim quæ &c.

ſeperabile tamen tumoribus phœnigmis igneis
Burning ſcald, vnde: detrahere coſmeticis

non in mortuo Caſſius problema × tentarunt
4 Contenta Morϕiones, vermes, cuticulam pro cortice

5 Color varius: white and fayer: pale: darker
Hiſpanus tanned ſunburnt tawny mores ſcſs,
Gypſy colored, Cole black Abiſini Congo:
Aſh color eaſt indyes, olive color weſt indyes
betwene green ſunburnt and black.

6 Vſus medium tactus defendendi cutem. humiditates
detenet vt intertrigine, politum et levem
vnde melior coſmeticis vnguentis Balneis &c. quod
Turcæ: Antiquitus curare cuticulam
Alijs Animalibus munitur cuticula cruſta elapſa
dogfiſh: ſpinis plumis pilis ſquamis briſtles
lana in Xylocoptero feſtucis teſtudine
Homo naked &c. yett Natur moſt ſollicitous
dedit facultatem quo hæc omnia ſcin wooll
furres &c.

Pinguedo { quod / ſitus / Quantum } { ſubſtantia et paſſiones / generatio / problema }

Pingue Ariſtoteles quod ex aqua terra aere quare &c
et optimum munimentum qua ingreſſus &c.
vnde deſino mirari feminas &c. furd mantle
vnde Macilenti cum parum pinguedinis &c. melancholici
plures vtilitates
vt lac et ſemen vtile bonitates
&c. ſalubritas reliquiæ coctionis ſanguinis

Situs ob prædictas vtilitates pluribus locis poſuit Natura
non capite cerebro &c.
ſed ventre inferno ad coctionem ſub cute. Muſculi
ſupra Renes non Renibus vnde oves Boves &c

Quibus viſcera parva venæ incertæ. Equilibrium { viſcerum / carnis }
vnde parum ſanguinis et timor phlebotomiæ
vt limus enim canales &c.
et ſic viſcera jecur ventriculi inteſtina parva
vnde parum comedunt " omnia comedunt "
" plus vero bibere poſſunt "

quales { pabuli copia / " venter " Locis ventris / parvo / Intra carnem }

quæ { nimeum / obeſis / parvis venis / viſceribus ſtomachi }

omnia pinguefiunt vel Abdomine vel intra cutem maxime
Quibus venter parvus pinguefit intra cutem : contra quibus
reſpondeat venter faciei
Junioribus quibus rarior caro intra carnem &c. contra deffectum
vnde yeong geeſe &c. like a pudding
vnde ould geeſe dripp awaye and an ould gooſe
Arces Nates Nulla : Nicholas Maſſa × contra Fallopium et WH
pinguedinis et carnis Equilibrium iuuenis carnoſi ſeniores

Quantitas Copia papuli fallopius Vaccæ Hetruriæ Ariſtoteles
oves Siciliæ ſero deducuntur
Nicholaus Maſſa penuria infeliciſſimus &c.
Inædijs morbis prius abſumitur carne et ſic citius
regeneratur cuniculi 4 diebus
Aliquibus ventre iij digitos natibus palmæ. Trip=man 6 ſtoı
Cum Alimentum Nimium abſumitur vel cute pinguedo &c.

Pinguedo { q^d. / situs / Quantitas } { ... ubi [illegible] / [illegible] / [illegible] }

pinguedo [illegible]: qd ex aq^a terra aere genitur.
et [illegible] plurimum [illegible] [illegible] .
vide [illegible] [illegible] [illegible] [illegible] [illegible]
vide Marioli [illegible] pingued: [illegible] melanch.
[illegible] [illegible]
[illegible] [illegible] [illegible] [illegible], [illegible]
[illegible] : [illegible] cachexi [illegible]:

Situs ob predictas utilitates [illegible] cori posuit Natura.
Non Capite [illegible]
[illegible] [illegible] [illegible] [illegible] [illegible]
[illegible] Non [illegible] [illegible] [illegible] [illegible] viscera
Quia viscera [illegible] [illegible] [illegible]: [illegible]: [illegible]
[illegible] [illegible] [illegible] [illegible] [illegible]:
[illegible] [illegible]: [illegible] [illegible]
et [illegible] viscera: [illegible] [illegible] [illegible] parva
[illegible]: [illegible] Cor [illegible]: ~~[illegible]~~
~~[illegible]~~

[illegible] [illegible] [illegible] [illegible] [illegible] parva [illegible]

omnia pinguedo [illegible] [illegible] [illegible] [illegible] [illegible]
Quia [illegible] parva [illegible] [illegible] [illegible]
[illegible] [illegible] [illegible]
[illegible] [illegible] varias [illegible] [illegible] [illegible]
[illegible] [illegible] [illegible] [illegible] [illegible]
[illegible] [illegible] [illegible] [illegible]
[illegible] Natura [illegible]: [illegible] Massa [illegible] [illegible]
pingued et Carnis [illegible] [illegible] [illegible] [illegible]

Quantit [illegible] [illegible] [illegible] [illegible] [illegible] [illegible]
[illegible] [illegible] [illegible] [illegible]
[illegible] Massa [illegible] [illegible] [illegible]
[illegible] [illegible] [illegible] [illegible] [illegible] [illegible]
[illegible] [illegible] [illegible]
[illegible] [illegible] [illegible] [illegible] [illegible] [illegible] [illegible]
[illegible] [illegible] [illegible] [illegible] [illegible] [illegible]

ping: [illegible] quantitas obesi [illegible] pars [illegible]
Abomasum [illegible]: per [illegible] [illegible] [illegible] Cal. [illegible]
Cal. [illegible]
[illegible] vitis [illegible] [illegible] [illegible]

Subglaut: [illegible] [illegible] [illegible]: [illegible]: [illegible]: [illegible]
[illegible] tallow [illegible]: [illegible] [illegible] [illegible]
[illegible]: [illegible] [illegible] [illegible]
Wt 3 [illegible]: Butter [illegible]. Confus: [illegible]
[illegible]: [illegible] [illegible]: [illegible]: [illegible]

Hydrop: [illegible]: fatt [illegible] [illegible]
[illegible]
[illegible]: [illegible] [illegible]
Color flavus [illegible]: yellow [illegible]: [illegible]

Generatio [illegible] [illegible] corporalis
Materia { [illegible]
[illegible]: [illegible]: [illegible]
[illegible], [illegible] [illegible]
[illegible]: [illegible] [illegible] [illegible]
[illegible] [illegible]: [illegible] [illegible]
Wt [illegible] [illegible] vel [illegible]. [illegible] vel
[illegible] [illegible]: [illegible]: [illegible]
pi: [illegible] [illegible] [illegible] qua [illegible] calor [illegible]
[illegible] [illegible] [illegible] vel [illegible]
[illegible] [illegible] [illegible] [illegible]
[illegible] [illegible] vel [illegible] [illegible]
Effic. [illegible] [illegible]: [illegible] [illegible] [illegible]
[illegible] [illegible] [illegible]

[illegible]: nil [illegible]: 1° [illegible] calor: [illegible]
[illegible] [illegible] [illegible]
[illegible]: [illegible] [illegible]: [illegible] calor
[illegible]: [illegible] [illegible]
2° [illegible] [illegible]: [illegible] [illegible]
[illegible] calor [illegible] vel [illegible] [illegible]
Wt Effic. [illegible] calor [illegible] [illegible] vel
[illegible] [illegible] [illegible]
[illegible] [illegible] [illegible]: nil [illegible] [illegible]: [illegible]
[illegible] [illegible]: [illegible]: [illegible] [illegible]
[illegible] [illegible] [illegible] [illegible] corpora.

Pinguedinis nocumenta — Nimca Quantitas obeſt quoniam ijs parum carnis et
ſanguinis: hoc vero eXcrementum vnde parum calidiſſimum
labitur
vnde pingue cito putreſcit ſphacelatus vulceribus

Subſtantia — ſimile greace pinguedo liquente facilius Hog's abdomine
στηαρ tallow ſevum congenerat corde
Peramatus Adeps medium inter ſuem et Bovem viz. hominis
WH 3^d genus Buttery oyly. Confuſum jecor piſcium

pinguedo — lingua: caro Anguillæ: gravey: peſti Italice
Hydropis curded: fatt vomited or in gliſter cake ſope
vnde ſteatoma
leucophlegma cromy and ſlime
Color flaveſcit ičterus yellow Hammer vetulis

Generatio controverſa et proinde temperatur

Materia { oleoſo ſanguine
vapor frigus
eX ſanguine portioni frigus et tenaci limoſo Fernelius
Fallopius alicuius gratia in prima conformatione }

H: Sar: eadem quæ ſeminis et pilorum vnde pili { inflammantur
tenſiva
&c &c }

vnde obeſa ſterilitas vnde ſymptomata luis venereæ
WH quia venis et arteriis video vt omento eX ſanguine vt
omnes reliquæ partes et coitu abſumuntur carnes

pinguedo adulterina
caro — Obeſa ſterilitas quia deficiens calor pinguis opifex
eX "parva" multa materia parum vt elixir
vnde Ariſtoteles obæſitas affečtio vitibus quare et
minus ſpermaticus vt vitis vvarum meſſis in herba

Efficiens alijs et temperatura { a calore calidiſſimo peramato
frigore frigidiſſimo Galen } WH { Temperatur Galen oleum
modice humidum
quia { a temperatura calido
communium aquæ terræ } }

Quin frigus nil probat: 1° idem de carne quod hi
dicunt (vt quidam quod in ovo
vnde parum philoſophi: ſupponunt × nec enim calor
nec frigus adiuvant uterque
2° faciunt generationem ſeperatim quod × eX animalium venis
quod ſebribus calor Membrum vt venarum rurſum in oleum
WH Efficie omnino calor nativus pro locorum varietate vt
malleus inſtrumentum inſtrumentorum

vtitur frigore vt in carnis generatione vt — Molten lerd &c. nil præter paſſionem non generat pinguedinem
Eraſtus × concretionem a frigore ſi enim hmul concreſcit et generatur
idem a duobus contrarijs movetur eodem tempore

Pinguedinis problema. Homines non pinguefcunt

1° Animi pathemata vnde { ftudiofi macilenti to working
pueri fomnolenti pingues }

2° Nimeo intempeftivo coitu extenuantur vt Animalia omnia
crestfallen pin=Buttockt

3 phifick beere falt wine vinegar &c. muftert faccharum
vnde Cæfar Germanos &c. victu leui
pueri londinenfes

4to Habitus athleticus degenerat in Cachochimiam
in morbos qui corpus extenuant
vnde too pampering browne bifket in y^e galleys
Maniaci:
Magna Alteratio in 1000 annis: finer wittyer &c.
quod Spartanis legibus fummopere "Cave" cautum

Membrana Carnofa partim membranacea partim vnde diverfa
Animalibus et partibus Canibus equis &c. ventrem
colligat: mufcas &c. excutiens: Elephas interficit
partibus vbi carnofior officium Mufculi inde puto aures
Capilitum: Vefalius cutem pectoris novit
carnofior flancke &c.

Vfus quo cutis detenet Calorem Mufculos et fecundum quofdam
pinguedinem generat alijs frigore alijs denfitate
Situs in homine fub pinguedine contra fimijs canibus
&c. vnde ovili pellibus adhærent
fenfum exquifitum vnde Rigor Catarro frigus
as a payle of cowld water powred on Neck
WH obliteratur divifionibus inter pinguedinem
in Infinitum enim fiffilis

[illegible] : [illegible] [illegible] [illegible] [illegible] [illegible] [illegible]

1° [illegible] [illegible] [illegible] [illegible] [illegible] [illegible]

2° [illegible] [illegible] [illegible] [illegible] [illegible]

[illegible] [illegible] [illegible]

3 [illegible] [illegible] [illegible] [illegible] [illegible]

[illegible] : [illegible] [illegible] [illegible] [illegible]

[illegible] [illegible] [illegible]

4° Habitus [illegible] [illegible] [illegible] [illegible]

[illegible] [illegible] [illegible] [illegible]

[illegible] [illegible] [illegible] [illegible] Galliae.

[illegible]

— [illegible] [illegible] [illegible] [illegible] [illegible] [illegible]

[illegible] [illegible] [illegible] [illegible] [illegible]

Membrana Carnosa: [illegible] [illegible] [illegible] [illegible]

[illegible] [illegible] [illegible] [illegible] [illegible]

[illegible] [illegible] [illegible] Elephas [illegible]

[illegible] [illegible] [illegible] [illegible] Musculi [illegible]

[illegible] [illegible] [illegible] [illegible] [illegible] Nobil:

[illegible] [illegible]

[illegible] [illegible] [illegible] [illegible] Calor [illegible] [illegible] [illegible]

[illegible] [illegible] [illegible] [illegible] [illegible] [illegible]

5 [illegible] — [illegible] [illegible] [illegible] [illegible] [illegible]

[illegible] [illegible] [illegible] [illegible] [illegible]

[illegible] [illegible] [illegible] Rigor : [illegible]

[illegible] [illegible] [illegible] [illegible] [illegible] [illegible]

[illegible] [illegible] [illegible] [illegible]

— [illegible] [illegible] [illegible]

Mitto De Musculo in gener. [illegible]: [illegible] et divisione [illegible].

Musculi actio [illegible] dilatatio [illegible].

[illegible] Non solum [illegible].

[illegible] in corpore

[illegible]

~~[illegible]~~

1 [illegible] dilatatio [illegible]

Exemplo: [illegible]: visu

Beare att ye [illegible]

2° : [illegible]

[illegible]

[illegible] Nat: nil [illegible].

[illegible]

Exempl. [illegible]:

2 [illegible]

3° [illegible] Non [illegible] solum [illegible]: exemplo: [illegible] et [illegible] chorda.

4to [illegible] alii [illegible].

[illegible]

A [illegible] et Capite [illegible]

Alii [illegible] ~~[illegible]~~ [illegible] ratio [illegible] part: [illegible]

Alii [illegible]

Numerus 8 4 par [illegible].

Mitto De Musculo in generales partes particulares
 divisiones &c.
 Musculi Actio conctractio dilatatio secundum latitudinem
 vnde Apropinquatio &c. Non solum caudæ &c
 exemplo ascensus progressus Brachia corpus
 Quiescente vno alterum &c. quiescet Ambobus compressum
 " motis amborum tonicus motus ".

1 Quiescente Ilio pectoris constrictio dilatatio
 modo contrario respirationibus $\begin{cases} \text{magnis adducitur} \\ \text{parvis diducitur} \end{cases}$
 Exemplo: ingressu frigidæ aquæ risu
 Beare att ye stake pant: cockfighting

2° Quiescente Ilio corporis erectio tonicus motus
 vnde contra vulgus lumborum Antagonista
 præcipuus vsus quia Natura nil frustra
 Quare
 Exemplo animalibus: pueris: extenuatis: in
 tumblers

2 Quiescente pectore in tumblers, in coitu.
 leaping swinging

3° Quiescentibus Ambobus: vomitus egestio vrina
 partus, flatus: sed non propter hoc solum
 et præcipue vt vulgus: exemplo: aves et
 Animalia: deinde curvatur corpus
 egestione vnde × ex arcus chorda

4to A carne calfacere vnde Extenuatis fotus
 item propugnaculo

A fibris et capite enim vnde Alimentum sensit ante supra

Alij ascendentes &c. "oblique &c." sic enim comprimunt vniformiter
 concine tenentur: as the carior his pack: lo: cros thuart

Alij obliqui &c. vt corpus vndique detenerent et comprimerent

Numerus 8: 4 par vel quidam 5 piramidalis utrique 5

1 Obliqui deſcendentes duò externi : maximi figura △
Ab oſſis Ilij ſummo carnoſi pubis Nervis perforati
Tenduntur reſupino collum et ſcapulas attollente
lumborum membranæ
coſtis 7. vel 8 : digitatim ſerrato maiori
in lineam Albam : quæ ex concurſu tendinum
a Mucromata cartilagine ad pubem circa
vmbelicum latior
vſus dilatatio pectoris et inclinatio ad latera et compreſſio
vbi " enim " venter Muſculi comprimunt

2 Obliqui aſcendentes decuſſatim priores figura △
ab oſſis Ilij apendice carnoſi et oſſis ſacri ſpinis
membranæ dorſi et quatuor Infernarum coſtarum extremitati
lato tendine rectos amplectitur ad lineam Albam et
os pubis :
non ſeperabile a rectis quare × Anatomiſtæ
Hi quatuor Venas et Arterias a vena Muſcula iuxta lumbos
cuata Nervos ab extremis Thoracis vertebris
vſis vt prior ſed alio loco comprimunt

3 Recti ab oſſis pubis anteriore et ſuperiore orti, mox
carnoſi ad oſſis pectoris latera et verarum coſtarum
Tenduntur reſupino caput attollente
cartilaginibus, fine carnoſo Amplo.
Sectiones 3 : rarius 4 internodia ad robur et vim vectis
Cum enim &c. 1 Infra vmbelicum 2º ſupra " partim
vno partim duo "
vſus præcipuus : corpus recte tenere erigere quod cum
fit aliquando curvato aliquando diſtento : recto
vim vnius Muſculi curvato duorum : ita Natura
partim vnum partim plures
Nervos aliquando quatuor circa medium ad eorum Im-
preſſiones ab extremitate thoracis
Venas recurrentes dictas ab Hypogaſtricis et Mammaribus
quorum Anaſtomaſis quod raro apparet : conſcenſus
vteri mammis
WH ſed alio modo conſenſum operis ſocietate: conſentiunt præteria
laringe et pectore vterus
Nec opus regurgitatione lactis a loco vbi non eſt ſed
a quo viz: venis

1 Obliq: descendentes 2° ostendi: magni: fig: △
ab oss: Ilii [illegible]: pubi [illegible]: [illegible]
[illegible]
Costis 7 vel 8: [illegible] 15
= lineam Albam: [illegible]
a [illegible] cartilag [illegible]
[illegible]
[illegible] pectoris [illegible] ad [illegible] et [illegible].
[illegible]

Todenti: / respigno / [illegible] / scapulas / attollit

2 Obliq: ascendentes de [illegible] prior: fig: △
ab ossi Ilij a spondiis [illegible] et oss [illegible]
[illegible] dorsi: et 4 [illegible] Cost: [illegible]
[illegible] rectos amplectit: ad lin: Albam et
os pubis:
non separabile a rectis [illegible]
[illegible] 4 [illegible] a [illegible] musculum [illegible]
[illegible] Nervos ab [illegible] thoracis [illegible]
[illegible] et prior sed alio loco [illegible].

3 Recti ab ossi pubis [illegible] et [illegible] orti, [illegible]
[illegible] ad oss pect: [illegible] et [illegible] Costas
Cartilagini [illegible], [illegible] Carnosi [illegible].
[illegible] 3: [illegible] 4 [illegible]
[illegible]

[illegible] / respigno / [illegible] / [illegible]

[illegible] corpus recte [illegible], [illegible]
[illegible] aliq [illegible] aliq [illegible]: [illegible]
[illegible] musculi [illegible]
[illegible]
Verba [illegible]
Venae [illegible] ab [illegible] et [illegible]
[illegible] appellat: [illegible].
[illegible]
[illegible] sed alio modo [illegible]
[illegible]
Nec [illegible] a loco [illegible]
[illegible]

4to Transversus [illegible] a membrana [illegible]
et ligamenti vertebrarum: nervos varios.
[illegible] costarum [illegible]
[illegible] ~~[illegible]~~ ad [illegible]
Tendit a lateris { [illegible] ad cartilaginem ensiformem; / [illegible] / [illegible] ad pubis

Peritoneo [illegible] vide [illegible].
et [illegible] ad Naturam [illegible]
Tendines [illegible] obliqui: [illegible] ad [illegible]
et vasis spermaticis et aliis
Multi [illegible] ad [illegible]
vide illic Bubonocele

5 Pyramidales origine alter altero maior ab osse pub:
aliquando sunt aliquando non: partes [illegible]
vide non necessarii.
Usus ut ipsi parvi [illegible] et non necessarii.
natura [illegible] parvi momenti plus
parvi [illegible] [illegible]
linea Alba [illegible]
[illegible]

Observ: Nat: massa [illegible]
[illegible]
vide [illegible] Calculi:
~~[illegible]~~ 114 [illegible]
paracentesi — [illegible] 3 digit 4
de Colon [illegible]
[illegible] mobili.

4to Tranſverſi Infimi a Membrana prædicta: vel
ex ligamentis vertebrarum: Nervos carnoſos
Interiorum coſtarum finibus
oſſibus Ilij "et pubis" adnati
Tendine lato { ſupra ad cartilaginem Enſi
lineam albam
infra ad pubis }
peritoneo pertinaciter adheret: vnde vix &c.
et male quod Natura ſeperatum &c.
Tendines horum vt obliqui perforantur ad vmbelicum
et vaſis ſpermaticis et etiam
Muliebri ad proceſſum vteri Cremaſteres
vnde illis Bubonocele
5 Pyramidales exigui alter altero maior ab oſſe pubis
aliquando ſunt aliquando &c. partes rectorum
vnde non Neceſſarii
Vſus vt ipſi parvi momenti et non neceſſarii
natura enim vſibus parvi momenti partes
parvi momenti incertos obſcuro loco
lineam Albam elevare veſicam Comprimere
ſuccenturiali auxiliares obliqui Aſcendentibus (Guin)
Obſervatio Nicholaus Maſſa tendo ſenſibilis &c. convulſiones
dolores prava ſymptomata
vnde ſectio calculi
"ſectio vmbelici WH monſtrante natura"
paracenteſis infra vmbelicum 3 digitos 4
ad latera propter tendones venas et
conſolidatio parte carnoſo parum mobili

Peritoneum circumtenſa : ſiphac Arabice : totum internum &c
Subſtantia tenuiſſima vt Araneæ tela denſiſſima fortiſſima
WH ex reſiſtentia craſſitudine △ Callo   leviſſima ob : &c. { in viris ſupernis ventriculis / feminis ſuper vterum
ad epar aliquando ad natum præcipue ventriculos os ſacrum
Duplex vnde omnia continentur vndiquaque circumtenſa
oriri dicitur dorſo WH Nullibus orire nec finire " aliquibus" omnibus
partibus firmiter muſculis dorſo &c omnes partes ſecundæ Regulæ
in duplicatione continentur WH quia tuniculam dant omnibus
Perforatur Œſophago vena arteria nervorum ſexto pari vmbilico ano veſica vtero &c.
Ex parte perforatur vnde aparet duplex &c. vbi ſit point d'ore parens ruptura cicatricem
Hæ productiones apertæ muribus
vſus omnibus jecoris &c. tunicam exhibet continet firmat ſeparat inteſtina ab interſtitijs muſculorum ni fiant Rupturæ : WH vnum hic ruptum habeo
Plateri vſus. Qualis ſaccus torculari
Dr. And : Medium ponderis Medium □ Vitruvius 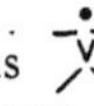
fœmina voluptatem veneream per vmbelicum

Vaſa vmbilicalia venæ arteriæ
hic non eſt locus ſed Embrione
et putamen Cuticulam aere Ariſtoteles : 4 : 672
Vmbelicus latior in homine like a Button ſuſpended liver and blather : vaſis ligamentis factis : decumbens in dorſum aut erectus quæ vſus non in Beſtijs
Vena vmbilicalis in Jecoris cavum intra Monticulos novi modice cavam per aliquod ſpatium
Arteriæ ij in oſſe ſacro : ſumtimes not devided but after his enterance
Sectio vmbelici in vetula monſtrante natura WH
υραγος deeſſe bomini videtur non inveni WH ineſt Brutis

pericard[illegible] [illegible]: [illegible]: [illegible] gr.

Substantia [illegible] vel [illegible]: [illegible]: [illegible]
[illegible] ex visibilia [illegible] [illegible]: [illegible] [illegible] [illegible]
a Cælo. Ad [illegible] aliq[illegible] [illegible] Natur[illegible] [illegible] [illegible]

Duplex v[illegible] · [illegible] [illegible] [illegible] [illegible]
[illegible] [illegible] [illegible] [illegible] [illegible] [illegible] [illegible]
[illegible] [illegible] [illegible] [illegible] [illegible] [illegible] Reg
[illegible] [illegible] [illegible] [illegible] [illegible] [illegible]

[illegible] [illegible]: [illegible] [illegible]: aster: [illegible] [illegible] [illegible]
[illegible] [illegible] [illegible] gr.
Ex [illegible] [illegible] [illegible] [illegible] duplex [illegible]
[illegible] [illegible] [illegible] [illegible] [illegible] [illegible]
[illegible] [illegible] [illegible] [illegible] [illegible]

[illegible] [illegible] [illegible] gr. [illegible] [illegible]. [illegible]: [illegible].
[illegible] [illegible] ab [illegible] [illegible] [illegible]
[illegible] [illegible]: [illegible] [illegible] [illegible] [illegible]
[illegible] [illegible]. [illegible] [illegible] [illegible]

[illegible] [illegible] [illegible] [illegible] [illegible] □ [illegible]
[illegible] [illegible] [illegible] [illegible]

Vasa umbilicalia: vena arter[illegible] [illegible] [illegible] [illegible] Arist. 4: 6[illegible]
[illegible] [illegible] [illegible] [illegible] [illegible]
umbilic[illegible] [illegible] [illegible] like a button [illegible]
[illegible] [illegible]: vasis [illegible] [illegible]: [illegible]
[illegible], [illegible] [illegible] [illegible] [illegible]
vena umbilical[illegible] [illegible] [illegible] [illegible]
[illegible] [illegible] [illegible] [illegible] [illegible]
[illegible] [illegible] [illegible] [illegible] [illegible] [illegible]
[illegible] [illegible] [illegible] [illegible] Natura [illegible]
[illegible] [illegible]: [illegible] [illegible] [illegible] [illegible]

[illegible] [illegible]

[illegible] [illegible] [illegible] [illegible]: [illegible] [illegible]
[illegible] [illegible]: [illegible]; [illegible]
[illegible]. [illegible] [illegible]: [illegible]
[illegible], [illegible]. [illegible] Colon: [illegible]
[illegible] [illegible] [illegible]. [illegible]. [illegible]
preparatia [illegible] [illegible].
[illegible] [illegible] [illegible]: [illegible]
[illegible] [illegible] [illegible] [illegible]: [illegible].
[illegible] [illegible] [illegible] simul [illegible] [illegible]
[illegible] magna [illegible] [illegible] [illegible]
[illegible].
[illegible]. [illegible] [illegible] [illegible] [illegible] [illegible] [illegible]
vos [illegible] [illegible]. postea [illegible]
[illegible].
[illegible] [illegible]: [illegible] [illegible] [illegible] [illegible]: Nat.[a] Ramidg
[illegible] [illegible] [illegible]: [illegible] [illegible] [illegible] [illegible]
[illegible] [illegible] the [illegible] [illegible] [illegible] side
[illegible] [illegible] body the Navill
Full or empty the [illegible] [illegible] like
body the Navil
[illegible] or [illegible] [illegible] [illegible]: [illegible].
[illegible]: [illegible]: [illegible] [illegible] [illegible]
[illegible] [illegible] [illegible] [illegible] [illegible].
[illegible]: [illegible] [illegible] by [illegible]: [illegible] [illegible] [illegible]
[illegible]: Cardinal [illegible]: [illegible] [illegible]
[illegible]: [illegible] [illegible] [illegible].
[illegible] aliquando: [illegible] [illegible]: aliquando [illegible]
[illegible] [illegible]: [illegible] [illegible] [illegible] [illegible]

Venter Inferior

Partes contentæ Arteriæ vmbilicales: Vracos vena vmbilicalis
Omentum Jecur ventriculus Gula
os ventriculi lien Inteſtina Duodenum
ecphiſima ieiunum Ileon Colon Cæcum
rectum Renes vreteres veſica: vaſa
præparantia deferentia vterus
Meſenterium meſeraicæ venæ: pancreas
[porta celiacæ ramus Jecori: porus fellis
nervus Jecori hic ſimul vnivntur] fell
Arteria magna et vena deſcendentes
Emulgentes
Breviter Situm et poſituram horum omnium quod ſcio
vos maxime velle: poſtea ſingulatim
de vnoquoque
Situs omnium partim certus partim incertus Natura Romidges
as ſhe can beſt ſtow: as in ſhips propter motus Agiles
Impoſterum Jecoris the gutts thruſt att one ſide
and ij ſingers beneth the navill
full or empty the colick gutt on y[e] liver
beneth the navil
ſitting or ſtanding contra lying
Breathing: Moventur WH Δ multis exactam
poſituram invicem nunquam ſervant
gravidis: yeoung girls by lacing: vnde cutt there laces
ſuſpenſa Ilia: Cardinal Campegius: hard and yet
pulſare: Hypogaſtron cleane empty.
Inteſtina aliquando ſubtus inflata: aliquando con-
dentia retracta ſignum malum Imbecillitatis Inteſtinorum

Jecur magis dextra × totum vnde vena umbilicalis
vide conexum lieni
WH Tumorem meum quartana
vnder the Choin tutele gratia allong vp to the
7 Ribb dextra ſupra vnde difficultas reſpirationis Tumore J
long the ſbort ribbs
vpon the ſtomach which it covereth
Conexum ſemper diaphragmati duobus fortiſſimis ligamentis :
venæ cavæ ramo : ſpinæ
aliquando coſtis peritoneo Colico
Conectitur capiti per nervos Cordi vaſibus
ventriculis et lieni per ramum ſplenicum

Splen other ſide of the ſtomach towards the ſbort ribbs
Tangitur manu vnder the ſhort Ribs att the end
of the vltimum or penultimum
ſoe vnder and ſoe behinde quod vix ſano ſentitur
præcipue ventre tenſo vel pingui
Tumente nihil facilius ſentitur tactu et deſcendit
Connectitur omento aliquando diaphragmati peritoneo
Reni ſiniſtro
viſum Animalibus : cum liene loco jecoris et contra Ariſtotele
and ſcente potius dextra ſi pars alta ante cum
jecur in medio tribus lobis
Sorow Thom : prudens litera V crit parte
dextra anteriori Inferiori

Ferrar magis dext. & latet [illegible]
Vide vomitionem T
wt tumors [illegible]

under the [illegible] allways [illegible]
Thick. dext. sup. vide [illegible] vess: [illegible]
long the short ribbs
upon the stomach [illegible]
Concav [illegible] diaphrag [illegible] ligam. [illegible]
[illegible]
aliquando [illegible] pertendit colon.
Connectit: Capil. & nervos. Cordi vasis
[illegible]

Splen on the left side of the stomach towards the short ribbs
Tangit: manu under the short ribbs att the end
of the [illegible] or [illegible].
[illegible] for [illegible] sano [illegible].
plerique [illegible]
[illegible] lacta: et [illegible]
Connectit: omento: aliquando diaphrag: peritoneo
[illegible]
[illegible] in major
[illegible] si [illegible]
[illegible]
Sorores [illegible]
[illegible] inferiori

Omentum [illegible] ideo Epiploon

in [illegible] non est [illegible] : [illegible]

nec [illegible] sed [illegible] mores

nec [illegible] [illegible] [illegible]

Aristoteles pia mater [illegible] [illegible] [illegible]

[illegible] Mob[illegible] [illegible] [illegible] [illegible]

[illegible] [illegible] [illegible] Coli[illegible]

Usus [illegible] [illegible] [illegible] [illegible] [illegible]

[illegible] [illegible] [illegible] [illegible] [illegible] [illegible]

vidi [illegible] [illegible] [illegible] [illegible] Colon [illegible]

[illegible] [illegible] [illegible] [illegible] Anat:

[illegible] [illegible] [illegible] [illegible] [illegible]

Epiplocele : [illegible] [illegible]

[illegible] [illegible] [illegible] [illegible] [illegible] aliquando [illegible]

Conv[illegible] [illegible] Colo: [illegible] non [illegible]

[illegible] [illegible] Colo: [illegible]

[illegible] [illegible] magis [illegible]

Usus [illegible] [illegible] [illegible] [illegible] [illegible]

[illegible]: in [illegible] aliquando Colon [illegible]

[illegible] [illegible] Coloris aliquando [illegible]

[illegible] ab ii [illegible] [illegible] [illegible] [illegible]

[illegible] [illegible] [illegible] [illegible] [illegible]

[illegible] [illegible] [illegible]

A[illegible] [illegible] [illegible]

[illegible] [illegible] [illegible] Hippocrates [illegible] [illegible]

ab [illegible] [illegible] omento: [illegible] [illegible]

[illegible] [illegible] [illegible] [illegible] [illegible]

[illegible] [illegible] [illegible] [illegible] : glandula

Omentum ſupra inteſtina ideo Epiploon
In omnibus ſanguineis non eſt : piſcibus: phoca
nec omnibus Quadrupedibus ratt and mows
nec penatis omnibus : vt columba &c.
A parte vt pia mater ceribri anfractus Inteſtinórum
figura duobus Membranis poweh reverſed parte ſuperiori
ventriculi along thother Colick
Infra ſum time et aliquando valde parvum retracted inter ventriculum et lienem
vnde raro infra vmbelicum homine
revoluto omento ſepiſſime eſt inter Inteſtina et lienem Convolutum
vide fayrely ſpred ſed ibidem Colon infra
vmbelicum : ſuppoſitum × ſemper vulgares Anatomiſtæ
deſcendit ad vaginam vteri : vnde ſterilitas W ×
Epiplocele : Columbus liber i

Conexio omento expanſo
ſuper una parte ventriculi fundo aliquando Jecori
altera Colo (quod non in cane)
vnde pro Meſenterio Colo : quare
eius politio magis incerta
Infra loos ſometimes to the oſs pecten ſed raro
Ante retro : Invicem aliquando coherent et peritoneo
Hine inde lateribus aliquando ſemper lieni
oritur ab ii vertebra a peritoneo where arteriæ
et vena porta going Jecori ar ſlightly
tyed to Jeiunium

Paſſiones omenti Apollonius Niger humore repleti Riolanus Tumores Hippochondriaci et circa vu
ab Humoribus collectis omento : Conceptaculum ſordium
lienis Δ A ped. multo atro humore repletum
gaſtromuthoi a flatibus marſupii elevatis glandulæ

Quantitas aliquando exiguum valde vt pertingere
ad vmbelicum non potuiſſet
Cito inædijs abſumitur " vnde "
Expanſo vnde alij Nutrire putant WH × ſed
quia liquabilius carne
Cito corrumpitur vt cadaveribus: et omne pingue
citius quia cænoſum
vnde Hippocrates exitus neceſſario putreſcit
vnde Galen Vulcer non reponendum

Magna quantitas in homine pro proportione
vnde epiplocenaſti omenti geſtatores
Canis et ſimea magis inter Animalia
tripeman ; 8 ſtone more then an oxe
Maiores quibus pingue ſeperatum
vnde ſenioribus yeoung ox leſs tallow " quia "
Quia pingueſcet intra carenem
it ſurreth vp the veynes vt Canalis limo
Subſtantia membranorum tenui levi
Diviſiones 3 { fatt greſe in quibus Adeps. tallow in quibus ſevum
venæ amplæ: ſignum quod exſanguis adeps
quia non oleoſior iſte ſanguis
glandulæ ad diſtributionem venarum

diviſio et reflexio

Vſus 3 { venas a porta ad ventriculum et lienem defert et Colo
et duodeno
omnia colligunt: Invicem jecur ventriculum &c. &c. et omni dorſo
fovet et lubricat Inteſtina ad ipſorum motum vnde inter ſuper. et coctioni

Fallopius Nullum quia (Avicenna) Calorem coquentem { recepit
detinet lentorem

vnde Galenus fencer abſque lana cruditates
vnde pingues omnia Comedunt et Hillares
Macilenti a paſtu Mordicantur ægrotantes leviores

Quantitas aliquando exigua valde et pinguedo
ad umbilicum non potuit.

Cito in adipem absumitur [illegible]
unde alij naturae putant [illegible] sed
quia liquabilis [illegible]

Cito corrumpitur ut [illegible]: et [illegible]

Citius quia [illegible]
unde Hipp: [illegible] putrescit
unde Gal: [illegible] Non respondet.

Magna quantitas in [illegible] proportione
unde epiploon [illegible] postulatur
[illegible] majus [illegible]
[illegible]

Maior [illegible] corporalis
unde [illegible] Cassellan quia
quia [illegible]
[illegible] ut Caroli [illegible]

Substantia membrana [illegible]

Partes 3 { [illegible] cellulae [illegible]
[illegible]: [illegible] adeps
quia non [illegible] [illegible].
glandulae ad [illegible]

Vasa a porta ad umbilicum et lienem: [illegible] colo

Usus 3 { [illegible] et duodeno [illegible]
[illegible] et umbilicum [illegible] [illegible]
quia (Aviron) calorem [illegible]
unde Galen [illegible]
unde [illegible] et [illegible]
[illegible] a pagan, [illegible]

[illegible]

Ventriculus super os bellis: p̄dt ī corum
diaphragma

Iste o:ubi colon: et alia dosi
vide A. scit. Nannis: et qua fieri doceo.
fit longitud. nigrior epigastrii c
sic alia q̄ p̄ pll. alius e sc in
corum ubi maior p̄ et superius finit
p̄n pancreas et porta

vide gade colo
cer. appelli
festal
sey. Cochior
a feri: 21
plerlati os. chirur
= fine: et:

Vol. Jeron libri liber

Ubi ab Aesophago. pp. Iama Janitor
desit ī pecori sana folii
q. ī corum dubit Jeros.

omentum colli: vide quod scit d Andor bellis
q. glans. porta Caliosa

S. p. ad bellir plis — splenis — frang. ad foul.
Venas a porta, Rami qui s Chi. et dextra.
hoc ī no. Nullis Chilo. Gul: 9 o. M. sar
vide bis scis. nulli.

Vena Gastrica et vas breve. a splene mod. d. ij.
vide requirebat: ac is familiar
114 x q. no. dirigat a. alique in loci
Cardinal Cibo Colum: di Calati
d. bi. ui li Jacopi Ris. a. s. 144
vide x poramanti de Chirurgia Cap: 29
Allobras a Calicro de q. e alibi.

Vervos ij a q. 6 ventriculi p̄tul: gle. albi diaph.
6 i patulo ... ubiq. loc dex. ī sinistr. et Abr
L. sit. doct. et posterior ex bellis. et de pyloro
vide os ventriculi q. se. loc ex Nervo
vide sir. Albr. appolitij
Nervo ij alias a 6 ti palis ad ventri. posta
Nervulos aliquando sinistri. lateris ab iij i Liono
vide glos. robore magno et alia
vide vulvae. vacilis et Sinistra vera
vide a sinistro pali ... : Jul: Mclinkl

Ventriculus ſupra os ventriculi: parum in levam
diaphragma
Infra omentum Colon: et aliquando ſuper
vnde a cliſtere Nauſea et contra flatus deorſum
Ante tangitur regione epigaſtrica et
ſoe along the ſhort ribbs and ſoe in
levam vbi maior pars et proprius ſpinæ
pone pancreas et porta
deXtra jecur leva lienem
Oritur ab Œſophago
deſinit in pylorum (pyle janua janitor) parum inferius
Quia locum daret jecori
Occurrit felli: vnde quibuſdam Ardor ventriculi
pertranſit portæ Cæliacam

vnde quando Colo fæces Appetitus proſtratur

Alij Coctionem a fecibus vt fermentationem Chimic infimo: Cl:

ſs. portam ventriculi particularis
Venas a portæ ſplenico Ramo quia { ſanguinem adferunt / chilum deferunt
vnde non Nutriri Chilo Galen: 3° de Naturæ facultatibus
vnde vim cito nutrit.
Vena coronalis et vas breve. a ſplenico poſt diviſiones parte ſuperiori
vnde regurgitatur acidum famelicum
WH × quia non differt a reliquis venis
Cardinal Cibo Columbus dilatati
"vnde" vomuit ſanguinem de multis
Riolanus et Δ WH varices
"vnde" × Peramato de humoribus Cap: 29
Arterias a Cæliaco de quibus alibi
Nervos ij a quibus recurrentes fuerunt: pertranſcuntes diaphragma
bipartito dividuntur vtrimque horum deXtra in ſiniſtra et ſimiliter
ſiniſtra deXtra et poſteriorum oris ventriculi et inde pyloro
vnde os ventriculi quaſi totus eX Nervo
vnde hic ſedes appetitus
Nervos ij alios a 6ti paris ad radices coſtarum
Nervulos aliquando ſiniſtro latere ab ijs qui lienem
vnde Conſenſus Cerebro Magnus et contra
vnde vulneratis vomitus et Hemicranea
vnde affecto patitur Cerebro Imbecillitatem Melancholiam.

Confoſſo pectore et dilatato liene

Hinc mirum de ſpe et fiducia et contra
ab affectionibus oris ventriculi
vnde Nerve ſtick vntill att hart
vnde excitatio Animalis functione venarum
fatnes : motion from the lower Hous
ſic acidi humores : acidi ſawces.
vnde ſi Nimeam dolores cardialgiam
lipotheum vertiginem Epilepſiam : &c.
vnde Meipſo Nauſeam et ſternutamentum
vnde parum adaucta Epilepſia fehri
vnde ſingultus ab humore abſorpto vel compreſſo
vnde Sir William Rigden all-yeallow
vnde J ſimpſon of Chalis : detentio ſpiritus
vnde Sal: Albert. ex Coſtæ compreſſione
WH ſternutamentum
vnde in a frogg ſolum tacta gula
vnde valetudinarii victu attenuati acri
multi ſunt ſemper conqueruntur Lady Croft
Embrionibus Mucca Aer : ne ſit Fames

Inteſtina oriuntur a ventrico deſinunt in " aum " anum
1° ſmale gutts deinde greate
great gutts omnia circum vallantia as horſe
Duodenum a pyloro ſub ventriculo pone ſub exortu Meſenterii
poſt conexum dorſo ligamentis plurimis et pancreas
deſinit ſub Colo
Quantitas 12 digitorum quod his temporibus non eſt
Figura non convolvitur vt reliquæ { Qula jecur propius accidere / Quia non Impedietur deſcenſus }
Jeiunum quia &c. a venis plurimis liquidum chile Bilis denſus
oritur a fine duodeni per 12 palmas et iij digitos menſſura 5 ped
vnde ibi mutatur colore et non ſunt tot venæ
nec tanta inanitio

[illegible] ab aliis omnibus vertebris:

vide Nervi [illegible] valde [illegible]

vide [illegible] broad [illegible] motion

[illegible] and [illegible]

vide in Nervi [illegible]

[illegible]

vide [illegible]

vide paritur ad [illegible]

vide singulos ab [illegible]

vid. [illegible] will [illegible] all [illegible]

vide [illegible] Chalice [illegible]

vide sal: alb: ex Corde [illegible]

WH [illegible]

vide in a frogg [illegible] gula

vide [illegible]

multi [illegible] Lady [illegible]

[illegible] Morton [illegible]

Intestina [illegible] a ventriculo [illegible]

1° [illegible] gutts [illegible]

[illegible] gutts [illegible]

duodenum [illegible] sub ventriculo [illegible]

[illegible]

[illegible] colo

[illegible]

Qualibet 12 digit, [illegible]

Fig: Non [illegible] ut reliqua [illegible]

Jejunum [illegible]

[illegible] 12 [illegible] digit [illegible]

vide ibi [illegible] et non [illegible]

[illegible] mantilio.

Ileon: [illegible] volutis [illegible] anfractibus [illegible]: [illegible]
unde os Ilij
[illegible] ubi [illegible] [illegible] [illegible]
[illegible] [illegible] sub [illegible]
[illegible] regio Ilion [illegible]

sub umbilico et colico
[illegible] colon et [illegible]

Quant: longitudo 21 [illegible] 20 ped
Magnitudo minor [illegible] [illegible] gutti

Fig. [illegible] [illegible]: [illegible] [illegible]
[illegible] [illegible] [illegible] { columba [illegible] Ilion
{ Barbula [illegible]
[illegible] [illegible] [illegible] [illegible] [illegible]
Quia Cor [illegible] 6or longitudo [illegible]: [illegible]

Homo et multis animalibus magis
Quia non semper [illegible] [illegible]
[illegible] [illegible] [illegible]: [illegible]

Magis in alia
Quia [illegible] alimentum plantae
Quia non [illegible] [illegible]: [illegible]
Exemplo: Candela
vide Elephantem: [illegible] 4 [illegible]
vide [illegible] 12: [illegible] [illegible] [illegible]
vide [illegible]: 2 [illegible] magis [illegible]
vide [illegible] [illegible]
[illegible] magna [illegible] et [illegible]: Bos bidens
vide [illegible] [illegible] plures: minora
[illegible] majora [illegible] [illegible]

6or Homo et multis animalibus magis
Quia [illegible] [illegible]
Quia [illegible] magis [illegible]: [illegible]
Quia plus [illegible] [illegible] [illegible] [illegible]
Bos bidens quia [illegible] Alimentum
Quia plus [illegible] [illegible] [illegible] [illegible]
[illegible] [illegible] [illegible]: [illegible] [illegible] [illegible]

Ileon circumvolutum unde morbus volvulus miſere &c.
vnde os Ilij,
Oritur vbi rubeſcere incipit inteſtinum
deſinit in colon ſub rene deXtro
toram regionem Inferiorem occupat
ſub vmbelico et colico
ſuper Ilia coXas et veſicam &c.
Quantitas longitudine 21 Nicholaus Maſſa 20 pedum
Magnitudo minor Colo. ſmale gutts
Figura homine omniquaque convolutum vnſett Ruff
contra Birds and fiſh { columba anſere Hen / Barble playſe

partly vp and downe partly hinc inde
Quia homine Inteſtinum 6es longitudo Corporis 7es ginney Cunney
6es vero Homine et Multis Animalibus magnis
Quia non ſemper Comedere debuiſſet Animal
vnde quibus minus convolutum: voraciſſimus piſcis
Magna animalia
Quia Hærerent alimento vt plantæ
Quia nec comederent quantum opus eſſet et Emittunt
EXemplo: candelæ
vnde Elephantes: quaſi 4 alvos
vnde Δ in phoca 12es cui nec Inteſtina Magna
vnde teretia: ſecundum quod magnitudine deficiunt
vnde Inteſtina longa "ventriculi" parva
contra magna vt et ventriculus "vel plures ovibus" Breviora
vnde etiam ventriculus vel craſſus plures: minora
contra maiora cum vno modo parvo ventriculo
6es item Homines et Multis Animalibus Magnis
Quia tardius concoquunt
quia exquiſite magis elaborato cibo: Homini
Quia plus temporis vacare cæteris officiis vitæ
Breviora quia Rudius Alimentum
quia plus temporis vacare alimentatici
facile cito concoquunt: Hippocrates celeres diiectici

Cæcum Monoculus extremitati Coli Appendix
quia cæcum officio magnitudine vermiculoſum
Homine inter Magna tamen Notæ gratia : vt papillæ
contra : Hoggs Hare oxen Ratt &c. tanquam alter ventriculus
Homini aliquando Magnum vt fœtu WH Sal : Albert : Aliquando non omnino
Hic Socratis regula pro ſimilitudine in a great print
WH Tranſitus de quibus poſtea hic tantum ſitum
Colon Gutt
Oritur A Cæco ad lumbos ſurſum
pertranſit deſuper Renem dextrum cui conectitur fibroſis
pertranſit ſubtus Jecur et fell : quibus aliquando conexum
vnde tinctum bile vidi
vnde per imum ventriculum in lævam
aliquando iij vel 4 Infra vmbelicum
Leva ſurſum ad Renem ſiniſtrum cui connectitur
vnde conſenſus Renum et eadem { Nephritis / Colicus }
pertranſit lienem vnde hic Rugitus a flatibus
vnde Hic propter revolutiones dolores et in principio
deorſum ad lumbos Quo fruitur peritoneo
ligato terminatur Recto
Quantitas 7 palmas 7 digitos Maſſa 10 pedes
Quia Colon hic ſurſum apparet
quod Cibus deorſum non pondere :
Exemplo : lead Bullet : drink ſtanding head
Riſe a medice Colic. in caſſum

Rectum vltimum "in Anum"
oritur a ſumitate oſſis ſacri
deſinit in Anum
Conectitur oſſi ſacro peritoneo
Sub : veſica ſub vtero : ſub proſtatis et radice penis
vnde conſenſus veſicæ et proſtatarum
vnde WH dolor ab excremento Inflammat proſtatas
vnde Galenus Inflammat Inteſtina Iſcuria

Caecum Monoculus extremit: Coli Appendix 20
quia rar. officio agitur: vermis

Homini Magna lata Notabilis gratia: ut papilla
gallin: Hogg oxen Ratt: [illegible] alter vel bis
Hare
[illegible]
Hoc aliquando Magn: Sal: Albert. [illegible]
Hic Doctulii [illegible] [illegible] [illegible]
[illegible] de quo postea sic [illegible].

Colon [illegible]

Oritur A caeco ad lumbos [illegible]:
[illegible] [illegible] [illegible] [illegible] fibrosi
[illegible] [illegible] [illegible] fell: [illegible] aliquando [illegible]
[illegible] [illegible] [illegible]
[illegible] [illegible] [illegible] - [illegible]
aliquando [illegible] [illegible] [illegible]
[illegible] [illegible] ad [illegible] [illegible] [illegible]
[illegible] [illegible] [illegible]: [illegible] Colic
[illegible] [illegible] [illegible] [illegible] a flatu
Hircusto [illegible]. [illegible] principio
deorsum ad lumbos [illegible] [illegible] peritoneo
ligat. [illegible] Recto.

Quantitas 7 palm: 7 digit: Massa. 10 [illegible].
Qua Colon sic [illegible] appareat
quod [illegible] [illegible] [illegible]:
Exemplo: [illegible] [illegible] [illegible] [illegible]
[illegible] a [illegible] Colic. [illegible]

Rectum [illegible] ~~[illegible]~~
Oritur a [illegible] [illegible]
[illegible] - [illegible]
Connectitur [illegible] [illegible] peritoneo
[illegible]: [illegible] [illegible] [illegible] prostat [illegible] penis
[illegible] [illegible] vesica et prostat
[illegible] [illegible] dolor ab [illegible] [illegible] prostat
[illegible]: [illegible]: [illegible] [illegible]: [illegible]

vide [illegible] proptat [illegible] — Anus Nobi ad [illegible]

vide v[illegible] ab ulcere [illegible] — A [illegible]

ad[illegible] illis [illegible]: [illegible]

vide Nobi [illegible] dedat [illegible]:

[illegible] glossiar [illegible] Clist.

vide: Calculus [illegible] longitud.

Exemplo [illegible] on the fingers.

Omnia [illegible] but one differ { substantia [illegible] / [illegible]: quantitate / officio: Nota

Substantia { [illegible] { [illegible].

Situs { [illegible]: [illegible] / [illegible]: colon [illegible]

figura { rect: [illegible] / Anfract: [illegible]

[illegible]: { maiora: magna / Minora: parva

officio { Chilosermia / [illegible] volvulo: Hernia [illegible] / Excrementa { colon / recti [illegible]

[illegible] [illegible] [illegible] [illegible] [illegible] [illegible] [illegible] [illegible] [illegible].

Mesenterio [illegible] dorso: Chandeler [illegible]

[illegible] — be [illegible]

[illegible] full down on a [illegible]:

vide forsan Hernia: non [illegible]

[illegible] vel Avis [illegible]: vel [illegible] Coli [illegible]

figura like the [illegible] of a ruff: [illegible] [illegible]

[illegible] ovil: a 2 [illegible] a [illegible]

vide [illegible] dorsi: et [illegible]

[illegible] [illegible] gland ad [illegible]

[illegible] { vena [illegible] / arteria [illegible] / Nervi [illegible] / [illegible] ramuli / glandula [illegible].

Liol: Mesenterium [illegible] [illegible].

[illegible] morbos [illegible]

vnde vlcera proſtatarum et virgæ in Anum Novi
et curavi
vnde vulcera ab vteri Cervice in Anum ſæpe
vnde illinc excrementa: miſerrimæ
vnde Novi Excrementum durum deſcenſum vteri
contra vteri Contorſionem impedimento Cliſteri
vnde: calculus veſicæ tangitur
Exemplo. cutting on the finger

Omnia Inteſtina but one differ { ſubſtantia ſitu / figura: quantitate / officio: nomine

Subſtantia { craſſa / tenuis { Jeiunium / Ileon &c.

Situ { ſuperiora: proprium ventriculi et Jecoris via Alimenti / Inferiora: colon rectum

Figura { recta: duodenum Rectum / Anfracta: Jeiunium ileon

Quantitate { maiora: magna / Minora parva

Officio { Chilo tenuia / Δ × volvulo: Hernia Δ WH / Excrementa { Colon / rectum / —Animalibus Cæcum

from Powles to leden hale one way but
many names as cheape powtry &c
Meſenterio omni inteſtino dorſo: Chaudron of a calf
Quia intertangle
quia fall downe on a heap:
vnde forſan Hernia: non huius
ſed vel Avicenna cæci: vel WH Coli pars
Figure like the ſtock of a ruff: frenſh mallow lef
ſitus oritur a 2 vertebra lumborum a peritoneo
vnde Conſenſus dorſi et inteſtinorum
pertranſit omnibus Inteſtinis Continuatum ad rectum

Componitur ex membrana Interna { venis Meſeraicis / arteriis valde exiguis / Nervis exiguis / Adeps: vt limus Canalis / glandulæ: venarum diſtributæ

Riolanus: Meſenterium exactius ſenſus
vnde Innumeri morborum ſpecies.

Meseraicæ Venæ tanquam radices Arboris ad inteſtina Jecoris
ſingulis venis ſingula Arteria
vnde Queſtio an Arteriæ Chilum defferunt
Ad Inteſtina tenues alteram altero Junctam
tandem in portam
vnde porta Arboris hic Truncus hic ingreditur Jecur { Radices vt lobi 5 / Cima Jecoris / Rami Meſenterici / deorſum

Arteriæ ſimiliter omnes in { Cæliacam / partem Meſentericam { ſuper ad / ſiniſtra dextra. / Infer :

Truncus obliquus deorſum ſub duodeno Inter ventriculum
et inteſtina ad vertebras aut diviſiones { Cyſticæ "gaſtr." / Gaſtricæ

WH vide magis exactum diviſionem inter venas
pars elatior ſplenica ſimiliter quæ { partim Inteſtina Epiploica dextra poſt / partim ſyngaſtrica minor maior WH / ſtomachica et ſiniſtra et gaſtro Epiplois } quia ſupra Meſenter.
ad lienem ventric. Epiplois colo
Humiliori Meſenterici { ante diviſionem { Gaſtro Epiplois deXtra / Inteſtinalis : in duodenum jeiunium / aliquando a Ramo.
diviſio in 3. Ramos et poſtca in alios
deXtra in { Jeiunium Ileon ceacum coli partem
ſiniſtra ad Rectum vnde Hæmorhoides Internæ
tali pene diſtributione arterias de quibus
ſuo loco cum exactius de venis
Origo Miſenterii dupleX ſuperior ad primam vertebram lumborum
ubi Arteriæ oriuntur: ſupra Emulgentes circa quas
ſit pleXus Nervorum qui cum Arteriis diſſeminatur
Inferior ad 3 vertebram lumborum ubi Arteriæ Meſentericæ

Fel ſub : Cima Jecoris ſinu inſculpto
Hine paulo ad dextram venæ vmbelicalis
arteriæ eXtra lohum Jecoris vnde Ictero tenſum Δ
et inflammatio Sir James Croſby
de felle exactius poſtca.

Pancreas ſweet bread. ſub duodeno : principio omenti
ad primam lumbarem vertebram : ad Renes
obœſis pinguedo : redder in a dogg.
ſubſtantia laXi informi Picholchomini
vnde Humiditas abſorbens. ſedes intermittent fever
WH quia peſſime omnino difflatur. Imbecillitate vt omnes glandulæ

Acerraie: [illegible] vadices Arbor ad [illegible] [illegible]

Avena. Singuli [illegible] [illegible] Allosia
[illegible] [illegible] Allosia Chi [illegible] [illegible]

Ad [illegible] [illegible] altro altro [illegible]
[illegible] posta [illegible]
[illegible] posta [illegible] [illegible] [illegible]
[illegible] [illegible]
Allosia [illegible] [illegible] — [illegible] [illegible]

[illegible] [illegible] [illegible] sub [illegible] [illegible]
[illegible] ad [illegible] [illegible] [illegible]

[illegible]

[illegible] [illegible] [illegible]

[illegible] [illegible] — 3. Ramos [illegible] [illegible] — alios
[illegible] — [illegible] flos — [illegible]
[illegible] ad [illegible] [illegible] [illegible]

tali [illegible] distributione [illegible] de [illegible]
[illegible] [illegible] [illegible] de [illegible]
Origo [illegible] [illegible]

Fel sub: Cira [illegible] [illegible] [illegible]
[illegible] [illegible] ad [illegible] [illegible] [illegible]
[illegible] [illegible] [illegible] [illegible] [illegible]
[illegible]
de [illegible] [illegible]

Panciras [illegible] [illegible] sub [illegible] [illegible] [illegible]
ad [illegible] [illegible] [illegible] ad [illegible]
o [illegible] [illegible] [illegible] [illegible]
[illegible] [illegible] [illegible]
[illegible] [illegible] [illegible] [illegible] [illegible]
[illegible] [illegible] [illegible] [illegible]

[illegible] venas [illegible] [illegible].
[illegible] [illegible] : X [illegible].

NB NB. [illegible] [illegible] of [illegible]
of [illegible] magna : [illegible] [illegible].
[illegible] [illegible] – [illegible].

[illegible] [illegible] – [illegible] de [illegible]
[illegible].

[illegible] [illegible] [illegible] [illegible] [illegible] of
[illegible] [illegible] [illegible] [illegible] [illegible]
[illegible] [illegible] [illegible] [illegible]
[illegible] [illegible] of [illegible] [illegible]

R E [illegible] sub [illegible] of [illegible] & [illegible]
[illegible] ad ~~[illegible]~~ [illegible] [illegible]
sub: [illegible] [illegible]
[illegible] att ye sides of ye [illegible] [illegible]
of [illegible] [illegible] [illegible] [illegible] [illegible]
[illegible] [illegible] [illegible] [illegible]
[illegible] [illegible] [illegible] [illegible] [illegible]
[illegible] of [illegible] : [illegible] [illegible]
[illegible] [illegible] lower more or little [illegible]
[illegible] ye lower [illegible]
[illegible] aliquando [illegible] [illegible] [illegible]
[illegible] [illegible] N [illegible] [illegible]
[illegible] [illegible] [illegible] [illegible]
[illegible] [illegible] [illegible]
[illegible] – [illegible] [illegible] [illegible]
[illegible] [illegible] [illegible] [illegible] [illegible]
[illegible] [illegible] [illegible] [illegible] [illegible]
[illegible] [illegible] [illegible] [illegible] or
[illegible] [illegible] [illegible] [illegible] [illegible]
[illegible] – [illegible] [illegible] [illegible] [illegible] [illegible]
[illegible] [illegible] [illegible] [illegible] on ye [illegible] [illegible]
[illegible] [illegible] [illegible] [illegible] [illegible]

pulvinar ventriculi : × Animalibus

NB NB. Quere An Emulgentes et vena
et Arteria Magna : " item " teſticuli
manefeſtari poſſunt relictis inteſtinis

ſi non hic inſerenda de viſceribus
vel
cum pancreate Radix Cœliaci Arteriarum et
eius ſurculi : Item Arteria quæ Meſenterio
diſſeminatur Item Nervi 2°. 1 : Jecoris fellis pylori
2° lieni et ventriculi fundo et omenti

Renes ſub ventriculo et Jecore et liene
inde ad ' dorſum " lumbos
ſub extremitate Coſtarum
inde att the ſides of the great veyne
vt Alij reduplicatione peritonei { ante / retro }
vnde partim Continentes partim contenti
vnde iij ventres diocles caput
Thorax et veſica : ſic Fernelij

ſitus incertus lower more or little over
then the lower Ribbs
dextra aliquando altior ſed raro
bis tantum Nicholaus Maſſa
ſineſter altior nunc dierum
Ariſtoteles enim et veteres dextra ſed
verum eſt in Brutis non homine
forſan illis diebus vnus nunc raro &c.
Quia vbi Jecur parvum aut vtroque latere
vnde Brutis : et rationabiliter vt dignior
quia dextra dignior vt locus ſuperior
ſitum in medio vbi vnum vt Bauhin diviſione Arteriarum
Numquam oppoſitum : leaſt hinder one the other WH ×
Quia Inferioris ordinis Jecori locum cedunt

Quia vt macrocoſmo the weakeſt to the wall
Immo locum dant vt republica Inferiores
vnde Fernelius diſlocatos coſtas cordis palpitationes
vnde the obdurat ſcull venis
" Infra " pone they leye vpon ψωας venis crus flectent
vnde alij putent torpere crura Nephritis
W × puto Magis Conſenſum Renum cum ſpinali Medulla
Connectuntur omnibus partibus mediate peritoneis
Membranulis et Omenti
Cerebro et cordi hepati per vaſa veſicæ per Nervos

Vreteribus Conectuntur veſicæ : ſuper muſculos dictos
intra tunicas peritoneum
pertranſeunt hic os ſacrum et inde deorſum
in collum veſicæ

Veſica Cavitate oſſis ſacri et pubis et
vtrinque coxarum
vnde melius ſuſcipit exitum imo loco
ſuper rectum inteſtinum Muliebribus ſuper cervicem vteri
Intra tunicas peritonei
Conectitur oſſi pubis peritonei
vmbelico a fundo per vracon
paulo ſuperius oſſa pubis præcipue { Inflata / repleta
vnde dicuntur Muſculi pyramidales Comprimunt &c.
Quia compreſſum hic vrinæ excretioni ſuſcitatæ
Vnde aliqui hic fieri poſſe ſectionem Calculi
quod : WH × his rationibus 3^{bus}

Quia vel [illegible] [illegible] [illegible] [illegible]

[illegible] Cor [illegible] vel [illegible]: [illegible]

[illegible] [illegible]: [illegible] [illegible] [illegible] Cordis [illegible]:

Unde [illegible] [illegible] [illegible] [illegible]

~~[illegible]~~ [illegible] [illegible] [illegible] [illegible] [illegible] [illegible]

Unde alii [illegible] [illegible] [illegible] [illegible]

[illegible] [illegible] [illegible] [illegible] [illegible] [illegible]

Conclusio: [illegible] [illegible] [illegible] positio [illegible]

[illegible] [illegible] [illegible] [illegible] [illegible] [illegible]

Ureter: Commodum [illegible] vesicae: [illegible] [illegible] [illegible]

[illegible] [illegible] positionem

[illegible] [illegible] [illegible] [illegible] [illegible] [illegible]

[illegible] [illegible] vesicae

Vesica: Cubiculum offi[illegible] [illegible] et publi[illegible] et [illegible]

[illegible] [illegible]

Unde [illegible] [illegible] [illegible]: [illegible] [illegible] [illegible]

[illegible] [illegible] [illegible] [illegible] [illegible] [illegible]

[illegible] [illegible] positionem

Conclusio: offi[illegible] publi[illegible] positio [illegible]

[illegible] a fundo [illegible] [illegible]

paulo [illegible] [illegible] publi[illegible] [illegible] [illegible]

Unde [illegible] [illegible] [illegible]: [illegible] [illegible]

[illegible] [illegible] [illegible] [illegible] [illegible] [illegible]

Unde alii [illegible] [illegible] [illegible] [illegible]: [illegible]

[illegible]: [illegible] [illegible] [illegible] [illegible]

1° q.ⁱⁿ offluxa [illegible] [illegible] substant

2° versa fundo ventriculi non consolidat.

unde Aristot. Notandi.

Quia membranosa Nervosa

unde Collo consolidat. q.ⁱᵃ Carnosa

et contra q.° magis Carnosa.

unde · probat · et malleolis [illegible]

quia [illegible] magis Nervosa.

3° [illegible] [illegible] vulnerat. [illegible]

Convulsiones dolores [illegible] Nervi Masc.

unde · paracentesis · vitant · [illegible]

3° Nervos linea Alba non consolid

unde paracentesis partes [illegible].

De nervis et Arteriis Ab [illegible]

Nervos mag: a [illegible] par unde [illegible] [illegible]

unde [illegible] [illegible] salus: [illegible]

Q° nil [illegible]

unde [illegible] monstr [illegible]

Ab dolor appellat media [illegible] [illegible]

unde abscit [illegible] [illegible]

unde [illegible] compressi [illegible] dolor [illegible]

[illegible] [illegible] [illegible].

1° quia effluxa vrina veſica subſidet
2° veſica fundo vulnerata non conſolidat
vnde Ariſtoteles notavit.
Quia Membranoſa nervoſa
vnde Collo Conſolidatur quia carnoſa
et eo citius quo magis carnoſa
vnde pueris et muliebribus
quia viris magis Nervoſa
3° tendonibus muſculorum vulneratis prava ſymptomata
Convulſiones dolores extremi Nicholaus Maſſa
vnde in paracenteſi vitantur tendones
3° cum Nervos linea Alba non conſolidat
vnde paracenteſis parte carnoſa
Venas et Arterias Ab Hippogaſtricis
Nervos magis a 6ti par vnde ſenſus exquiſitiſſimus
vnde dyſuria vel a calce; vetus vlcus
Quo nihil intollerabilius
vnde omnes mortem optant
NB dolor apparet media virga vel fine
vnde abſectam mentulam cupiunt
vnde W Δ Compreſſus in perineo dolor ceſſat
licet cauſa proſtatarum

Spermatica dextra vena Infra Emulgentis exortum
oritur A trunco venæ cavæ parte ſuperiori et
Anteriori ſede ab longo tubere craſſiuſculo
Cui ab Emulgente aliquando ſurculis Galen
ſiniſtra Ad evitandum Aortæ motum ab Emulgente
parte Inferiori
vnde a dextro mares a ſiniſtro fœminas
quia magis excoctum perfectiorem functionem
WH x ſed quia Arteriæ non ab Emulgente
nec quia minus concoctus ſanguis Emulgentis
forſan quia latus perfectior dextra

NB WH ſed de exactius poſtea : ſufficit iam dicere

---

hic ſunt hic intra tunicas progrediuntur
o[b]lique on this Ridge Hic pertranſeunt vreteres
Hic cum Nervulo 6ti paris et Cremaſtere
deſcendunt teſtibus exeuntes e ventre
Inde reflexa eodem tramite
deferentia hic Ingrediuntur ventrem
hic deſcendunt in Inferiori parte veſicæ
ad proſtatas terminantur.

Hactenus de ſitu de reliquis poſtea

Quantitas ventris a quantitate { pinguedinis / et viſcerum } contenta

Hippocrates ſectio 3 de Articulis
Homo pro magnitudine
ventrem Anguſtiſſimum
WH a man tier a
horle citius refectus

vnde Ariſtoteles quibus multum carnis et venæ arctiores
et obſcuræ viſcera parva venter item parvus.
ſignum ex ore : et diſtant ab vmbelico Inferiori longe
figura : Natura non videtur ſollicita de figura
Aparent longis Animalibus omnia longiora
vt Anguillis ſtote ſerpent
Rotundis rotunda vt Rhombus plays ſoals crabbs
NB NB Hic annotanda 2æ diviſiones Abdominis

pericula vulnerum regione { gaſtrica / Epigaſtrica

Spermatic vas: vena [illegible] E-[illegible] [illegible]

[illegible] A [illegible] vena [illegible] [illegible] superiori et

anteriori [illegible] ab [illegible] [illegible]

Cum ab E-[illegible] aliquo [illegible] Gal:

sinistra [illegible] [illegible] ab E-[illegible]

[illegible] [illegible] 22

[illegible] a dextro magis [illegible] [illegible]

quia magis [illegible] [illegible]

WH [illegible] quia [illegible] non ab E-[illegible]

nec quia minus [illegible] E-[illegible]

[illegible] quia latus [illegible] [illegible]

NB WH [illegible] de [illegible] [illegible] [illegible]

hic [illegible] hic [illegible] [illegible]

[illegible] Hic [illegible] [illegible]

Hic vasa [illegible] [illegible] et [illegible]

[illegible] [illegible] [illegible] [illegible]

[illegible] [illegible] eodem [illegible]

differentia hic [illegible] [illegible]

hic [illegible] [illegible] [illegible]

ad [illegible] [illegible]:

Hippocrates [illegible] [illegible] [illegible] de [illegible] [illegible]

[illegible] [illegible] a [illegible] [illegible] [illegible]

[illegible] [illegible] [illegible] ratione et [illegible] [illegible]

[illegible] [illegible] [illegible] [illegible] [illegible]

[illegible] [illegible] [illegible] [illegible]

WH a [illegible] [illegible] [illegible] de [illegible]

[illegible] [illegible] [illegible] [illegible]

[illegible] [illegible] [illegible] [illegible]

[illegible] [illegible] [illegible] [illegible] [illegible]

NB [illegible] Hic [illegible] 2 divisiones [illegible]

[illegible] [illegible] [illegible] [illegible]

Quae pertinent ad has functiones.

Ad partes Inferiores { Coctioni { Sanguificationi; Chilificationi. Propagationi speciei { Viriles; Mulieb.

Chilificationi: { recipit: os, gula; conficit ventriculus; Administrat { omentum, pancreas, vasa [illegible]; Distribuit: Intestina; Excernit: sphincter [illegible].

Sanguificationi: { recipit: Mesentarium; conficit: Jecur, lien; destruit [illegible]; Expurgat: { [illegible]; Renes [illegible] vesica gibba.

Generationi { viriles { praeparant [illegible]; conficit testes, parastatae; deferunt vasa; servant prost.; ejiciunt penis. Mulieb: totidem suo loco.

Necess. hujus ordinis

Quia sanguis absque alimento [illegible]

Quia alimentum [illegible] ideo

Coctio [illegible] et [illegible] quod [illegible]

plantae [illegible] gaudent.

Animal [illegible] postea

Ergo { [illegible] Commissa pars [illegible] ab [illegible]

ubi [illegible] AH [illegible]

Quia [illegible] Coctio

Quia nil patit. in motu

[illegible] digestio [illegible]

[illegible]

Quia [illegible]

Quia ubi coctio ibi reliquiae [illegible]

[illegible] { [illegible]; [illegible]; [illegible]

Thus poynted out the ſituation &c.

- Hæ partes Inſerviunt
  - Coctioni
    - ſanguificate
    - chilificate
  - propagationi ſpeciei
    - viriles
    - Muliebres

- Chilificationi
  - recipiunt os gula
  - conficiunt ventriculi
  - Adiuvat
    - omentum pancreas
    - vena arteria
    - viſcera
  - diſtributa Inteſtina tenuia
  - Excrementa ſuſcipit craſſa

- Sanguificationi
  - recipit Meſeraica
  - conficit Jecur lien
  - deſtributa vena per vires Corporis
  - Excrementa
    - Fel parte ſpina Jecur
    - Renes vreteres veſica Gibba

- Generationi
  - viriles
    - recipiunt præparant
    - conficiunt teſtes paraſtatas
    - deferunt deferentia
    - ſervant proſtatas
    - excernunt penis
  - Muliebres totidem ſuo loco

Neceſſitas horum omnium hinc
Quia perſiſtere abſque alimento vt Candela
Quia alimentum contrarium inconcoctum ideo
Coctionis locus et effectivum quod inſtar terræ
plantæ enim coctum alimentum hauriunt.
Animalia terram inter ſe portant
ergo vnde Communiſſima pars venter : et nullum abſque
ab inviſible flye to the Elephant.
vbi Nutrite hæ quatuor facultates Attractio Retentio
Quia tempus neceſſe Coctioni
Quia nil patitur in motu
Item digeſtio concocti vnde aſſit
Item Expulſio excrementorum
Quia contrarium et corruptivum
Qua vbi coctio ibi reliquum excrementum

- vnde his quatuor tota ſanitas
  - Ingerit
  - Egerit
  - Degerit

Cum hæ quatuor facultates cum tempore et ratione corum quæ
attrahenda concoquenda retinenda excernenda
Necesse his singulis functionibus diversis
diversas partes natura constituat
Quia eadem pars eodem tempore omnia aut
aliqua cum sint contraria facere sit Impossibile
vnde omnibus Animalibus 1° Necessaria locus Ingresius os
2° Egressus viz Anus "et" oppositæ et diversæ
Quia oppositæ
deinde Quoniam retentio eodem tempore. Cocti
vt nutriat non cocti vt concoquatur
et Excrementi vt sponte expellatur eodem loco
sit Inconveniens Impossibilis consensus
Natura vero perfecta distincta quod melius
et hac tria sic sunt vt successive ordine differunt
vt confundi non possunt
Ideo Naturæ partes successivas diversas

Coctioni vel retentioni dum concoquuntur	}	ventriculus Jecur lien
Receptaculum jam cocti ad destributionem	}	Intestina tenuia venæ arteriæ

Excrementi Colon rectum : vesica &c.
Quia : quod dicitur de prima concoctione
et de secunda.
.iji vero concoctiones Animalia enim Honorabillia perfectiora
perfectiori cibo : perfectiori vero plura requiruntur
Ita Coctioni more refining more dilligent
Quod divers places diversis caloribus. sic.

Observatur: eodem tempore alterationem esse qua
alterandum eorum quorum velint. alteranda
Necessario sit singulis fictionibus diversis
diversas partes natura constituat
Quia eadem pars eodem tempore omnia aut
aliqua [illegible] sit contraria [illegible] sit impossibile:
Unde omnibus similiter, id Necessario locum [illegible] os
2º Experimento. viz [illegible] et oppositum diversos
Quia opposita
De Qualitate alteratio eodem tempore. Coeli
vel Naturae Non [illegible] vel [illegible]
vel Experimenti vel [illegible] expellat eodem loco
sit [illegible] impossibile: [illegible] Qualitas
Naturae vero [illegible] distinctas
Observatur 3ª sic sunt vel successive ordine differ
vel Confundi non possunt
Ideo Natura [illegible] successive diversas
Coeli [illegible] ventis
alterationi [illegible]
[illegible]
[illegible] [illegible] [illegible]
[illegible] Coeli
[illegible] [illegible]
Experimenti Colon [illegible] [illegible]
Quia [illegible] dixit de [illegible]
[illegible] 2ª
[illegible] [illegible] [illegible] notabilis [illegible]
[illegible] [illegible] [illegible] plura requirunt
Ita Coeli motus [illegible] motus [illegible]
[illegible] diversas [illegible] diversis [illegible]

vide Naturam divers offic[illegible] et divers [illegible]

Solut Christ — Elis in divers {Heate / vessel

So {draws away the phlegme / [illegible]
- vast the spirit
- destruct [illegible]
- [illegible] et prepare
- Circulat et perfect

For Nature of better Physick [illegible] [illegible]

Historia vid. opera Naturae. [illegible] vide.

~~Jam Contra praeter~~ Naturam

Differentia medicorum Philos. et [illegible]

Chirurgi [illegible] magis

Ideo [illegible] [illegible]

Hydrops: [illegible] flatus

vide diversae opiniones

[illegible] diverso modo

[illegible] [illegible] vel formal.

[illegible] [illegible] quia [illegible] [illegible].

[illegible] [illegible] [illegible] [illegible] Epistola

[illegible] A [illegible] Epistola [illegible]

[illegible] [illegible] [illegible]

[illegible] [illegible]

[illegible] vapores [illegible]

vide [illegible] like frog spawne

vid. [illegible] [illegible] [illegible] [illegible] [illegible]

Hydrops Aq. [illegible] [illegible] [illegible] [illegible]

[illegible] [illegible] officina [illegible] Catholicus

[illegible] [illegible] [illegible]

[illegible] they [illegible] [illegible] watersh[illegible]

fill [illegible] [illegible]

[illegible] [illegible]

[illegible] [illegible] [illegible] [illegible] [illegible]

[illegible] [illegible] they may [illegible]

[illegible] may [illegible] [illegible]

Aq. [illegible] [illegible]

[illegible] [illegible] [illegible] [illegible] [illegible]

vnde Natura divers offices et divers Inſtruments

velut Chimiſtria in Elixir divers { Heates / veſſells / furnaces }

to { draw away the phlegme / rayſe the ſpirit / extract oyle / fermentate and prepare / circulate and perfect }

ſoe Nature os ventriculus Inteſtina meſeraica Jecur &c.

Hiſtoria omnium operationum Naturæ &c. &c. p. 5 vide
Jam: contenta præter Naturam
diſſectio medicis vtilis eſt. ægrotantium
Chirurgis hæc magis
Ideo quæ in Corpore mortuorum

Hydropiſi omni Aquæ et flatus
vnde diverſæ opiniones
WH vid: diverſo modo
1° deſciſſum Hepar cum Mucca vt Fernelius
Alij per tunicas inteſtinorum Quia per purgationem redeat

WH puto pro diapedifi A { Jecoris parte per pulmonem empiema / per meſeraicam / per venam Epiploi / Renes laxæ [Platerus perforator / per Inteſtina purgant enim / vel ſpeciem vaporis poſt denſationem }

vide veſiculis A peritoneo like frog ſpaune
vid: venam latiſſimam lepore vti alunt. lumbis Accip: ſemper
Hydropiſis Aqua vt lixivum vt omni excoctione parboyled
ventriculus inteſtina vt vulpi in officina
Meſenterium abſque ſanguine
Jecur grey retracted hard ſplen watchet cum Cartilagine
fell magnum Nigricans
pinguedo curded
Renes lividæ duriſſimæ laxæ abſque ſanguine
Aliquando Jecur Iron grey magnum
lien magnum Inteſtina extenuata
Aqua in aliquibus { ſharper / and milder }
vnde tali exeunte paracenteſis mors vulnus gangren facile

tantam varietatem vidi vt facile crediderim
potius Jecoris Corruptionem ex Hydropiſi fieri quam contra
ſicut in Hydropiſi quam Scorbito aliquibus ſaltem
Ex erroribus enim in victu Cachochimia qua perſeverante chachex
a qua viſcerum Corruptio
Timpanitem
vide ante " Hydropen " vt diabetica paſſio Calidos
ſitibundos ſomnolenti. ſpumans ſaliva one month
before " vnde "
vnde Diabetes Hydrops matulæ et
Huiuſmodi Timpanitem curavi refrigeratione
et lenientibus poſt alia in caſſum
vt Arabes lacte chameli
Soe y[t] this diſeaſe beginning in manner Timpanitis ve[l] Aſcitis
they by much drinking fill their body which
the kidnes not avoyding
ex Alimento multiplicant ſe ipſum
tandem etiam " ſolidæ " carnoſæ particulæ colliquuntur
et in aquam vertuntur abſumuntur
et vt plurimum obſervavi quamdiu aliquid Jecoris
remanet vivunt nec moriuntur
Preterea all thes decay ſimul proportionabiliter
perdurante Hydrope
preterea vide abſumptum Jecur abſque Hydrope
WH vidi ex abſciſſu ad cornua vteri per diabroſin
omnem ſanguinem in capacitatem Abdominis effluxum

Sanitas [illegible] [illegible] et facile [illegible]
pelliq[ue] [illegible] color ex Hydrope [illegible]
simul in Hydrope q[uae] [illegible] [illegible]
Et [illegible] n: in [illegible] Cachexia q[uae] [illegible] [illegible]
aq[ua]. [illegible] [illegible].
[illegible] ante ~~[illegible]~~ et diabolica pass. Calidos
[illegible] [illegible] saliva and mouth
before ~~[illegible]~~
[illegible] Diabolus Hydrops malulo et
Hui[usmo]di [illegible] [illegible] [illegible] ~~[illegible]~~
et [illegible] post alia in [illegible]
ad [illegible]. [illegible] Chandi[illegible]
Soe yf the disease beginning [illegible] [illegible]
they by much drinking fill the body wt
the kidneys not [illegible]
[illegible] alimento multiplicat [illegible]
tandem [illegible] ~~[illegible]~~ [illegible] [illegible] colligunt
et in aq[ua]m [illegible] ab [illegible]
[illegible] plurimis obs[er]vabi [illegible] aliq[ui]d [illegible]
[illegible] et [illegible] [illegible]
prolonge all the decay simul [illegible]ositionabilit[er]
durante Hydrope
[illegible] vitae ab [illegible] [illegible] absq[ue] Hydrope

[illegible] [illegible] ex [illegible] ad [illegible] ubi [illegible] diabrosin
[illegible] sang. in capacitat[e] abdo[mi]nis [illegible]

25

Inteſtinorum vſus alimentum coctum retinere
dum A Meſeraicis extrahatur
Coctionem perficere in reliquo eXcremento
Quia Alimentum os ingreſſum ſtatim mutari incipiens
perpetuò alteratur vſque dum eXit per Anum

Ibi vero magis
- vbi aut diutius moratur
  - vt locis concluſis
- vbi locus calidior
  - carnoſior
  - vel vicinitate
  - partium calidarum Jecoris
  - quæ coctioni promovent
  - piper enim intus
  - fomenta foras

vnde non ſolum tenuia ſed craſſa magis
Colon præ ceteris craſſitie materiæ mora
et vicinitate Jecoris omenti: lienis
vnde Cliſter iniectus Nutritius
Figura
Non lacuna ſed inteſtinis tanquam rivulis Alimentum Coctum
1° Ne putreſcat: " 2° "
2° Ne per exteriorem tantam partem venæ exſuperet
Non eX intimo quod frequenti obvolutione et
protruſione eXterius venarum orificijs obijcitur
quod prius intus erat.
Craſſa et tenuia quibuſdam animalibus non omnibus weeſel
phoca avibus omnibus vnius generis
Craſſa vero quia vt concoquunt cum aliquod Nutrimenti vſque remanet
Quia eXcrementum durum et flatus detinent
vnde quibus non eſt Colon nullis crepitus ventris
Ariſtoteles Avibus nullis eXcepto turture
Attamen ineſt paſtinacis qui non crepitum viz.
laxum inteſtinum et carnoſum quo abutuntur pro
pro altero ventriculo

Intest. in [illegible] alimentum Coctum [illegible]
[illegible] attractiva [illegible]

Coctionem [illegible] in reliquo [illegible]

Quia [illegible] magis [illegible]
[illegible] alterat. [illegible]
[illegible] magis [illegible] motu.
[illegible] Calidior [illegible]
[illegible]
[illegible]
[illegible]
[illegible]
[illegible]

unde non solum tenuia sed crassa magis
Colon [illegible] materia [illegible]
et [illegible]
unde Clister [illegible] Nutrit:

Figura
Non [illegible] vi [illegible] Coctum
1º Ne putrefiat: 2º
2º Ne [illegible]
Non [illegible]
[illegible]
[illegible]

Crassa et tenuia [illegible] non [illegible]
[illegible]
Crassa 1º quia [illegible] aliquid [illegible]
[illegible] Excre[illegible]
unde [illegible] non ad Colon [illegible]
[illegible] Nullis [illegible]
[illegible] Non [illegible]
[illegible]
[illegible]

Officium recti magis excernere [illegible] retinere [illegible]
ne assidue [illegible]

Officium Coli propter flatus [illegible] magis [illegible]

Coli figura: Vide magis, [illegible] robusti; [illegible]
[illegible] [Elegant [illegible]]
[illegible]
[illegible]
Vide Columbi [illegible]
[illegible] Bullocks [illegible]

Colon [illegible]
A [illegible]
A m[illegible] [illegible]

Officium Caeci [illegible] alimentum [illegible]
[illegible] aliquid Aliud
[illegible]

Vide [illegible]
[illegible]
[illegible]
Lepore [illegible], mulo [illegible]
[illegible]
Talpa nullum [illegible]
[illegible] Vituli Marino

differentia Caeci a colo [illegible] Moorling [illegible]
Colon [illegible]

A[illegible]
Alligatus [illegible]
Rabb [illegible]
[illegible] flores [illegible]
[illegible]
[illegible]
[illegible]

Foetu [illegible] ligad.
[illegible] pars [illegible] X [illegible]
Flores [illegible] pupilla

In maliis [illegible]
[illegible]
[illegible]
[illegible]
[illegible]

Piscibus [illegible] prope [illegible] Merla
[illegible]
[illegible] Max[illegible]
like [illegible]
Cartilag: [illegible] X 14 [illegible]

Officium craſſorum magis eXcrementa detenere tenuium chilum
ne aſſidue egere cogamur
Officium coli propter flatus in homine magis et eXcrementum
Coli figura vnde magnum craſſum carnoſum robuſtum cellulis frequens
which a liſt gathered : [Eleganter Laurentius] niſi
vbi lieni conectitur deeſt
liſt in the top and fore part
vnde cellulis Arillæ plumſtons per Anum
Item leaden Bulletts gowld ring : meus

Colon ingens
A patre "Mr."
Δ Mr. Shaw

Officium Cæci tale alimentum coctum recondere aſſervare
concoquere et vt Picholhomini ne quid liquidi Alimenti
diſperdatur ſed tanquam in ſuccum dilapſum ſervetur
vnde Aliquibus alter ventriculus plane TaXo
mure cuniculo ginneycunney præamplum
longum præamplum chilo refertum fibroſum ſecundum longitudinem
lepore maius ventriculo multo et eraſſo
fæcibus mollioribus refertum
Talpa Nullum cæcæ veſtigium nec ſtote
nec vitulo Marino
Differentia Cæci a colo Quia ille Monoculus vt the crapp
Colon vero Ingreſſus et egreſſus

Apoſtema tumidum
æquale ventriculo
Riolanus Δ
appendices Ileo
nec cæcum magnitudine
Ilei : vermes in
Cæco

Fœtu humano etiam recepit fæces liquidas
et ell tanquam coli pars (× WH Δ
Homine Notæ gratia vt papillæ
Pennatis appendices vt gooſe duck lapwing &c.
gooſe circa hnem liquido eXcremento diſcoloratum
Quo abeat neſcio œſtrig : longæ rugoſæ
Inſeruntur prope anum quaſi ad inteſtinum rectum
vt et paſtunaca yellow Ammer
Non ſunt Hedg ſparro ſmale birds woodcock
turdo
merula
Piſcibus "multi" ſed prope ventriculum
aliquibus plures vt whiting hering
red fiſh whiting and mopp Alij in crucem
Rana marina
like a tuffe of graſs-rootes
Cartilago Ariſtoteles nullum × WH paſtinaca ſed notæ gratia

Valvula: Alij affirmant alij Negant
WH △ Inflat non pertranſit vt videtis
Aqua inmiſſa pertranſit aliquando "aliquando" vt plurimum quantitate
pertranſiſſe △ in vivis et aliquando mortuis { in corpore / eXtra corpus / facilius
Quia cliſter reddit per os
etiam ſuppoſitum aligat filo cruribus

vſus: Ne retro et quia colon inde ſurſum et quia flatus

WH Hæc rara vt plurimum nec { liquor / flatus
neque vivis neque mortuis
WH Qui dicunt vt Sal: Alb: ineſſe membranam
quæ occluderet Meatum vt in venis ×
Qui negant Impedimentum ſibimet ×
Quia interior tunica Ilij corrugata
quaſi valvula obſtruit vt Henſ=ars

NB WH De quantitate vid: Ante quæ in ſitu Ilij
Quantitas Capacitas proportionalis ventriculis et Corpori
et contra Corpus Inteſtinis
vnde dwarfing of dogg with daſy rootes
as trees in potts: dwarf: cherry.
Motus vt detenent ita deſtribuunt deturbant.
pars inferior rectis fibris ſe apperit
ſuperior tranſverſa deſuper contrahit
vt the pudding wifes hand
EXemplum Motus in "teſtudine" limacibus et "lobſters" Hyrudines
motu vndoſo vt vermes
vnde mica Cocleæ Impoſita movetur
vt whip: in the water vndatio: panno
omnibus partibus modo fixis modo mobiles
Apparet hawke putts over her meate
crapp turning vpon the giſerd erecte itſelfe
Item a dog: by the fier: cunny in y^e ſunn
Recto Inteſtino quod ſic deſcendit vt tactu percipiendum.
ſepe Impeditur iniecto Cliſtere { vnde Aperitur / perſpiracione

Valvula: Alii affirmant alii Negant

WH [illegible] non [illegible] [illegible] [illegible] gk.
[illegible] [illegible] aliquando [illegible] gk.
[illegible] [illegible] vibus: et aliquando [illegible] [illegible]
Quia Clister reddit per os [illegible]
[illegible] suppositum aliquid filo [illegible] [illegible]

[illegible]: Ne [illegible] quia [illegible] [illegible] [illegible]

WH Haec vera: Ut [illegible] [illegible] [illegible]
neque vitii neque morbus

WH Qui dicunt [illegible] [illegible] [illegible] [illegible] [illegible] [illegible]
quod [illegible] [illegible] [illegible] [illegible] X

Qui Negant [illegible] [illegible] X
Quia [illegible] [illegible] [illegible] [illegible] [illegible]
[illegible] valvula [illegible] [illegible] [illegible]

WH de quantitate [illegible]: [illegible] [illegible] [illegible] [illegible]

Quantitas Capacitas proportionalis [illegible] et Corpori
et [illegible] [illegible] [illegible] [illegible]
[illegible] [illegible] [illegible] [illegible] [illegible]
[illegible] [illegible] [illegible] [illegible] [illegible]

Motus [illegible] [illegible] [illegible] [illegible] [illegible].
[illegible] [illegible] [illegible] fibrae [illegible] [illegible]
superior [illegible] [illegible] [illegible]
[illegible] [illegible] pudding [illegible] [illegible] [illegible]
Exemplum Motus [illegible] [illegible] et [illegible]
motu undoso [illegible] [illegible] [illegible]
[illegible] mira [illegible] [illegible] [illegible]
[illegible] [illegible] [illegible] [illegible] parmo
[illegible] [illegible] modo [illegible] modo [illegible]
Appeal [illegible] [illegible] [illegible] [illegible] [illegible]
[illegible] [illegible] [illegible] [illegible] [illegible] [illegible]
[illegible] [illegible] [illegible] [illegible] [illegible] [illegible]
Recto [illegible] [illegible] [illegible] [illegible] [illegible] [illegible]
[illegible] [illegible] [illegible] Clister [illegible] [illegible]

Fibra motus quibus similares secundum

Rect: { Longitudine extendunt: apertiunt
{ Transvers: quod claudunt constringunt

Obliq. tortuoso motu deberent: non sint

quia rectos apponit [illegible] transversos contrah.
quod Fallop:

Fibrila [illegible] constrictoria magis [illegible] [illegible]

ad [illegible] angula [illegible] [illegible] [illegible].

[illegible] [illegible] magis [illegible] [illegible]
[illegible] [illegible] partes recta [illegible] [illegible]
[illegible] [illegible] [illegible] [illegible].

Transversas fibras in [illegible] angula

quod [illegible] [illegible] medio

Obliq.a [illegible] [illegible].

[illegible] [illegible] [illegible]: [illegible] [illegible] [illegible]

[illegible] [illegible] [illegible] WH non [illegible] [illegible]:

[illegible] [illegible] [illegible] [illegible] [illegible] [illegible] probabiliter:

[illegible] [illegible]: [illegible] [illegible] non [illegible]

[illegible] [illegible] [illegible] [illegible] spiders: [illegible]

Vide Fallop: [illegible] eadem membra: [illegible]

vide: [illegible] [illegible] [illegible] [illegible] [illegible].

[illegible] [illegible] [illegible] [illegible] fuisset

vide [illegible] [illegible] [illegible] duplice:

WH [illegible] [illegible] [illegible] [illegible] [illegible] [illegible].

Tandem in [illegible] [illegible] [illegible] apparet.

[illegible] [illegible] [illegible] [illegible].

Vnde WH in [illegible] [illegible] [illegible] [illegible] [illegible]

[illegible] [illegible] [illegible] [illegible] [illegible] [illegible]

Quod in [illegible] [illegible] [illegible] [illegible].

[illegible] [illegible] [illegible] in [illegible]

[illegible]: [illegible] [illegible] [illegible]: [illegible].

[illegible] [illegible] [illegible] [illegible] [illegible]:

Fibræ motus gratia ſinewes threeds

Rectæ { Longæ ſecundum longitudinem contractæ aperientes
Tranſverſæ contractæ coarctantes

Obliquæ tonico motu detenentes non ſinunt
quia rectos apperiri nec tranſverſos coarctari
contractos Fallopius

Rectæ fibræ conſpicuæ magis Inteſtino recto et ventriculo
ſed ventriculus et gula Interius Inteſtinis exterius
paucæ tenuibus (quia magis detenent) Bauhin firmant
tranſverſas vt in partes recte citiore tranſverſæ
plures Colo maxime Recto.

Tranſverſæ foras in ventriculo et gula
contra Inteſtina Medio
Obliquæ vero internæ
dignoſcuntur ſectione retractiones præcipue coctio

omni dilligentia vſus WH non inveni ventriculum
nec more coates then I made
vnde putavi membranam venæ non ſtramen et ſubtegmen
ſed vt ſilke=worms webb and ſpiders : ſnayle
vnde Fallopius dicit eadem Membrana omnes fibræ
vnde : de ſitu et Numero fibrarum Magna Controverſia
Item de Membranarum et tunicarum
vnde " Rondeletius " Laurens omnes membranæ duplices
WH multiplices diviſibiles in Infinitum vt tendo

Tamen in tripes tam Evidenter Apparent
vt exiguos Muſculos referent

vnde WH in prima Conformatione oſſa caro &c. ſimilares
ſic Inteſtina poſtea Aliquibus diviſa perfecta
Quod in Muſculis Brachij apparet
quod in cranio et cute in ſpica
vnde Natura pictorem imitante : delineationem
et proiectionem facit poſtea concoquit colorat :

Tunicæ iij A triplici fibrarum genere { 1 a peritoneo / × WH / 2as proprioris

Externa levis tenuis vt diſtendi a peritoneo
ſed gula Carnoſius vt Aparet in ye Butcher
vnde Rotundus Muſculus
Media Carnoſa ex parenchyma Inteſtinorum
Interna durior ventriculo propter Cibaria Inteſtinis carnoſis
like vnſhorne velvet cum cruſta
Brutis Honycomb { Hæe omni fibrarum genere dotata / præpollent WH quia undiquaque fiſſiles

Mucca Inteſtinorum ramenta: cœnoſa pinguedo
Aparet teneſmo, et Cliſtero Acribus et fluxis
Interiore tunica reduplicata plicis operit Meſeraicas
cum tomentis et cruſta Mucca
Hooping the gutts:
vnde His exeſis levitas Inteſtinorum
exulceratis dyſenteria { deſcenſu humorum / a meſeraicis
plicæ deorſum vnde ciborum tranſitus deorſum
ſurſum vero agaynſt the heare
vnde vitium horum vomitus Cliſter
ſed in gula Interna tunica abſque plicis &c.
vnde Hinc inde eque pertranſit
vt Apparet ruminantibus

Compoſitio Inteſtina ergo ex { Tunicis hæ eX fibris / carne parenchemate / venis arteriis meſeraicis / Mucca: cruſta pinguedine

Subſtantia vt cutis ſimillima partim carnoſa partim nervea
vnde tanquam cutis per interiora continuatur
vnde conſenſus cuti in frigore Colici
vnde ſapor Cliſteri in ore
Alij craſſiora Carnoſiora Alij tenues diaphanoſæ
vt gutts in the ſhopp wett partchment
Iilli melius concoquunt carnem enim concoquunt
Hi deterius vnde valetudinarii flatulenti

Tunicis iis 4 [illegible] fib: [illegible] [illegible]

Magis [illegible]

Exter. [illegible] vel [illegible]

sed Gula [illegible] vel Apparat. [illegible]

vide [illegible] 28

Media Carnosa ex [illegible]

Fibra [illegible] Cibatum [illegible]

[illegible] [illegible]

[illegible]

Mucosa: [illegible]

Apparat. [illegible], et Clister [illegible]

Interior [illegible]

[illegible] mucosa

Hoping [illegible]

Vide His [illegible]

[illegible] dysenteria [illegible]

[illegible]

[illegible]

vide [illegible] vomitus Clister.

Sed in Gula [illegible]

vide Hic [illegible]

et Apparat [illegible]

Compos. [illegible] ex [illegible] [illegible] mucosa [illegible]

Substan [illegible]

vide [illegible]

vide [illegible] Colir

vide sapor Clister in ore

Alii [illegible] Canes [illegible] Alii [illegible]

et [illegible]

[illegible]

Hic [illegible]

unde [illegible] vulnerati [illegible]
quia raro [illegible] solidantur.
[illegible] vulnus [illegible] consolidatur
et [illegible] [illegible] [illegible]
quia [illegible] X [illegible]: [illegible]

[illegible] vel [illegible] [illegible] [illegible] et [illegible]

Error. facilius Errores fiunt [illegible]: [illegible]
[illegible] facilius medicantur [illegible]
unde [illegible] [illegible] [illegible]: [illegible]

[illegible] ~~[illegible]~~ [illegible]: vel ramulos [illegible]
et Caudit appositus

~~[illegible]~~ [illegible] [illegible] [illegible] [illegible] [illegible] [illegible] [illegible]
[illegible] [illegible] [illegible] [illegible]: [illegible]
[illegible] [illegible] [illegible] [illegible] [illegible] falsior.
[illegible] [illegible]

[illegible] [illegible] [illegible] q [illegible] possunt.
[illegible]: [illegible] [illegible] vel aliis [illegible]
[illegible] aliis [illegible] et [illegible] [illegible] [illegible] [illegible]

[illegible] [illegible] [illegible] [illegible] [illegible] [illegible] [illegible]
[illegible] [illegible] [illegible] [illegible]
[illegible] [illegible] [illegible]: [illegible] 3 dies [illegible] [illegible].
[illegible] [illegible] [illegible] [illegible] [illegible] [illegible] [illegible]

[illegible] [illegible] [illegible] respondit
[illegible] [illegible] [illegible] [illegible]
valetud [illegible] Ex [illegible] [illegible] [illegible] [illegible].
[illegible] q[illegible] et [illegible] multo [illegible] [illegible] [illegible].
[illegible] [illegible]: et [illegible] [illegible] [illegible] [illegible].

vnde Illi vulneribus curandum
quia carnoſa melius conſolidatur
vnde Galen vulnus fundo ventriculi conſolidatur
et cibaria fundo melius concoquuntur
Quia carnoſior quod x Veſſalius Columbus
Illis vt quibus mucca multa et pinguedo
Errores facilius Errores ferunt drink : ſurfeits
vnde facilius medicationes ferunt
vnde niſi vita vtuntur detergente
limus Mucca et pinguedine vt canales limo
et cadit appetitus
Contra His quibus macelinti tenues abſque mucca
vel aqua vice muccaginis: ſenſetive
ab omnibus cito leduntur acribus ſalſis &c.
quia velliſcant
drink vnde citius vomunt quam inebriari poſſunt.
vinum enim his pungit vt alijs Jeiuno ventriculo
contra alijs lenit et prohibet aſcenſionem vaporis fatt pott
purge Hinc dum ſcatent humoribus vel mucca
A purgationibus Jocundi
Contra abſumpta mucca per 3 dies ante generationem
ſickiſh windye
Quia ſiccant cibaria ore abſque pituita
Hinc venter faciei reſpondens
facies extenuata valetudinarii
valetudo ex ex omni cibario alterationem ſentiunt
facie quia et flatus multo colligunt propter Amplitudinem
Item generant et expellere nequeunt propter Imbecillitatem

Obſervationes vermes vbi ſed præcipue fine Coli
noething ſoe comon as wormes fiſh mawes
flatus et Colick
WH non omnis Colica a flatu
Quia fiatu diſtentio tumoribus ventris abſque dolore
et dolor abſque diſtentione et tumore ventris
a materia mordicante pungente "et flatus"
et flatus ſuſcitante
Inflammationes Inteſtini aut calidæ venas amplas diſtentas
Colore puniceo nigricante
Craſſiores tunicis Cavitate tamen Minores
Contra frigidæ Albæ lividæ cum flatibus abſque ſanguine
Humidæ relaxatæ wett partchment or lether
flatulentæ Exemplo cattle going to graſs.
Equo looſe belly fundament ſwabby : gutts croake
and wallop
Aliquibus magis frigidæ quam humidæ tardas digeſtiones
Quia obſtructæ Muccæ copia et ſenſus defectus
Omnes iſti vt equi faynt and without ſpirit
WH vnde licet morbis conducit alvus liquida
obeſt. ſanitate inervat enim

Contra Sicca abſque carne : abſque Mucca : tranſparent
tenues flatulenti
vnde prope mortem ſubtus Inflantur et Moriuntur
nisi vt aliquibus ſphacelati lividi nigri
Tormina deteriora ex obſtructione tenuium Miſerere mei
fluxibus humoribus vel hic generatis deſcendentibus
mordicantibus exulcerantibus.
materia aduſta venenata : Canceroſa mali moris
WH vidi tanquam apthæ
WH Ratt : poyſoned : vitro : long ſcratches inflamed
WH Curteſan padoa moals eaten ventriculo

Obstabat [illegible] [illegible] [illegible] Coli
[illegible] [illegible] [illegible] [illegible]
flatus et Colici
39

WH non est Colica a flatu
quia flatus distend: [illegible] absque dolore
et Dolor absque distensione, et [illegible] [illegible]
a materia mordicante ~~pungente~~ [illegible]
et flatus suspirante

Inflat[illegible] [illegible], aut ~~[illegible]~~: [illegible] a [illegible] distentus
Color [illegible] [illegible]
crassiores [illegible] cavitate [illegible] [illegible]
— [illegible] frig: Alb: Livid: [illegible] flatus absque [illegible]
— Humidae [illegible]. wett partes [illegible]
flatulent: Exemplo rattle going to [illegible].
Eq. loose belly [illegible] [illegible] swabbs: guts [illegible]
[illegible] wallops
— aliquid [illegible] frig. [illegible] [illegible] digestiones
[illegible] [illegible] [illegible] Copia: et [illegible] [illegible]
[illegible] [illegible] vel eq[illegible] [illegible] [illegible] [illegible]
WH vide [illegible] morbi [illegible] [illegible] liquida
[illegible] sanitate [illegible] n.

Vesica absque [illegible]: absque [illegible]: [illegible]
[illegible] flatulenti
vide [illegible] [illegible] [illegible] Inflatio et [illegible].
[illegible] [illegible] aliquid [illegible] Livid [illegible].

Tolina [illegible] [illegible] [illegible] [illegible] [illegible] di
[illegible] [illegible] [illegible] [illegible] [illegible]
[illegible] [illegible]
[illegible] [illegible] [illegible]: [illegible] [illegible]
WH vidi [illegible]: aptha
WH Ratt: [illegible]: [illegible]: [illegible] [illegible] Inflat
W [illegible] padoa [illegible] [illegible] [illegible]

29

Coiliæ Actio Chilificatio: &c into a pappy ſubſtance
vnde cum ex chilo ſanguis famulari dividitur Jecori
Facultates quatuor to attract coctum expell &c.
Attract apparet: fame præ nauſea arripit
contra nauſea reiecit taking of a purge
Coctio opus naturæ vel Calidi inati
vnde × Animalia ventriculum concoquunt
WH potius homo ventriculum
Quia Jecur lien omentum vena cava renes
Coctio Chilificatio Coctio prima etiam fomenta vt Catellarum
vnde Catus vetuli: David puella
ventriculi { quantitas Figura vnde catt a witch quia petit
to yeong poeple.
Hinc Ariſtoteles veteres colligunt quod calor non
neque Aqua calida
propter tenuitatem caloris penetrari interius
Retentio wherby it cloſely imbraceth. &c.
equally maſhed and grownd with the drinke
quod cum non facit propter flatum fit Clydon as horſes
vel propter ſupernaturale cibarium vnde vomitus abſque potu
et vomitus billis pituita vt pueris abſque cibo
vnde omnia ſtomachica conſtringentia

Coctio quid ſit: apud authoris confuſionem plena difficillitatibus
Alij Colliquationem alij atteri et cominui et
a ſingulis partibus proprium attrahi
Alij putredine quadam fermentari
Alij deſtillatam per deſcenſum vel retortionem
WH Omnes partim bene dixerunt partim male, quia
aliquod non totum non ipſum
Quare philoſophi (philoſophica enim diſceptatio)
Coctio muratio totins ſubſtantie cum generatione et corruptione
Quia ex cibo et potu miſtis chilus et ſanguis
Chilus eſt hoc

Coitia Actio Chilificatio qr nihil a praeter substan
ti[illegible] ex chilo [illegible]: [illegible]
[illegible] 4ª [illegible] attract[illegible] [illegible] qr. 30
Attract[illegible] appetit: [illegible] [illegible]: [illegible]
[illegible] [illegible] [illegible] [illegible] a [illegible].

Coct. [illegible] Natura [illegible] Calid[illegible] [illegible].
[illegible] 4 [illegible]: [illegible] [illegible]
[illegible] [illegible] [illegible]
Quia [illegible] [illegible] [illegible] [illegible] [illegible]
[illegible] [illegible]: ut Calelled
[illegible] Caly [illegible]: David [illegible]
[illegible] [illegible] [illegible] [illegible] polit
[illegible] per [illegible].
[illegible] Aristot. [illegible] Colligat q[illegible] [illegible]
[illegible] 4ª [illegible]
[illegible] [illegible] [illegible] [illegible] [illegible]

[illegible] [illegible] [illegible] [illegible] [illegible] qr.
[illegible] [illegible] [illegible] [illegible] [illegible] [illegible]
q[illegible] Non [illegible] [illegible] [illegible] [illegible] [illegible]
[illegible] [illegible] [illegible] [illegible] [illegible] [illegible] [illegible]
[illegible] [illegible] [illegible] [illegible] [illegible] [illegible]
[illegible] ota gloriosa [illegible]

[illegible] Chilificatio [illegible] [illegible] figura

Coctio q[illegible] [illegible]: ap[illegible] [illegible] [illegible]. [illegible] [illegible].
Alij Colligatio; alij Attract[illegible] [illegible] et
a [illegible] [illegible] prop[illegible] attract[illegible].
Alij [illegible] [illegible] [illegible]
Alij [illegible] [illegible] [illegible] [illegible]
[illegible] [illegible] [illegible] [illegible] [illegible] [illegible] [illegible]
[illegible] non [illegible] [illegible]
[illegible] philosop: Philosophi[illegible] [illegible]: [illegible].
Coctio [illegible] [illegible] [illegible] [illegible] [illegible] et [illegible].
Quia ex [illegible] [illegible] [illegible] [illegible] et [illegible].
Chi[illegible] [illegible] [illegible]

[illegible] fit et attollit[ur] [illegible]

Quia [illegible] a [illegible] dentis

Similiter [illegible] [illegible] [illegible]

[illegible] [illegible] colligat.

qui et [illegible] q modo [illegible] [illegible] [illegible]

Non [illegible] [illegible] [illegible] moveat.

Quia melior [illegible] [illegible] ; [illegible]

[illegible] [illegible], et [illegible].

Attollit[ur] [illegible] quos aliq[illegible] [illegible].

[illegible] [illegible] [illegible] aliq[illegible] ventris ipso

[illegible] [illegible] et [illegible] forat.

Coctio ventris prima concoctio: plantis ~~[illegible]~~

Coctura: [illegible] [illegible] haurit a terra.

Natura [illegible] [illegible] [illegible] foliola.

~~[illegible]~~ [illegible]

Unde [illegible] [illegible] [illegible] omnibus [illegible].

Qui [illegible] [illegible] [illegible] ~~[illegible]~~.

aliquis. plures ventris

Unde [illegible] parte [illegible] 4[illegible] [illegible]

ventris [illegible] [illegible]

[illegible] [illegible] [illegible] [illegible].

Unde [illegible] [illegible] [illegible] [illegible]

2 Unde [illegible] [illegible] [illegible] [illegible]

[illegible] [illegible]. ventris [illegible] dentis.

[illegible] [illegible] [illegible] ventris [illegible].

[illegible] caloris et [illegible] [illegible]

[illegible] [illegible]. [illegible] [illegible] [illegible].

[illegible] [illegible] [illegible] nec [illegible].

3 [illegible] [illegible] aliq[illegible] [illegible] vel [illegible].

[illegible] [illegible] ventris [illegible] [illegible]

[illegible] [illegible] [illegible] [illegible]

[illegible] [illegible] [illegible] [illegible] [illegible]

dum hoc fit et atteritur et cominuitur
Quia preparatur ab ore dentibus
ſimileque quod diſtillationi per retortum ſuppoſitum
calore jecoris quo etiam colliquantur
qui et corrumpi quodam modo ſecundum quod omnis generata colica corrumpit
non ante putreſcere dici meretur
Quia meliorem foramen adeptus Nomen a fine
vt omnia in motu et Itura.
Atteritur dentibus quos aliquibus in faucibus
WH vt Barble roch aliquibus ventriculo ipſo
lopſter. licet et dentes foras.

Coctio ventriculi prima Concoctio: plantis deeſt
Coctum enim alimentum hauriunt a terra.
Natura huic Coctioni valde Animalibus ſolicita.
" Aliquibus Carnoſum ventriculum "
vnde circumpoſuit Jecur. omentum lien &c.
dentes &c. ad preparationem
Qui crudo vtuntur alimento " et carent dentibus "
aliquibus. plures ventriculos
1. vnde altera parte dentatis quatuor Chamel &c.
reticulatum.omaſum abomaſum
vnde illorum caro delicatior quam equorum
vnde ſacris literis Ruminati non vncleane
2. vnde Avibus ingluvies crap et giſard
præteria Carnoſus ventriculus recompenſans dentibus
tamen little Birds quibus ventriculus Cartilaginoſus
tenuitate caloris et Bonis viribus
Gooſe duck cormorant &c. latitudine gulæ.
vnde ther fleſh not delicat.
3. vtrinque dentatis aliqui cæco vel colo vtuntur
pro altero ventriculo vel tam exquiſito
non indigent Alimento vt equi
vel carnivori præperatum cupiunt alimentum

Grampos porpos quatuor habent ventriculos ordine
magnitudine et fabrica
Elephas exiguum habere ventriculum dicitur
quia compensatur longitudine intestini
Aliquibus partem ventriculi eminentem aliter constitutam
vnde secundo ventriculo in vno fundo carnosiore
Homo vt in cæteris Intellectu et arte suppletur
arte coquinaria. coctis enim cibis vtitur

Quantitas ventriculi
Ingenti quantitate ventriculos fuisse quosdam
Helluones Gourmandisers drunkers
Historiæ veteres novæ plurimæ
Ex Vopisco Phago: Aurelij favorit eate
a Boar a mutton and a pigg.
WH Wilkinson of Cambridg. pigg of ye spitt
Milo crotoniatus 20^lb carnis att a meale
eate the bull the next day
Athlete: Aristotele præ copia Alimenti in Mensa
dicuntur 20^lb
Att Hollingbore he y^t eats Bollough livers
Of Drunkerd non minor fama
Alexander sett a prise: many fell many died
Promachus victor dicitur potasse
quatuor Congij hoc 20 quarts and better
Torquatus tricongius
Ciceronis filius Bicongius
Syracusius drinke vntill an egge hatched
Persi: games matches and prises for drink
Romani quot litere in ther M^rstris name
perplura alia: amborum Historia

[illegible] [illegible] [illegible] [illegible]
magnitudine [illegible]

[illegible] [illegible] [illegible] [illegible] dicit.
[illegible] [illegible] [illegible] [illegible]

Aliqui [illegible] [illegible] [illegible] aliter [illegible]
[illegible] 2° [illegible] [illegible] [illegible]

[illegible] [illegible] [illegible] [illegible] [illegible]
[illegible] [illegible] [illegible] [illegible]

Quantit. Ventric. [illegible] [illegible] [illegible] [illegible] [illegible]
Hellad. [illegible] [illegible]
[illegible] [illegible] [illegible] plurima
Ex [illegible] phago: [illegible] [illegible] [illegible]
a boar a mutton & a pigg.
[illegible] of Canterbury [illegible] pigg of [illegible]
[illegible] [illegible] 20 [illegible] att a [illegible]
[illegible] ye bull ye next day.
Athleta: [illegible] [illegible] [illegible] [illegible] [illegible]
[illegible] 20
Att Hollingbourn [illegible] [illegible] [illegible] [illegible]
of Drunkard No- minor fama
Alexander sett a [illegible]: [illegible] [illegible] [illegible]
[illegible] victor [illegible] [illegible]
[illegible] [illegible] 20 [illegible] [illegible]

Torquatus [illegible]
Ciceronis filius [illegible]
[illegible] [illegible] [illegible] [illegible] [illegible]
[illegible] [illegible] [illegible] [illegible] drink.
Romani [illegible] [illegible] [illegible] [illegible] Nam
[illegible] [illegible] [illegible] [illegible]

Tantum [illegible] valet: [illegible] ventris:

As: maior ventris [illegible] 114. [illegible]

[illegible] distend[illegible] [illegible] [illegible] in [illegible].

[illegible] ventris [illegible]

startling [illegible] quatenus ventris. [illegible]

q[illegible] a single groat; noyse & [illegible] q[uo] pleasure.

Riol. [illegible] 4 libres [illegible] [illegible]

[illegible] [illegible], [illegible] [illegible].

[illegible] [illegible]:

Quamquam magis adeo ventris [illegible] [illegible]

[illegible] [illegible] [illegible] ventris

[illegible] [illegible] [illegible].

parva ventris: quantitas

puella [illegible]; [illegible] 7 [illegible]

Galen [illegible] parvitate ventris

[illegible] [illegible] [illegible] abstemia.

Figura like a ffoord a bagpipe.

volvid q[uo] capacior. loss

loss a loss: q[uo] cibaria [illegible]

[illegible] [illegible] os ror:

[illegible] Orificia 2o: pylorus 4 digit a ~~[illegible]~~

[illegible] [illegible]; Quia sibi gravitate non [illegible].

Riol. [illegible] ventris. pilorum [illegible] [illegible] filling [illegible].

[illegible] [illegible] [illegible] [illegible] pulp.

plates [illegible] [illegible]: [illegible] in apothecaries

Carnosior Galen x [illegible] ~~[illegible]~~

glandulis Galen x [illegible] [illegible]

Orificia ambo ~~[illegible]~~ carnosiora

~~[illegible]~~ [illegible] ventris whereby [illegible]

114 NB. Him [illegible] [illegible] in [illegible]

Tantum consuetudo valet: to stretch ventriculum
vt WH vreterem vidi
et Indi foramen in Auribus
sed ordinary quantitas ventriculi hinc
Grecorum 1 necessitati 2 sanitati 3 pleasure
4 libero patri somno cæterus
Ebrietati furori Insaniæ &c.
Quibus magnum adeo ventriculum Signum
multum Ab ensiforme vmbelico
et contra quibus ita voraces.

Aparet maior ventriculus quibus plus distat ab vmbelicis chartilago ensiformis quam a iugulo. Riolanus Æthiopicum ventriculum non maiorem intestino:

Parva ventriculi quantitas
puella Germanica: Jeiuna per iij annos
Galen pro morbo parvitatem ventriculi
forsan victu Astringente et abstemia

Figura like a Horne a Bagpipe
rotunda quo Capacior
less and less quo cibaria cocta minorem locum

oestrig partim vt quadrupedum Membranosus partim vt pennatorum carnosus

Orificia duo { os cordis / pyloron quatuor digitos a fundamento
et sursum; Quia cibi gravitate non recluduntur

Riolanus geminus ventriculus

piloron arctius NB a shilling stuck
which he always carried in his purs.
Platerus hic pinguedo causa inappetentiæ
Carnosior Galen × "sed in Cane est"
glandula Galen × sed cane
Orificia ambo eque carnosiores
vel crassiores ventriculo tum tactu visu

WH. NB. Hinc inferenda quæ prius in situ

Viscera Hepar[illegible] Quia corpus in dex. [illegible]
alia plura du. vel pauc.
alia non duo sed unu bipartitum [illegible]
pulmones
alia unic. [illegible] Cor
[illegible] vel pauc. [illegible] duo [illegible] [illegible]
[illegible] simplici duo vel pauc.
Quia eadem constitutio [illegible] [illegible]
et quia plus constitutio [illegible].
[illegible] [illegible] ipsa actio [illegible] [illegible] [illegible] [illegible]
[illegible] constitutio [illegible] eadem [illegible]
[illegible] actio [illegible] eadem [illegible] [illegible]
et magis eadem [illegible] constitutio [illegible]
2 Eadem constitutio [illegible] [illegible] [illegible]
[illegible] principal [illegible] parenchyma
et [illegible] magis differt q [illegible] [illegible] [illegible]
in aliis [illegible]
[illegible] [illegible] [illegible]
Situ [illegible] [illegible] [illegible]
[illegible] [illegible] [illegible] [illegible]
Nobilior Nobilior cord
Splen [illegible] [illegible] [illegible] post.
[illegible] [illegible]
Et [illegible] [illegible] [illegible]
[illegible] magis [illegible] Colore
[illegible] [illegible] [illegible] [illegible]
2 Est [illegible] differt [illegible] [illegible] [illegible] [illegible] [illegible]
Colore [illegible] [illegible] [illegible]
[illegible] [illegible] [illegible] [illegible] [illegible] [illegible]
[illegible] [illegible] [illegible] [illegible] [illegible]
Situ [illegible] [illegible] [illegible] [illegible]
[illegible] [illegible] [illegible] [illegible] [illegible]

| Viscera bipartita Quia corpus in dextra et siniſtra
 Alia plane duo vt Renes
 Alia non duo ſed vnum bipartitum vt cerebrum
 pulmones
 Alia vero Imperfecte : Cor
 Jecur et Renes partim duo diſtincta viſcera
 partim pro ſimplici duo vt Renes
 Quia eadem conſtitutio videtur propter idem
 et quia partim conſtitutio diverſa
 vnde de ipſorum actionibus magna controverſia dubia
 vnde WH vt conſtitutio partim eadem partim diverſa
 ſic actio partim eadem partim diverſa
 et magis eadem quam diverſa conſtitutio enim ſic
| 1 Eadem conſtitutio viz. vaſis : tunica
 et particula principalis ſecundum Galen parenchema
 et non magis differunt quàm Jecur perfectum Imperfecto
 in altero Animali
 vnde Adulterinum Jecur
 Situ præteria correſpondent
 Jecur parte ſuperior dextra Ante
 Nobiliori Nobilior locus
 Splen contra Inferior ſiniſtra poſt
 Ignobiliori Ignobilior
 Et ſic quantum loco ſic
 fabrica magnitudine colore
 vnde Adulterinum Jecur. proinde
 differt vt dextrum a ſiniſtro
2 Eſt tamen in omnibus differentia quædam
 Colore ſubſtantia vaſis : magnitudine
 lien Nigrior minor Rarior laxior : arterijs abundantio
 vnde lien Calidior videtur Jecore
 ' Situ præteria portæ Ramo videtur
 tanquam Jecoris penſum reciperet ſubterviret "

Jecoris functio ; Coctio secunda sanguificatio
Questio Inter medicos et philosophos et inter Medicos

Bauhinus opiniones { Cordi Jecori venis / venis et Jecori }

Laurentius { labor / venis / color Jecoris }

quod × piscibus quibus Jecur flavum
Medici Elegantiores non re differunt a philosophis
1 Aristoteles Cor esse principium omnium proinde sanguificationis
tamen dicit necesse adeo Jecur vt
nullum sanguinem carens Jecore
sic Averrhois { Inchoative Jecur / perfective Cor }

2 Medici pro Jecore tamen magis Influente facultate
vnde Cor radicaliter et fundamentaliter Jecur instrumentaliter
sic occulus videt et Cerebrum
vnde perturbato Cerebro nec vident
et nec dolorem sentiunt neque movent

Jecoris actio concoctio sanguificatio
sed tanquam instrumentum cordis et secundario
vtilis etiam ad primam coctionem ventriculo Intestini vtpote fomentum et proinde
sanguineum calido Nativo abundans
Calor vero Nativum author omnium quæ circa coctionem
Naturales spiritus procreare — et instrumentum instrumentorum quod Corde primario fecit
Vtilis etiam tanquam Anchora quo venæ stabiliuntur
ad corpus
sic placenta in vtero:
Cepit Amare Jecur.
WH Yf I could shew what I hav seene y[t] weare att
an end between physicians et philosophers
sanguis enim potius author viscerum quam ipsa eius
Quia inest sanguis ante viscera
nec a matre veniens in ovo etenim gutta
Anima est in sanguine
Calor nativum author et vbi
exuperat plus vbi primario primario
vidi teste Dr Argent omnia perfecta Informato Jecore
Cor formatum cum Auriculis Jecur rudis indigestaque moles
Cor Albissimum Auriculæ puniciæ refertæ sanguine

Secunda functio Cordis 2ª sanguificatio
Quaest: inter medicos et philosophos et inter medicos
[illegible] opiniones { Calor [illegible] rubor / [illegible] color per
[illegible]

Medici [illegible] non [illegible] a philos:
Arist: Cor esse principium [illegible] sanguificat.
1 [illegible] Nova [illegible] 61
[illegible] sanguis [illegible]
[illegible]
2 Medici [illegible] magis [illegible]
[illegible] rationalib. et [illegible]
[illegible] videt et cerebr
ad [illegible] videt.
[illegible] dolorem sentit [illegible]

Tertia actio [illegible] sanguificatio [illegible]
[illegible]
[illegible]
sanguis [illegible] nativo [illegible]
[illegible] Calor v. Nativus [illegible]
[illegible]
[illegible] sang. [illegible]
ad [illegible]
WH [illegible]
an [illegible] philos. et philos.
sang. [illegible]
[illegible] sang. [illegible]
[illegible]
Anima est in sang.
Calor Nativus [illegible]
[illegible]
[illegible]
[illegible]
Cor [illegible] sang.

Splen sentina Medicis alii receptac. Melancol.
et vesica fellis [illegible]
[illegible] gelatina [illegible]
eo similiter [illegible]
Vide [illegible] Rondel. [illegible]
melancolia [illegible] a [illegible]
[illegible]
[illegible] Arist.
Non Melancolia [illegible]
sed [illegible] frig. et [illegible].
Aristot. [illegible] vasorum de [illegible]
et [illegible]
Vide [illegible] partes [illegible]
[illegible]
[illegible]
[illegible]

Differunt eo quod Medici melanch. [illegible]
[illegible] Galen. [illegible] Hipp.
Arist. [illegible] vasorum
Ambo [illegible] volunt quod a [illegible] et [illegible]
quia [illegible] frig. [illegible] et [illegible]
quod [illegible]
Alii [illegible] et [illegible]

[illegible] vide [illegible]
et [illegible] appar.
[illegible] Ambo [illegible]
Quia [illegible]
[illegible] alia [illegible] facilia alia difficilior
Alia [illegible] alia melancol. frig. [illegible]
[illegible]
[illegible]
Ubi [illegible] calore et [illegible]
[illegible] et [illegible] possit

Splen ſimiliter Medici alij receptaculum Melancholiæ
vt veſica fellis " ſed "
vnde ſplen Ridere facit petulanti ſplene
WH quo ſimilior conſtitutio Jecori quam veſicæ
eo ſimilior functio
vnde Neoterici Rondeletius Platerus Laurens Bauhin Vlies Veſſalius
melancholicum ſuccum a portis Jecoris
attrahit retinet concoquit
caliditate laxitate multitudine Arteriarum
Non Melancholiam coctio enim eſt iam
ſed partem chili frigidam et ſiccam
2 Ariſtoteles ſuccos vacantes diverti et attrahi ex ventriculo
et coquere eos poteſt vtpote ſanguineum
Iterum vnde cum plus Excrementi parumque caloris
habet lien corpus parum alimento immodico langueſcens
et propter confluentiam huc humoris accidit præduros ventres
ex diverticulo huc humoris crudi

3 Differunt eo quod Medici melancholicum ſuccum
ſervantes Galeni ſuppoſitum ex Hippocrate
Ariſtoteles vapores crudos vacantes
4 Ambo hoc volunt quod a ventriculo et Jecore
quia craſſum terrenum frigidum ſiccum et proinde
quod inconcoctile
A liene Attrahi et concoqui
Concluſio vnde ex ijs quæ eleganter dicta
et ex ijs quæ hic conſtitutione et ſitu apparent
Hæc Ambo viſcera inſerviunt ſanguificationi
Quia animalia vt Homo cibaria diverſarum partium
quorum alia cocta facilia alia difficiliora
Alia boni ſucci alia melancholici frigidi ſicci
Illis Jecur : quod ante reſtagnatum ad portas
(vbi etiam Bilis ſceperatur) divertitur et attrahitur
vbi copia caloris et partis raritate
ſuſcepi concoqui et perfeci poſſit

et hoc venarum ſabrica videtur demonſtrari
ſi enim recepit per hunc ramum ſplenicum
et a porta Jecoris
ſic ſituatur tanquam penſum a Jecore
reciperet ſubſerviret.
vnde fœlices quibus ventriculus et lien firmi
quia occurrunt primo alimento
vt inter Milites vant=guard
vnde quibus firmiores ſalubriores
contra difficultatem errores ferunt quibus contra
vnde Lienoſi duorum generum
1 Abundanti crudo " humoribus " alimento deficiente calore li
magni lienes ſcirroſi præduri ventres
ſcorbutici
2 contra Adaucto calore tenui Alimento
Melancholici phanatici flatulenti
vnde Melancholici Hypochondrici deficiunt Affectione ingenic
et multi rugitus his ptyaliſmus
his ſplen-ſtone mihi frigidum actu
quibus paulo craſſiori victu vtentes
non abundant

vnde vbi illa cibariorum diverſitas non eſt aut alio
modo perficitur ibi tantum Jecur eſt; lien Notæ gratia
et huiuſcæ materiæ craſſioris abundantia et defectu
lien " mag " maior aut minor eſt.
Jecur item lienis defectu maior et contra
vnde vbi bifidum plane Jecur utrique repletum Hyppochondri
ibi lien Note gratia:
Cuniculo: quaſi lobus Jecorum: lepore parergon
pennatis omnibus deeſt quia carnoſus ventriculus
2 Jecur bifidum magnum
3 pulmones ſpongioſi non tantum ſumunt potus
Aquæ potus enim copioſus crudum facit alimentum
4 In pennas abſumitur talis cruditas
5. Simplici vtuntur alimento: ſeminibus enim vel carne abſque
Vid: ſparrowhawk: milvis: owle: Columbis Gooſe duck woodpe

et [illegible] [illegible] [illegible] videt, deorsum
[illegible] [illegible] [illegible] [illegible] [illegible]
et a posteriori [illegible]
sic [illegible] [illegible] [illegible] a [illegible]
[illegible] [illegible] [illegible].
Vide [illegible] [illegible] [illegible] et [illegible] [illegible]
quia [illegible] [illegible] alimento
et inter [illegible] [illegible] = quando
vide [illegible] [illegible] [illegible]
[illegible] [illegible] [illegible] [illegible] [illegible] [illegible]
Vide Lienis 2° [illegible]
1 [illegible] [illegible] [illegible] [illegible] [illegible]
magis [illegible] [illegible] [illegible] [illegible]
2 [illegible] [illegible] [illegible] [illegible] [illegible]
melancholici [illegible] [illegible]
vide [illegible] Hypochondr. [illegible] [illegible] [illegible]
et multi [illegible] [illegible] [illegible]
[illegible] [illegible] [illegible] [illegible]
[illegible] [illegible] [illegible] [illegible]
[illegible] [illegible].
Vide ubi illa [illegible] [illegible] [illegible] [illegible] alio
modo [illegible] ibi [illegible] [illegible] [illegible] [illegible] [illegible]
et [illegible] [illegible] [illegible] [illegible] et [illegible]
lien [illegible] maior aut minor est.
[illegible] [illegible] [illegible] [illegible] [illegible] et [illegible]
vide ubi [illegible] [illegible] [illegible] [illegible] [illegible] Hypochond.
ibi lien [illegible] [illegible].
[illegible]: [illegible] [illegible] [illegible]; [illegible] [illegible]

[illegible] [illegible] [illegible] [illegible] [illegible] [illegible]
2 [illegible] [illegible] [illegible]
3 [illegible] [illegible] [illegible] [illegible] [illegible]
[illegible] [illegible] [illegible] [illegible] [illegible] [illegible]
4 [illegible] [illegible] [illegible] [illegible] [illegible]
5 [illegible] [illegible] [illegible] [illegible] [illegible] [illegible] [illegible]
[illegible] [illegible] [illegible] [illegible] [illegible] [illegible]

[illegible] vel Nola [illegible] [illegible]
[illegible] [illegible] : [illegible] : [illegible]
[illegible] non [illegible] [illegible]
[illegible] pallidi [illegible] [illegible]
et [illegible] vitiato [illegible]
phora et [illegible] non est:
[illegible] [illegible]
[illegible] Adriatico [illegible]
[illegible] [illegible] [illegible]
[illegible] [illegible] et [illegible] et [illegible]
[illegible] [illegible] et [illegible]
[illegible] colore [illegible]
[illegible] colore [illegible]
[illegible] vitiato [illegible]
[illegible] vitiato [illegible]
[illegible] alio [illegible]
[illegible] vel Adulterat[illegible]
[illegible] aliquibus Adriaticis, [illegible]
et [illegible] [illegible]
sed [illegible] non [illegible]
[illegible] Nola [illegible] maiores [illegible]
et [illegible] [illegible]
[illegible] [illegible], [illegible]
[illegible] et aliis [illegible] maior [illegible]
[illegible] [illegible]
[illegible] [illegible]
[illegible] [illegible]
[illegible] [illegible] et [illegible]
[illegible] et colore [illegible]
ibi ipse [illegible]
[illegible] [illegible]
[illegible] [illegible]
[illegible]

piscibus pene omnibus vel Notæ gratia floridum quod
vt plays pastinaca flowndors: Barble
quia his non tanta perfectione cibi opus
Jecur pallidiusculum Insalubrius
et pro liene vnde vitiato temperamento
phoca et cetacijs non est:
 placenta enim pro rene WH
Oviparis quadrupedibus rigidus exiguus
reni similis quia pulmo fungosus
parum potus desiderat et in corticem vt Avibus in pennas
WH land tortoys. Jecur spongiosum et Nigricans
lien vivido colore quo cor renes
Est et toad florentiori colore Jecore
Jecur quasi semiputridum vitiato liene
simile quia vitiato temperamento
exquisito alimento non vtuntur proinde
pro jecore quasi lien vel Adulteratum
 WH Tamen aliquibus quadrupedibus florentior
et meliori Consistentia quod Miror
sed puto in illis non servire publico vsui
tantum notæ gratiæ maiores tamen
vt Coctioni ventriculus prodesset vt omentum
Catt: poulcat weesel
vnde Hominibus et alijs Animalibus quo maior Jecur eo lien
contra quo maior lien Jecur minus colore deterior
vnde Habitus deterior
vnde Traiani decretum de fisco
" Item " vbi " Jecur " lien florentior et Jecur
consistentia et colore similis lieni
ibi ipse officium servi præstat
 WH vid: timido suspenso mortuo scala. Cambridg
lien magis lobis scissum Jecore parvo
Fernelius recensent maior Jecur et Vessalius ex ictero

et vniverſium vt viſcera venter et venæ
viſcera magna venter Auctior venæ manifeſtæ
atro ſanguine refertæ : his parum carnis
et contra Carnoſi vel pingues colore florido &c.
Quo excedit viſceribus deficit carne et contra.
vnde Apparet Jecur et Cor neceſſaria hoc propter caloris
originem (lares enim et focus adeſſe oportet)
illud cibi concoquendi gratia
quare Nullum ſanguinis ijs duobus carere poteſt
W vidi tamen putrido Jecore vivere per Menſcs
attamen puto Benevenius vidit hominem abſque Jecore
ſed per inteſtinum expanſum vt WH ſemper in
a Barble et partim in a gooſe.
Hic Jecur publica regio
pars tribuens ſuſcipiens.
Contra ſplen per accidens neceſſe ob defectum Jecoris
et ventriculi vt waſhhows to the kitchin
ſic et preter defectum deeſt
Inferior kitchins need noe waſhhows
Jecur, minus non bipartitum,
facultate magis exquiſita ſed magis infirma
lieni ibi opus eſt
vbi firmior et maior et corpus impuriori alimento vtitur
ibi Jecur playes the ſplen too.
vbi more fowle work then cleane
vt quibus vitiatum temperamentum
vitiato impuro vtuntur alimento
lien Maior the waſhhows exceed ye kitchin
In homine 2^cem 3^cem notant Fallopius Veſſalius ſepæ in canibus
contra aliquando pene defuiſſe. Laurens
Mimadonus Turcis eximi : quando quod WH vidit ſcirroſum
vt ſine detrimento eximi potuit Mr Gillow.
Contra Galenus 4 vc. part. Eraſiſtratus vulgi opinione perſwaſum
eximi curſoribus refutant

[illegible]

[illegible]

[illegible]

et [illegible] Carnosi [illegible]

[illegible]

Vide Appendix [illegible] Cor [illegible]

originis [illegible]

[illegible] 35

[illegible] Natur [illegible]

WH [illegible]

[illegible] Berengarius [illegible]

[illegible]

a [illegible] et partis [illegible]

[illegible] publica [illegible]

[illegible]

[illegible]

et [illegible]

[illegible]

[illegible]

[illegible]

[illegible]

[illegible]

Nobis [illegible]

ibi [illegible]

[illegible] work [illegible]

[illegible]

[illegible]

[illegible]

[illegible] 2or 3or. Nob. [illegible]

[illegible]

[illegible]

Digitus [illegible] liori [illegible]
[illegible] Nabula [illegible] = [illegible]
[illegible] [illegible] liore [illegible].

[illegible] lib: [illegible] Cap: 13 [illegible] liori [illegible] liber [illegible]
[illegible] [illegible] [illegible] [illegible] [illegible]
[illegible] lib de [illegible] [illegible]: Galenus [illegible].

[illegible] illius [illegible] [illegible] [illegible]
[illegible] gratia [illegible] [illegible]
[illegible] magis gratia [illegible] [illegible] [illegible].
nec [illegible] [illegible] [illegible]
[illegible] [illegible] = [illegible]: [illegible]

[illegible] [illegible] vide [illegible] Fol: [illegible]

Dignitas hinc lieni minor
vnde Natura degenerans in Monſtrum hic ſacile errat
vnde carere melius liene poteſt
Ariteus liber cronicorum 1 cap: 13 Jecur lieni equilibrium eſt
ſed facultas tum ſanitate tum Morbo longe maior
Quale liber de vſu reſpirationis Galeno aſcriptus

Viſcera illis tantum ſunt quibus ſanguis
vnde gratia ſanguinis et
vnde magis gratia venarum quam contra venæ gratia
nec iecur principium venarum
quia venæ ante Jecur in Embrione : ovo

Hiſtoriam ex Bauhin vide et Anotationes WH &c ; &c ; &c ;

Viſcerum { quantitas / figura / ſubſtantia } partes

Quantitas Jecur cum liene quia equilibreum
quanto viſceribus Natura excedit
tanto carne vel pinguedine deficit vt dixi
Et quanto partibus excedit tanto horum vſibus
vnde viſcera maiora optime coquunt
ſed inertes guloſi " timidi " puſilanimi
contra muſculoſi " torn " Toroſi fortes ſecundum animum
Item inter Cor et Jecur equilibrium
vt inter Jecur et cerebrum
vnde quanto ſanitate et colore florido
tanto deficiunt operationibus Animi
vnde Morbus Jecoris nimea parvitas
cuius ſignum apud Avicennam digitorum curtitas
ſic magnitudo Jhon Bracey Ingentem
as bigg as an ox liver : liver-grown
macilentiſſimus curvatus præ Imbecillitate
moriens ex fiſtulis
Homo pro rata proportione magnum Jecur et lienem
Embrione magnum Jecur
ſed lien minor Jecore
(Andreas Veſſalius Juvene candido diogenicis moribus
montepeſſulani ſuſpenſo)
Liene magno ſorore mea Δ 5^lb^ et Mrs Yeoung
vſque ad os pubis : Impoſuit Impregnata
Columbus refert 20^lb^ pluribus
vnde alij vt liene gravidi

(Viscerum { qualitas / figura } [illegible] / substantia } [illegible] 36

Quantitas Jecur et Lien q[ua]e in [illegible]
quo visceribus [illegible] [illegible]
tanto [illegible] [illegible] [illegible] [illegible]
Quanto [illegible] [illegible] tanto [illegible] [illegible]
[illegible] [illegible] [illegible] [illegible] [illegible]
Sed [illegible] [illegible] [illegible]
[illegible] [illegible] [illegible] [illegible] 2 [illegible].

- [illegible] Cor et Jecur [illegible]
et [illegible] [illegible] et [illegible]
unde quo [illegible] et Colore floridior
tanto [illegible] [illegible] [illegible].

Unde [illegible] [illegible] [illegible] parvitas
[illegible] [illegible]: apud [illegible] Digitat [illegible]
Sir [illegible] John [illegible] [illegible]
[illegible] [illegible] [illegible] [illegible] liber: [illegible]
[illegible]: [illegible] [illegible] [illegible]
[illegible] ex [illegible].

- [illegible] [illegible] [illegible] [illegible] Jecur et Lien
[illegible] [illegible] Jecur
[illegible] Lien minor Jecur
(A: [illegible] [illegible] [illegible] Dioscorides [illegible]
[illegible] [illegible]) Δ 5[te]

- Lien [illegible]: [illegible] [illegible] [illegible] [illegible].
[illegible] ad os pubis: [illegible] [illegible]
Columbi [illegible] 2[te]. [illegible].
Unde alii ut Lienem gracilem

Figura est passib. corporum qualitas quia
volunt loci congruere
figuram recipit a passibus qualitatibus.
Quia illas operationes figura non dependet
Figura non est [illegible]

Terminus aliis multiplicibus aliis simplex [illegible]
aliis medio modo. [illegible]
[illegible] eodem ~~[illegible]~~
[illegible]

Hoc simplex volunt ob [illegible]:
[illegible] ex istis opinionibus [illegible] [illegible]
[illegible]
[illegible]
[illegible]
Multiplicibus [illegible]
[illegible]
Galen [illegible]
[illegible] dolorem [illegible] ~~[illegible]~~
[illegible] dolorem.
[illegible] Nomina [illegible]
[illegible]
Unde [illegible] 1281
[illegible]
[illegible] possib.
[illegible] aliis multiplicibus
aliis simplex [illegible]
[illegible]

Figura provt patitur corpus quare quibus
venter Iongus longior
figuram recepit a partibus continentibus
Quia illarum operatio a figura non dependet
Figura non eſt neceſſaria

Jecoris alijs Multifidum alijs ſimplex vt hic
alijs medio modo. tum diverſis ſpeciebus
tum eadem " medio modo et genere " ſpecie
paſtinaca Tridens Neptuni
Homini ſimplex rotundum oblongum
diviſum tantum ingreſſu portæ et vmbelico

*ex iſtis obſcuris
diviſionibus Joannes Caius
pro Jecore contendit

*vbi promuntoriola, pinnulæ alijs
WH Convex et concave vt vngula equi
Concava to imbrace the ſtomach
Multifidum viſum in Homine: Fernelius vid:
5 lobis vt Antiqui:
Galen enim recenſet diſlocationem vnius lobi
cauſam icteri et doloris de " Morbo vulgari " 6to vc: p: 4: 8
quo redacto protinus ceſſaſſe dolorem.
Avicenna ſectatores 5 nomina impoſuit
focus menſa culter auriga &c.
vnde WH puto homines fuiſſe tum temporis
vt nunc ſunt rarò: et parti vt Herophilus G: T: 1581
re enim tam aperta Hallucinari Impoſſibile
et Ariſtoteles dicit eodem genere alijs Multifidum
alijs ſimplex quo in genere hominem eſſe WH
tamen Ariſtoteles dicit homine rotundum quale Babatum (?)

Lienis figura vt lingua bovis: planta pedis
aliquantulum ſiniſtro latere gibboſa
Interius ad ventriculum aliquantum concava
Inæqualis parum cum quibuſdam tuberculis aſperum
Canibus long and narrow
Biſulcis rotundior
Multifidis longior vt canibus dixi
ſolipedis promiſcuus partim longa partim rotunda
Quia humidum et laxum ad recipiendum humores
morbis variam figuram et habitibus præter naturam
rotundum quadratum; magnum
protuberantijs plenum in lobos ſciſſum vidi
Dividuntur Tunica vaſa venæ Arteriæ Nervi
parenchemate ſanguine et ſpiritibus
Tunica membrana tenuiſſima a peritoneo
liene ab omento
Sanguis et ſpiritus tanquam contenta alia contenentia
Sanguinem conteneri in Jecore contra Ariſtotelem
Quia non eſt Anaſtomaſis.
et licet contra Bauhin tamen vſui non reſpondet
2° ex WH fabrica et ductu venarum
porta enim hic ingreſſa in Ramos dividitur hi in alios
ſemper in Cyma iecoris ad vmbonem vſque
Cava vero in gibbos contra eodem modo hic vaſa
vt digiti Amborum Manuum iuncti
Rami portæ rariſſime ad gibbos vt contra cavæ ad Cymam
vnde vt WH plures perquiſiverunt anaſtomoſim et non
invenerunt: qui invenerunt vt Bauhin vnum tantum demonſtr

Figura: vel lingua bovis: planta pedis
aliqualiter sinistro latere gibbosa.
Fibris ad vertebras aliqualiter [illegible].
Inaequali parte vel gibbositate lateralis [illegible]
Canis longum cum [illegible]
Bisulcis rotundior
Multifidis [illegible] vel [illegible] digiti
Solipedis [illegible] plus longum [illegible] rotund.
Quia [illegible] ad [illegible]
morbi varias figuras et [illegible] p. Nat:
rotunda quadrata, magis
[illegible] plenus in lobos fissus [illegible]

Dividuntur: Tunica vasa ven: art: nerv.
parenchymate sang. et spiritus.
Tunica membrana tenuiss. a peritoneo
[illegible] ab omento
Sang. et spiritus [illegible] alia [illegible]
Sang: continens [illegible] Aristot.
Quia Non est [illegible]
et [illegible] vasa non [illegible]
[illegible] fabrica et [illegible]
porta [illegible] ingressus in ramos [illegible] in alios
[illegible] ad [illegible]
Cava [illegible] gibb [illegible] eodem modo sic vasa
ut digiti ambarum [illegible] manuum
Rami portae [illegible] ad gibb: [illegible] cava ad [illegible]
[illegible] plantae [illegible] et Non
[illegible]

Differentia [illegible] pectus quasi compagines in
partes oblique [illegible]
WH Carnea tamen istae [illegible]: fol: [illegible]
quae obstructior pectori accidit.
Venae [illegible] liberi [illegible] pectori [illegible]
WH quia alterae [illegible] a puncto vel planta
[illegible]
ut pectore plures [illegible] compagines ita
[illegible]: quod [illegible] pro [illegible]
[illegible] regione
[illegible] venae [illegible]
vide [illegible]
Ambo Nervulos [illegible] a 6 par [illegible]
radices [illegible] et [illegible] a vena
[illegible]
[illegible] porta ingreditur.
[illegible] distribuit
[illegible]
[illegible]
Spiritus an sint in [illegible] an [illegible]
WH ego nullos separatos praeter venis
[illegible] vide [illegible] sang: [illegible]
[illegible] calida et [illegible] de
[illegible] sang: formalit.
vel de [illegible] in acto.

Differentia vaſorum portæ quaſi propagines in
parenchyma mittit
WH Cavæ Rami inſtra cribræ : fol: Hippocrates
quibus obſtructiones Jecoris accidunt.
Venæ omnes tum lienis tum Jecoris tenuiore Tunica
WH quia alteram tunicam a peritoneo vel pleura
egreſſi mutuantur
vt Jecur plures venarum propagines ita
Lien Arteriarum quas Jecur tantum parte Cymæ
vſus Arteriarum crudum Alimentum coquere
ventilare excrementum renibus deferre
vnde lienoſi per Renes expurgant quod meipſo

Ambo Nervulos exiguos a 6to pari prope
radices coſtarum et Jecur alterum a ramo
ad orificium ventriculi delatum et inde
cum porta ingreditur
In tunicas diſtributio
vnde ſenſus in tunica tantum et obtuſus
exiguus vix vllus parenchemate
Spiritus an ſint in Jecore an fiant
WH ego nullos ſeperatos præter aeriam
portionem ſanguinis vnde ratio ſanguinis ' tanquam "
tanquam aquæ Calidæ et diſputare de
ſpiritibus eſt de ſanguine formaliter
vel de calido innato

Subſtantia Caro: parenchima affuſio
quaſi ſanguis effuſus extravenatus, concretus
Cum venas in ramuſculos propter Coctionem neceſſe deſtribui
Ne lædantur Twined and intertangled
parenchymate molli diſtinxit, fulcit extendit
et Blandi calore fovente Coctionem promovet
vt pancreas et glandulæ maioribus ramis
ita minoribus parenchima: vnde Ariſtoteles Anchora
vt placentæ vaſis vmbelicalibus
WH vt cotton to kepe a Jewell
vnde potius venarum gratia quam venæ viſcerum
omnia enim gratia caloris nativi et ſanguinis
differt a carne vt Cartilago ab oſſe
or prowde fleſh
lienis tanto Jecoris rarior quam pulmo ſpiſſior
vnde craſſos ſuccos admittit quos
Jecur recipere non poteſt fabrica compactior
WH rarior quo pulſarent arteriæ plures
Color viſcerum ſanguineus vnde Argumentum ſanguificationis
et Laurens colorationem ſanguinis a Jecore ×
1° equæ coloratus ſanguis in meſeraicis
2° piſcibus Jecur pallidiuſculum
pennatis paluſtribus. Gooſe durty color
flownders Jecur varium, colore et conſiſtentia
alijs pallens alijs albidius as in goodens ſeaſon
ſic powltry fatt white liver
paſtinaca light yellow alij cutaceis piſcibus
WH puto kingman inter pale yeallow and light red
in omnibus tamen ſanguis nigrior
Homine ſano ſumwhat ruſſet-Iron grey
Color viſcerum ſequitur ſanguinem

ſplen floridior
colore Jecore
Catt weeſel

Ariſtoteles vero ſanguine vitiato ſive calidus ſive frigidus atrior
vnde carnes et viſcera atro magis Colore in Homine
lien præcipue dilatum enim et pravum ſanguinem attrahit
vnde vitiato temperamento Homini quibus omnis ſanguis pravus
Jecur lieni ſimile
contra quibus optimus et eodem modo totus ſanguis
ſplen eodem colore floridus quo Jecur

Substantia Caro: parenchyma a effusione 38
quasi sanguinis effusi concretum, [illegible]
[illegible] colore [illegible]
[illegible] langlad
[illegible] molli [illegible]
[illegible] colore [illegible]
vel pancreas et glandulae [illegible]
[illegible] Aristot: [illegible]
[illegible] coloratis
[illegible]
[illegible]
[illegible]
[illegible]
[illegible] varior quam [illegible]
[illegible]
[illegible] non potest [illegible]
[illegible] varior quam [illegible] arteria [illegible]

Color [illegible]: sanguineus [illegible] Argumentum sanguificationis
[illegible] coloratio sanguinis a [illegible]: X
1° [illegible] colorat sanguinem [illegible]
2° [illegible] pallidiusculum.
[illegible] color
[illegible]
alii [illegible]
[illegible] yellow alii [illegible]
[illegible] pale yellow [illegible] light red
[illegible] sanguinis [illegible]
[illegible] grey:
Color [illegible] sanguis
[illegible]
[illegible]
[illegible]
[illegible]
[illegible]
[illegible]
[illegible] color [illegible]

Arist. pol. — [illegible] [illegible] gigantes [illegible] [illegible]
et terra [illegible] [illegible] [illegible] gallinar
quod raro fit: [illegible] vel [illegible] [illegible]
tamen suppositum esse affirmant sed
fishes for [illegible] et Anacon.

Temperatura ejus: calid et humid
yett lesse hott then ye blood
et Iecur lesse hott then [illegible] [illegible]
Gal: tanto rubicundior (quanto regularior) [illegible]
quanto mollior et tanto calidior
quanto abundantior sanguine.

Ariſtotelis probatio vnde lienoſis quibus atrior ſanguis cicatrices Nigri
et terra Quiloa vel Moſambiqua gallinas
quarum caro ſit: forſan vt lienis eadem cauſa
tamen ſaporitatem eſſe affirmant ſed
forſan hoc fames fecit et Annona.

Temperatura viſcerum calida et humida
yett leſs hott then ye blood
et Jecur leſs then y^e ſplen propter Arterias
Galenus tanto cute (quæ regula) humidior
quanto mollior et tanto calidior
quanto Abundantior ſanguine

Viſcerum paſſiones
quæ vidi referam.
provt temperatura mollior et durior pro humiditate
ita maioribus vel minoribus venis pro caliditate
Splen cachecticis vel ſcorbuticis aliquibus (non omnibus)
maximis ſanguine refertiſſimis vt: Bagg of blood
vt plurimum quibus corpus tranſpirabile optime eventatum
carnoſi floridi vel pingues lien parvus
contra Melancholicis macilentis colore flavo vel
obſcuro maior laxior vidi et
iam habeo ad pubem vſque eaſyly taken vp
et Columbus vt dixi 20 lb.

Cachecticis alijs albeſcentibus ater et lividus
foras watchet. etiam porraceus plumbeus
tunicum cum cartilaginibus vt fungi Nayles
or horne ſoftned in water teſtibus D[r] Flud: M[r] Waker
etiam Bauhin et Columbus referunt tale vidiſſe
prioribus calidum et humidum lien "et proinde"
his calidum vel frigidum et ſiccum
vnde puto: cum alijs ob craſſum Nutrimentum
ſcirrus his adaucto calore, cartilaginoſus
WH vidi omnibus partibus abſeſſus et putredinem ſubſtantia
liene nec vidi nec legi

Viscerum passiones

quae vidi [illegible]

[illegible] mollior et [illegible]

[illegible] maioris vel minoris [illegible]

Splen [illegible] vel [illegible] (in [illegible])

maximum [illegible] Bagg of blood

vel [illegible]

[illegible] vel nigri lien parvus

[illegible] flavo vel

[illegible] maior [illegible] vidi et

[illegible]

et [illegible] 20.

[illegible] ater et lividus

[illegible] plurimas

[illegible] cartilaginis [illegible] Naples

[illegible]

[illegible]

[illegible]

[illegible] vel [illegible] et [illegible]

[illegible]

[illegible] cartilagin.

WH vidi [illegible]

[illegible] vidi [illegible]

Fever [illegible] vessel [illegible] [illegible] abs sang:

[illegible] [illegible] [illegible] [illegible]

1° a [illegible] [illegible] [illegible] [illegible] [illegible] Region

10 2° [illegible] [illegible] [illegible] [illegible] [illegible]

11 et [illegible] [illegible] [illegible] ambo

12

13 [illegible] [illegible] [illegible] [illegible] Calculos [illegible]

[illegible] [illegible] [illegible] [illegible]

[illegible] [illegible] [illegible] a [illegible]

[Margin note: [illegible] 2 6 — 4 7 8 2 3 5 9]

2 [illegible] vessel [illegible] [illegible] et [illegible]

[illegible] [illegible] [illegible], [illegible] [illegible] sang.

[illegible] [illegible]

3 [illegible] [illegible] [illegible] [illegible]

[illegible] [illegible] [illegible] [illegible] [illegible]

4 [illegible] [illegible] [illegible] [illegible] [illegible] [illegible]

[illegible] [illegible] [illegible] [illegible] [illegible]

post [illegible]

5 [illegible] [illegible] Nigri [illegible] sang.

6 [illegible] [illegible] [illegible] [illegible] [illegible] [illegible]

Hydrope [illegible] [illegible]

[illegible] [illegible] [illegible] [illegible]

7 [illegible] [illegible] [illegible] [illegible] [illegible] [illegible]

[illegible] [illegible] [illegible] [illegible]

[illegible] [illegible] [illegible] [illegible] [illegible] [illegible]

[illegible] [illegible] [illegible] [illegible] [illegible]

[illegible] [illegible] [illegible] [illegible]

[illegible] [illegible] [illegible] [illegible] post [illegible] [illegible]

8 [illegible] [illegible] [illegible] Hydrop [illegible]

[illegible] [illegible] vessel [illegible] [illegible] [illegible]

[illegible] [illegible] [illegible] [illegible] [illegible] [illegible]

[illegible] [illegible]

9 [illegible] [illegible] [illegible] [illegible] [illegible] [illegible] et [illegible]

[illegible] [illegible] [illegible] [illegible] [illegible] [illegible]

[illegible] [illegible], [illegible] [illegible] [illegible]

10 [illegible] [illegible] [illegible] [illegible] a [illegible] [illegible] [illegible]

Jecur vidi ruffet hard contracted abſque ſanguine
　　　　　yeallow cankret ſubſtance venis
　　　　　1° a febri pleno corpore obeſo Sr Rigdon
　　　　　2° extenuato cum felle magis diſtentum vt vrina
　　　　　et calculis referto ab ictero Ambo

$$\text{Jecur} \begin{cases} \text{parvum} \begin{cases} 1 \\ 2 \\ 6 \end{cases} \\ -\begin{cases} 4 \\ 7 \\ 8 \end{cases} \text{Item} \begin{cases} 10 \\ 11 \\ 12 \\ 13 \end{cases} \\ \text{magnum} \begin{cases} 2 \\ 3 \\ 5 \\ 9 \end{cases} \end{cases}$$

　　　　WH quo caſu magis puto Calculos ab ictero
　　　　longo calidiore concreſcente materia quam
　　　　quam contra Icterus a calculis
2　Item ruſſetiſh Ingentem et durum
　　　　planè ſcirrus tumor, abſque pene ſanguine
　　　　aſpera ſuperficie
3　between Ruſſet and purple as bigg
　　　　as an ox liver Jhon Bracey extentum
4　begining to be diſcolored Joan Jhonſon
　　　　mortua ex febre maligna et Hæmorhogio
　　　　poſt quartanam
5　Inflammatum diſtentum Nigricans pleniſſimum ſanguine
6　paliſh durty color cum mucca on ye coat
　　　　Hydrope reſudante materia
　　　　little blathers or tanquam bliſters
7　durum ex tenſione per 6 vel 8 menſes putreſcens
　　　　febri vrinis paſſenis craſſis
　　　　like a heape of pus colore ſubfaveſcum
　　　　noe ſhape or particle remayninge Jecoris
　　　　in illo cui cartilaginoſus lien
　　　　Mr Benton qui ſanitatem poſt prognoſticationem ſperavi
8　vt plurimum vbi in Hydrope vel alias
　　　　vbi Jecur ruſſetiſh ſplen watchet
　　　　greeniſh or lead color ſi morbo ex cachexia
9　Apoſtema Ingens per multos menſes ex pure fætidiſſimo 2 or 3 gallons et aqua
　　　　cum viſcoſis panniculis convolutis as glew
　　　　ſtepened in water, or Iſonglaſs: regreſſum Hoſpitali
10　Mortua Inflammatio Jecoris of a botch in tunica $\begin{cases} \text{red} \\ \text{hard} \\ \text{cancerus} \end{cases}$

11 ſcabrities Jecoris: ſcabby hard ſoakt in aqua
12 Abſeſſulæ vt Cuniculis: rotten ſheep
Abſeſſus like an eagle ſtone phoca
Eaſt Indy Bezar in the liver of a goate
Platerus recenſet a fungus ſubſtance, qualem non vidi
Hæc tum Hoſpitali tum Italiæ Hoſpitalibus multa cum "Naſea"
Nauſea et faſtidio et fœtore Inſpexi
et Memini. plura oblitus
Concluſio Vide mecum aliquando
Nulli ex morbis cronicis in quibus non eſt
aut Abſeſſus magnus aut viſceris alicuius corruptela
vt liver longs Brayne kidney ſtomach
caque totaliter
et quod hæc obſervata potius fructus
"homini cauſa" Morborum et cauſa mortis
quam cauſæ Morborum et fructus effectus mors
et quod 1° ex erroribus in victu et Naturæ
Imbecillitate fit Cachochimia ex Cachochimia
malus Habitus: ex ipſo viſcerum corruptela
aliqua et inde mors viſcera totaliter abſu mpa
Mirum enim quam minima parte vel Nulla
vt per menſes toto corrupto Jecore vixiſſe Δ
Riolanus gypſea pituita refertum et contractum in orbem

11 [illegible] : [illegible] aq

12 [illegible] : [illegible] 40

[illegible] eagle [illegible]

[illegible] a great

[illegible] a [illegible]

Hair [illegible]

[illegible]

et [illegible] oblong

[illegible]. [illegible]

Nulli [illegible]

[illegible]

[illegible]

[illegible] totaliter [illegible]

et qd: [illegible] observata [illegible]

~~[illegible]~~ morbos et [illegible]

q: [illegible] morbos [illegible]

et [illegible] erroribus [illegible] et Natura

[illegible] Cartesiana [illegible]

[illegible] : [illegible]

aliqua et [illegible] totaliter [illegible]

[illegible] Nulla

[illegible]

[illegible]

Fell:

Figur longior ... angustior a fundo in vertice
... [illegible] Cysticus [illegible] Hukill:
[illegible] Hukill: [illegible]
[illegible] a [illegible]
[illegible] a Ramulo [illegible]
Color dark yellow: alij [illegible]: alij [illegible]
[illegible] blewish [illegible]
[illegible] flav: [illegible]
Nigra [illegible]
Qualit Alijs magna alij [illegible] colore
[illegible]
[illegible] magna [illegible]
[illegible] frigid, [illegible]
[illegible] Chanel [illegible]
[illegible]
Manifest [illegible] a [illegible]: frigid [illegible]
[illegible]
[illegible] [illegible]
[illegible]
[illegible]
[illegible]
[illegible]
[illegible]
[illegible]
[illegible]: post. [illegible]
[illegible] 1 [illegible] 2 [illegible] [illegible] fella [illegible]
3 [illegible] post. [illegible]
[illegible]
[illegible]
[illegible]
[illegible]
[illegible]
[illegible]
[illegible]

Fell

Blowe vp
Figura longioris piri anguſtior a ſundo in cervicem
vaſa venas Cyſtibus gemellas quibus Nutritur
vnde × a bile Nutriri: quia Nec ſpirat enim
Arterias hic a cæliaca
Nervus eXiguos a Ramulo quaſi Jecoris
Color darke yeallow: alij black: alij ruſty: item
greeniſh blewiſh "vnde divers"
vnde diverſis bile flavum vitelloſum æruginoſum
Nigra porracea vel viridis
Quantitas Alijs Magnum alijs parvum provt Jecur Colore
et conſiſtentia deterior vel melior
generatio piſcibus magnum quod cum a calore bilis
Currit piſcibus cum frigida, Animalia, parum ſanguinis
cum Equis Chamel Elephant ſtagg nullum
nay phoca delphin inter Marina Callidiſſima
Maniſeſtum quod ſit a calore: frigido enim liqueſit Ariſtoteles
vt ſperma
Temperatura non tamen humor adeo calidus vt Iſtero
torpedi hebetes ſegnes Ignavi ſomnolenti
quæ omnia a frigiditate WH hoc principio
contra ſtatum Will Halte flaſh and flame
nec tamen Iracundi vt hic ſit ſedes iræ
ſed puto Calore opprimi; vt copia Alimenti
et Ideo ſrigidi

Diviſio in
1 tunicas: poſt — Rami { in Jecur / porus ſelleus / Meatus ſelli } { Idem enim egreſſus et Ingreſſus }
2 partes Conteyning — veſicula
3 Contenta: poſt — ſinus inventus Jaſolini Hipponi'ata

principalis particula porus ſelleus et × veſica
vbi enim deeſt veſica porus vt Turdus
Columba
Equus mulus aſinus chamelus Elephas ^
phoca delphin vitulus marinus ſtagg deere
viz quibus ereſtari optime jecur poteſt
lamprey ballæna Orca Oeſtridg porus tantum

1° ſe offerunt Nervi
a ventriculi orificio
Ramus 6: above
2° Nervorum Ramo
In Jeiunum et fell

3° Huic attenſa
Arteria
4to ſub ipſa
porus quaſi
5to vena porta
ſuper arteriam Nervus
et vena ſimul
omnia omento

Vnde vbi Jecur ſanum et ſanguis ſucci dulcioris
ibi deeſt veſica
1 vnde piſcibus cum Jecur diſcolored Impurum
maioris fellis Copia: voraces enim et
Impuro vtuntur alimento
2 Hominibus the blacker the liver
the greater the gaule
3 vnde longitudo vitæ antiquitus fellis "vac"
vacuitas vt cervus et ſolipedum grus
4 fell alia Animalia partim habent partim Non
vt videlicet ratts miſe quod Ariſtoteles p: 506

Neceſſitas veſicæ
Δ quod Embrione
nec vacua
mortuis per
ſunatharſin

Hominibus item accidiſſe
oves et Capræ Ariſtoteles Naxo "pro miraculo" prodigij loco Mag:
Chalcide "Nomen" Euboica Nomen: WH hine
vaticinati ex felle in victimis
Hine apparet ex his omnibus quod
veſica gratia pori, et non neceſſario
ſed quibus Abundat bilis copia

porus

vnde Natura expurgatura Jecur porum fecit
qui multis Ramis in Jecur cima
vbi porta ramificari incepit.
Inde ad inteſtina
NB Nihil difficilius tota Anatomiæ diſſectione Veſalius
oritur a iecore. Multis ſurculis terminatur in Inteſtina
ſometime Higher ſome time lower

Noctua poſt
magnam reduplicationem
inſerta in inteſtina

vnde authorum diverſitas in finem duodeni
principium Jeiunæ "puto" WH modo incerto
Gooſe poſt inteſtini revolutionem cui illud
quod tanquam expanſum iecur
Inſerritur intra duas tunicas et progreditur oblique
Aliquando duplici propagine one higher other lower
Aliquando Ramo ventriculæ vnde picrocholi
iræ familiarum Bauhin. Tamen Veſſalius

Vide ubi [illegible] [illegible] [illegible] [illegible] 41

ibi [illegible] vostra

vide [illegible] [illegible] [illegible]

[illegible] [illegible] copia: [illegible]

[illegible] [illegible] alivolo

[illegible] [illegible] [illegible] [illegible]

[illegible] [illegible] [illegible]

Vide longitudo [illegible] [illegible] [illegible]

[illegible] et [illegible] et [illegible] [illegible].

[illegible] alia [illegible] [illegible] [illegible] [illegible] No–

[illegible] [illegible] [illegible] p: 406

[illegible] [illegible] [illegible].

[illegible] et [illegible] [illegible] Napo [illegible] Mag:

Chalcide [illegible] No–: [illegible]

[illegible] [illegible] [illegible] [illegible]

[illegible] [illegible] [illegible] [illegible]

vostra gratia posi, et non necessario

[illegible] [illegible] [illegible] copia

Vide [illegible] [illegible] [illegible] [illegible] [illegible]

[illegible] multi [illegible] [illegible] [illegible]

ubi [illegible] [illegible] [illegible].

[illegible] [illegible]

[illegible] [illegible] [illegible] [illegible] [illegible]

[illegible] multiplicity [illegible] [illegible]

[illegible] [illegible] [illegible] [illegible] [illegible]

vide [illegible] [illegible] [illegible] [illegible]

[illegible] [illegible] [illegible] [illegible]

[illegible] [illegible] [illegible] [illegible] [illegible]

[illegible] [illegible] [illegible]

[illegible] [illegible] [illegible] [illegible] [illegible]

[illegible] [illegible] [illegible] [illegible] [illegible]

[illegible] [illegible] [illegible] [illegible]

[illegible] Familiar [illegible] [illegible] [illegible]

Margin notes: [illegible]; poe[illegible]; Ne[illegible]

Vesicul: in [illegible] bilis [illegible]
[illegible]

Vesic. Bilis a Jecore in Icteritia
[illegible] obstructio [illegible] et [illegible]
quod aliquando [illegible]
[illegible] a [illegible] et in
[illegible] quia
facile [illegible] et obstruit ab
[illegible]

[illegible] Bilis [illegible]
Ictericia [illegible] : [illegible]
[illegible] albedo
[illegible]
[illegible] illa [illegible]
[illegible] vel [illegible]
[illegible]
[illegible] a [illegible]
[illegible] et non [illegible]
[illegible] non [illegible] a Jecore
[illegible] vel [illegible]
[illegible]
et [illegible] : [illegible]
[illegible]
[illegible]
[illegible]
[illegible] Ictericia [illegible]
[illegible] : [illegible]
[illegible] et
[illegible] Valvula.
[illegible]
[illegible] Ictericia [illegible]
[illegible] Bilis [illegible]

Vesalius in Nauta absque bilis vomitione
WH sed forsan quia exitus intra tunicas in Intestino
Vsc Bilis a Jecore in intestina
vnde obstructione Icterus et fæces Albæ
quod aliquando flatu distenta Intestina
vnde a colico Icterus et in;
Colico vrinæ "inters" intensæ: quia
facile comprimitur et obstruitur ab
obliqua insertione
vtilitates Bilis descensu stimulat ex pultricibus
Intestinum lubricat Chilum deturbat
Vermes deturbat euocat △ equis piscibus pueris
feces tincturam vnde Ictero albidæ
et vrinæ intensæ et quanto intensiores
hæ illæ albidiores ab obstructione

Antiquitus putabant stimulando vel laxando
Animosum in iecore sensus gratia: vnde ira &c.
Meatus fellis as a branch torning back
porus enim pertransit et non Inmittit
vnde vesica non trahit a Jecore
sed vel sponte vt Aristoteles vel ex pultrice Jecoris
Hinc how idle Laurens disputat de ijs quæ veteres
et contra Fallopius mordicius tam validis argumentis
vt Arietes: WH Rams are but sheepe
sua Inflatio Infida
WH vidi fœtu canino ij porus vno recessu in vesica
Meatus fellis from prope Intestinum retro eadem
tunica cum poro: qui non percipitur nisi
bearing the probe this way. et
Interstitium pro valvula.
vsus per meatum regurgitatur in vesicam
tanquam in diverticulum
quia Impeditur "ib" apud intestina transitus
vnde omnibus porum fecit Bile Abundantibus vesicam

vnde fell alijs ad Jecur alijs ad Inteſtina
"alijs medio loco"
vt piſcibus ad Inteſtina: Corvus coturnix
paſſer Hyrundo
toto inteſtino prætextum Ariſtoteles Anima
WH alio latere a Jecore vt ſerpentibus × vipera
Anguillis Angue
Alijs partim Jecori partim ventriculis vt Ariſtoteles Capricipeti Barble
Alij partim ventriculis partim Inteſtinis vt Accipiter milvus
WH anas Niger ſturnus
Alij medio loco vel modo Jecoris
modo Inteſtini vt Congro
WH Δ Rana Marina vtroque loco inter Jecur et ventriculum et ad Inteſtinum
nerer and farther from the liver

Valvulæ a meatu in orificio valvulæ ij vel iij

Meatus exiguus per tunicas alij vt Julius Jaſolinus
et Bauhin (vt ſervarent Galeni poſitum
quod veſicam attraheret a Jecore)
vnde his purum bile per porum per miſtum
ſed × ijs quibus veſica non eſt apud Jecur
et proinde cæteris niſi illud
cauſa vt veſica ſit aliquibus apud Jecur
cur enim thus recoyled to the liver non video
curque reſervatum (niſi calore coctionem iuvat
quod videtur vanum Embrione enim eſt
vbi dicunt Nullam publicam coctionem
Nec Impeditur apud Inteſtina contra Fallopium
Tunica Membranæ ij vna a Jecoris membrana a peritoneo
Altera propria omni fibrarum genere donata
rectis interioribus tranſverſis exterioribus
obliquis paucioribus medijs: de fibris ante
WH opinionem dixi.

Vena fellea aliis ad fundum aliis ad intestin
~~aliqui in medio loco~~ 42
vel pylorum ad intestin. colon jejunum
passerib[us] [illegible]
In [illegible] intestino prope [illegible] A
[illegible] alia [illegible] a [illegible] vel [illegible]
A [illegible] A [illegible]
Aliis partis [illegible] vel [illegible]
Alii [illegible] intestin vel [illegible] [illegible]
[illegible]
Alii medio loco vel [illegible]
[illegible] intestin [illegible]
[illegible]
[illegible] [illegible] [illegible]
Valvulae [illegible] in [illegible] val [illegible]
[illegible] alii vel [illegible]
vel [illegible] [illegible]
qd [illegible] [illegible]
[illegible] pulv [illegible]
sed [illegible] [illegible]
[illegible] [illegible]
[illegible] vel [illegible] aliqu [illegible]
[illegible] [illegible]
[illegible] [illegible]
qd videt [illegible] Ebuo n. est
[illegible] [illegible]
[illegible]
[illegible] [illegible]
[illegible] [illegible]
[illegible] [illegible]
[illegible] [illegible]
[illegible]

Contin[illegible]. [illegible] q[illegible] [illegible] [illegible] 2ª rat[illegible]
[illegible] [illegible] [illegible] [illegible] Nulla 2ª [illegible]

Cul[illegible] [illegible] [illegible] [illegible] [illegible] fall[illegible]
[illegible] [illegible] [illegible] [illegible] [illegible] ideo
[illegible] [illegible] [illegible] [illegible] Bo[illegible].

[illegible] Ni[illegible] [illegible] ideo [illegible]
[illegible] [illegible] (vel Non [illegible]) principio
[illegible] [illegible] [illegible] [illegible] [illegible]
[illegible] [illegible] [illegible] [illegible] [illegible]
[illegible] [illegible] [illegible]
[illegible] [illegible] [illegible] [illegible]
[illegible] [illegible] [illegible] [illegible]

C[illegible] [illegible] [illegible] [illegible] vel [illegible]
[illegible] [illegible] [illegible] [illegible]
~~[illegible] [illegible] [illegible] [illegible]~~
[illegible] Non-[illegible] [illegible] [illegible]
[illegible] [illegible] X

Contenetur fell quod dicunt recreetur ſecundæ coctioni
WH tamen Embrionibus fell vbi Nulla ſecunda Coctio
Calculi ſepe ſicut et poro Fallopius
WH Tophos nigros videte longo ictero
Dr Gulſtone grey like Bezar.
ſepiſſime Nigra ex ictero concreſcere
faciente vnde (vt Notant Arabes) principio
purgationes violentæ faciunt Icterum incurabile
Incraſſatum enim Bilem putrefaciunt
et in tophos concreſcit
vnde obſtructio magis Impactu.
partes cling together. Incurabile.

Cruſta Interiori tunica cruſta vt ventriculus
ne acrimonia bilis lædatur
"vnde non Nutriri Bile"
vnde non nutriri bile : muniente enim
contra alimentum. ×

Renes Νεφροι quaſi mingentes Reynes kidneys
Actio to draw away and convey oute of ye veynes
by the vreters into the blather the
ſeroſum excrementum
vnde ſeated to the great veynes and Arteries
et conexæ per venas et arterias Emulgentes

Quibus non {
In quibus illud "illud" ſeroſum non Abundat
vt piſcibus et omnibus Inſeſtis ſerpentibus
et quadrupedibus oviparis quia veſiculas pro pulmonibus
non aut parum potant aut raro
et ſi potant cibi non potus gratia. ſippſipp
vnde ſeroſum ſuperfluum non habent
Inde hæc deſiderantur renes vreterem veſicam
et vbi deſiderata veſica et renes an contra
in avibus qui carunculam ad dorſum habent
"Item in quibus illud eXcrementum"
ſed quibus deſiderantur Renes et veſica × teſtudine
et in an efft veſicam reperi WH abſque Renibus
Item in Quibus illud EXcrementum in alios vſus abſumitur
vt piſcibus ſquamoſis Avibus et et Teſtacijs ſethers
ſcales and ſhells.

Quod ſequitur {
Item quibus non eſt veſica pitiſſando. ſipp
ſipp. et aves Rapaces non omnino
Aquila Δ WH et Ariſtoteles Heſiodum Irridet
quia Jovis Alitem potantem introducit

Quibus ſunt {
Item "Quibus" perfectioribus Animalibus et calidioribus Ambo
Renes et veſica et quia calidiores forſan
difficiles cognitu.
EX Anatomia vero quibus pulmones "præcipue"
præcipue ſanguinolenti et Copia Sanguinis
vnde plurimo egent Refrigèrio
et plurimum ſitiunt: et potant
vnde Abundant ſero: EXcrementum ſecundæ Coctionis
Itaque in ijs hæc Evacuatoria { Renes / veſica
Itaque omnibus Animalibus quæ Animal generant perfectiora enim calidiora: quam quæ ex ovo vel ſemine
et Hæc multum potant

4

Renes Neph[illegible] [illegible]

Actio [illegible]

[illegible] 43

[illegible]

[illegible]

[illegible]

[illegible] illud [illegible]

[illegible]

[illegible]

[illegible]

[illegible]

[illegible]

[illegible]

[illegible]

[illegible]

[illegible]

[illegible]

[illegible] illud Experiment [illegible]

[illegible]

[illegible]

[illegible]

[illegible]

[illegible] Aqua [illegible] 114 [illegible]

[illegible]

[illegible]

[illegible]

[illegible]

[illegible]

[illegible]

[illegible]

[illegible]

[illegible]

[illegible]

[illegible]

[illegible]

Alia [u]~~v~~tilitas Renum [u]~~v~~t aliorum vi[sc]~~f~~cerum

another respects, usefulness of the kidneys as another internal organs

[u]~~v~~t [s]~~f~~int Ancora venarum ne comprimantur

as will be an anchor of veins not compress

[u]~~v~~nde [s]~~f~~ecundum Galenum [ex Inflammatione

whence second/following from an inspiration]

vi[s]~~f~~cerum venarum e

internal organs of veins

arteriarum ten[s]~~f~~io unde durities pul[s]~~f~~us

of the arteries a stretch whence hardness beating

pulsare or pulsus (m) -us

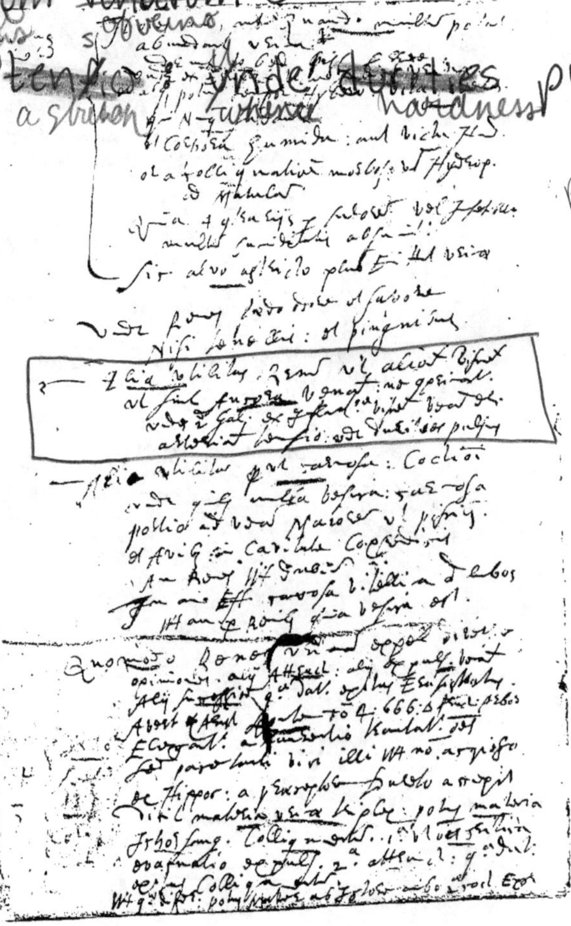

comprimo, -primere, -pressi, pressum
tendo, tendere, tetendi, tentum / tensum

victus
consuetudo

Homines qui sudant Quando multum potant
abundant vrina
drunk to bed piss free
vnde ex erroribus in victu Judicium vrinæ
et absque potu tempore Hyberno: Vita sedentaria
qui nunquam sudant
et Corpora humida: aut victu Humido
et a colliquatione morbosa vt Hydropica
ad Matulam
Quia A contrarijs per sudorem vel insensibiliter
multum humiditatis absumitur
sic alvo astricto plus Emittunt vrinæ

vnde Renes fœdo odore et sapore
Nisi tenellis: et pinguibus
Alia vtilitas Renum vt aliorum viscerum
vt sint Ancora venarum ne comprimantur
vnde secundum Galenum ex Inflammatione viscerum venarum e
arteriarum tensio: vnde durities pulsus
Alia vtilitas provt carnosa: Coctioni
vnde quibus multa vesica: carnosa
portio ad venam Maiorem vt piscibus
et Avibus in Cavitate Coxhendicis
An Renes WH dubium in
In an Est carnosa vitellina ad lumbos
WH an pro Renibus quia vesica est.

Quomodo Renes vrinam expellunt diversæ
opiniones. alij Attractione alij expulsione venarum
Alij successione qua datur exitus Erasistratus
Averroes et Aristoteles sponte Tom. 4: 666: Δ fructus Arborur
Eleganter a Laurentio tractantur omnes
sed pace tanti viri illi WH non acquiesco
ex Hippocrate a præceptore Dureto accepit
dicit Materia vrinæ triplex: potus Materia
Ichor Sanguinis Colliquamentum 1ª vt omnes critica
evacuatio expulsio 2ª attractio qua datur
exitus Colliquamentum
WH quæ diferentia potus Materiæ ab Ichore ambo secundæ Coctionis eXcrementum

In other respects, a usefulness of the kidneys as they will be of other internal organs as an anchor of the veins not compressing, whence following Galen from an inspiration internal organs of the veins and of the arteries a stretching: ~~whence~~ from where a hardness having been expelled.

Queſtio proprie non eſt de vrinæ excretione
ſed de omni excremento. et omni motu in Corpore
et reſpondet vrina eodem modo quo reliqua
per proprios ductus. bilis. ſpermatis
in pilos plumas ſquamata excrementa abſumuntur
An: Attractione expulſio &c.
reſpondet vno verbo omnium in corpore author
Calidum Nativum, in omnibus ineſt etiam in
omnibus excrementis. dum Natura gubernantur
Calidum Nativum vt concoquit attrahit
expellit
vnde ſicut alimentum ad nutriendas partes
partim digeſtiva facultate tranſmittitur
partim attrahitur: partim ſponte petit
Item excrementa partim exitum petunt
partim qua datur exitus procumbunt: partim attrahuntur
partim expelluntur
vero preter Naturam Excrementa non a Natura gu-
bernata morbitica diverſas partes a malignitate
petunt vt oſſa crura &c. pulmones
vt in mundo ſic Microcoſmo, omnia ad locum proprium
moventur ſponte
vnde qui dicunt pelli vel attrahi ſupponunt
alio ſponte moturos. Ariſtoteles de generatione 4 lib. 2
excrementum enim ſecundum quod tale excernitur
Eſt tamen motus in corpore per attractionem

præter Naturam exemplo	calor		attrahunt	cortina
	dolor			purgator
	vacuum			Maſticator

Eſt item motus decubitu. exemplo Tumores
tibearum dum propendunt maiores fiunt
Item intertrigines ſemper madent
et oris vlcera ptyaliſmum in iijbus diebus
plus humiditatis quam cranium continere poteſt
Δ quoque p:

Quaestio propria non est de [illegible] [illegible]
[illegible] de [illegible] [illegible] [illegible] motu in corpore

Respond: [illegible] [illegible] [illegible] [illegible] reliqua:
[illegible] propria [illegible] . [illegible] . [illegible]
[illegible] [illegible] [illegible] [illegible] [illegible] [illegible]

An: Attractio [illegible] [illegible]. 44

Resp: [illegible] [illegible] [illegible] in corpore [illegible]
Calid Nativ in [illegible] [illegible] [illegible]
[illegible] [illegible] [illegible] Natura [illegible]

Calid Natival [illegible] [illegible] attrahit
expellit

[illegible] [illegible] alimentum ad Nutritionem [illegible]
[illegible] [illegible] facultate [illegible]
[illegible] attractiva [illegible] [illegible] [illegible]
[illegible] [illegible]. [illegible] [illegible] [illegible]
partes [illegible] [illegible] [illegible] [illegible]: [illegible] Attr
[illegible].

2° [illegible] Natura [illegible] non a Natura [illegible]
[illegible] morbifica diversis [illegible] a [illegible]
[illegible] vel ossa [illegible] [illegible]

[illegible] Microcosmo, [illegible] ad Cor [illegible]
[illegible] [illegible]
[illegible] [illegible] [illegible] [illegible] vel attrahi [illegible]
[illegible] [illegible] [illegible] [illegible] [illegible] 2
[illegible] [illegible] [illegible] [illegible]

[illegible] [illegible] [illegible] motus in corpore [illegible] attractio
[illegible] [illegible] [illegible] [illegible] [illegible]
[illegible] [illegible]

[illegible] motus [illegible] . [illegible] [illegible]
[illegible] [illegible] [illegible] [illegible].
[illegible] [illegible] [illegible] [illegible]
[illegible] [illegible] [illegible] [illegible] [illegible]
[illegible] [illegible] [illegible] [illegible] [illegible]
A [illegible]:

Unde omnes modi fieri oppul. venae
et Nabili, et q. [illegible]

propter Nabilus attractionem [illegible]
[illegible] pone vesica. [illegible]
Ecpulsio asperitas – [illegible]
[illegible] [illegible] [illegible]

[illegible] Colligamenta corporis [illegible]
[illegible] [illegible] [illegible]
vel [illegible]
Copia [illegible] frigore : podice Nabili
copia urinae
[illegible] [illegible] [illegible]
[illegible] [illegible] [illegible]
[illegible] publis [illegible]
2° Nabilus [illegible] a Nabilis Calore q–
potentior est – relinquendo quod aliquid
attractionis – attrahendo [illegible]
bile [illegible] vesicula [illegible]
[illegible] [illegible]
[illegible]

[illegible] urina Δ Δ : Congelat.
F Blood – q. [illegible] – [illegible]
Δ [illegible] G Δ Hydrop Δ [illegible]
Δ [illegible] – [illegible] : [illegible]
Δ [illegible] [illegible] [illegible]
et [illegible]
Δ [illegible] [illegible]
Δ Hydrop [illegible]
et [illegible]
Δ [illegible] [illegible]

vnde omnibus modis fieri expulſio vrinæ
et Nullis, et partim his partim illis
præter Naturam attractione patet
vlceribus. penis veſicæ. pediculus formica Immiſſa.
Expulſione apparens in criſibus.
Iſcuria dilatatio vreterum et veſicæ
Decubitu colliquatione corporis vbi nil
Irritat, neque attrahitur renum enim vis
vt et expultricis proſtrata
Corpus conſtrictum frigore: pedibus nudis·
copia vrinæ
Item Aparet ſponte Embrione vbi
excrementa ſponte petunt Inteſtini cavitatem
nullum enim publicum munus Embrione
ſecundum Naturam vero a Nativo Calore qui
potentior eſt in retinendo quod aliquod
attrahens in attrahendo exemplo.
bilis erit veſicula poſt omnia purgans
Inſtante partu humor divertetur ad
laxandas partes.
per vomitus vrina Δ Δ: Coagulata
Blood in ye fawces. Man in gibbets
Δ vlceribus Δ Hydrope Δ ſudoribus
Δ ſudore in Manum : ptyaliſmo
Δ ab accidulis Aquis ſucco linum ore
et fractu Junctus
Δ deambulatione frigido Matutino
Δ Hydrargyrum introſumptum vrinas
et vinum Jeiunum
Δ timore libidine piſs often hors befor y^r^ raſe

Numerus duo quia Natura bipartita deXtra ſiniſtra
quia operis magnitudo et ſecuritatis gratia
vnde ſublato vno ſufficit alter
Raro iij: 4 Euſtachius et Laurentius 4
vnum tantum vidi Picholhomini vnum Bauhin ſitum medio
pinguedo Ariſtoteles Reliqua dum colatur ſerum finis enim Coctionis ſanguineæ pingued
Membranæ ij alter ſolutior a peritonæo vbi pinguedo
Alter proprius abſque pinguedine multo tenuior
Quantitas
Figura /vt ovis phaſeoli kidney beenes
interius partim Gibboſum partim Concave
vbi ſinus dicti ij° pro Cyma vbi Emulgentes
ingrediuntur prominentia medio 2os facit
Aliquibus ſinus non ſunt ſed Renes diviſi in lobos
vt Bubulis et vitulis: vrſis et
vide Embrionem bis j° more 2°: leſs Euſtachius vidit
phoca placenta teſſulata quam Bellinus pro liene ×
ſignum quod vreteres ab ipſa. alia femina
non teſſulata.
Quantitas longitudine 4 vertebrarum et iij digitorum latitudine
aliquando pares Magnitudine non ſunt
alijs maiores alijs minores
pinguedinis minor Quantitas DeXtro quam ſiniſtro
quia pars deXtra ſiccior
vſus recludere arcrimonium vrine, Coctioni iuvare
mollitie et lenitate renes conſervant: fovendo Renes
WH calfaciunt puto Renes and chookes them
vnde detenentur flatus: ſuprimuntur eXcrementa
vnde obeſis Nephritices dolores magis
præſertim calidiori Conſtitutione
venas et Arterie venas duas Emulget Adepos
Adepos dextra raro a trunco ſed ab Emulgente
ſiniſtra contra a cava oritur in tunicam exteriorem
Irrigando Numeroſa ſobole
Ramum ad glandulam Euſtachij

Numerus 2o quia natura bipartit [illegible]
quia oportet magnitudo et duplicitate [illegible]
vide sublato uno suffecit alter 45

Raro iij: 4 Englesius et Lambert [illegible]
pingedo [illegible] aliquando [illegible] [illegible] [illegible]
Membrana 1 alter [illegible] a peritoneo [illegible] pingedo
alter propria absque pinguedine [illegible] tenuior

Figura vt oblonga phaseoli kidney bean
intus gibbus [illegible] goane.
Obtusiores dicti 2o [illegible] Englesius
[illegible] quandoque modo 2 fuerit
Aliquibus sinus non fuit sed per divisionem lobos
vt Bubulus et vitulus: ursus et
vide Eustachio [illegible] Englesius vidit
phocae placenta tessellata q. Bolt [illegible] liene
sicut quod revolvit ab ipsa alia forma
non tessellata.

Quantitas long. 4 [illegible] et iij digitos latitudine
aliquando pares magnitudine [illegible]
alij maiores alij minores

Situs [illegible] quia [illegible] sinistro
[illegible] [illegible] [illegible]
[illegible] [illegible] [illegible] Coeli [illegible]
mollities et lenitate [illegible] [illegible]
[illegible] [illegible] [illegible] Brooke [illegible]
vide [illegible] [illegible]
vide [illegible] [illegible] [illegible]
[illegible] [illegible] [illegible]
Venae et Arteriae [illegible] Adeps
Adeps dextra [illegible] [illegible] Englesius
sinistra [illegible] [illegible]
[illegible] [illegible]
[illegible] Englesius

[illegible] E[illegible] [illegible] aliquando ij
ab [illegible] [illegible] materia a [illegible]

Nervos [illegible] a [illegible] [illegible] [illegible]
[illegible] [illegible] [illegible] [illegible]
[illegible] [illegible] [illegible] [illegible] Nota
[illegible] [illegible] [illegible] [illegible] [illegible]
Nervos [illegible] [illegible] [illegible] [illegible]
a [illegible] Nervos principio [illegible]

[illegible] [illegible] et [illegible] [illegible]
[illegible] [illegible] [illegible]
vide [illegible] : et [illegible] : et [illegible]
et dolor aut Nullus aut [illegible]
[illegible] [illegible] [illegible] [illegible] [illegible] [illegible]

Glandula [illegible] [illegible] [illegible] [illegible] [illegible]
[illegible] [illegible] [illegible] [illegible]
[illegible]. ~~[illegible] [illegible]~~ [illegible]
~~[illegible] [illegible] [illegible]~~ [illegible]
aliquibus nullo [illegible] [illegible] ipsi
[illegible] non [illegible] [illegible]

Fig: [illegible] [illegible] [illegible] et [illegible] plena
[illegible] [illegible] [illegible] [illegible]
vel [illegible] [illegible] [illegible]
[illegible] [illegible] [illegible] [illegible] [illegible]
vide [illegible] l'enboy [illegible] : [illegible] [illegible] [illegible]
et [illegible] [illegible] [illegible] [illegible] [illegible]
~~[illegible]~~ aliq ~~[illegible]~~ [illegible] a [illegible]

[illegible]. [illegible] [illegible] alio [illegible] [illegible] [illegible]
[illegible] a [illegible] [illegible] [illegible] [illegible] [illegible]
[illegible] ~~[illegible]~~ aut [illegible] aut Nota [illegible]
NB [illegible] [illegible] [illegible] [illegible] [illegible]
[illegible] [illegible] [illegible] [illegible] [illegible]

[illegible]. [illegible] [illegible] [illegible] [illegible]
aliquando [illegible] [illegible] [illegible] Nulla

In Emulgentem inſeritur Ramus aliquando ij
ab azygo vnde materia a Thorace per vrinam
Nervos perobſcuros a 6to pari deſcendentes per
dorſum inſeritos in tunicam propriam
vnde conſenſus ventriculi in vomitu Nephritico
quia Ramus idem aſcendit ori ventriculi
Nervum etiam ingredientem cum Emulgente Arteria
a plexu Nervorum principio Meſenterij
tamen Fernelius et Experientia teſtantur
parum ſentiunt renes
vnde Impoſtema: et corroditur et abſumpta
cum doloribus aut Nullis aut exiguis
potius affectione partium adiacentium quam propria
Glandula Euſtachij parte ſuperiori qua venam ſpectat
firmiter membranæ anteriori adhæret
ſitus receptaculum Melancholiæ quibuſdam
Huiuſmodi Glandulam Δ WH Embrionibus
aliquibus multo maiorem renibus ipſis
licet non adeſſe canino
figura Embrionibus magna laxa et ſanguine plena
excavata ſpongioſa tanquam veſica ſanguinis
vel ſpongia repleta ſanguine
videtur the nerer the birth the bigger
vnde per l'envoy putavi: ante papularis excrementum
et venam adepoſam deffere eo ſanguinem putavi
" vnde aliquando venas " etiam a cava
ſubſtantia Ginney cunneys alio colore ſtraw color
In a ratt milke=white: homine obſcurior
viro " Homine " aut obliteratur aut Notæ gratia
NB et ſæpe renibus abſtractis adhæret diaphragmati
vnde vſus tantum videtur Embrione
quantitas dextro maior quam ſiniſtro
aliquando Renum formam imitatur aliquando Nullam

Inſertio Emulgentium diviſa duo Ramos vterque
in duo ſinus et inde diviſos
4 in ſingulis 4 Renis regiones tum arteriarum tum venarum
quaſi vſque ad partem Gibboſam divaricantur
Subſtantia dura Compacta ſimillima cordis
Colore obſcuro rubro
Temperatura Calida et Humida vtpote Carnoſa ſanguinea

Vreterum Inſertio in Inferiori ſinu
vnde in plures Ramos latos diviſa
Qui grow larger and larger
latis orificijs papillas recipiunt
Emingunt vrinam vt Infans lac
vnde vrinæ expulſio potius attractione horum
quam Renum
vnde Renes tanquam vbera Infanti Inſerviunt
ad accipiendum humidum, quod per papillas exugendum
"papillarum" Numerus incertus 9: 10:
papillas ſumma laterum quam in fine recipiunt
vnde ovillo omnes papillæ ex ſinu communi
papillarum color albidior ſoaked with vrine
vnde the inter Renum wors taſted then without
Meatus ſunt papillis quo vrina ſed adeo exigue
vt inviſibiles concidunt et pilum non admittunt
vreteribus hic fiunt calculi Renum: et papillas
conſerunt vnde ſanguinis mictio: vlcera: excænitus
venæ: etiam per Anaſtomaſin
vnde: figura Calculis as caſt in this mowld
Galen 4 Aph. pilos ex Natura viſa:
Fernelius omnes calculi hic rudimentum: Kernell
augmentum in veſica
vidi Hic vermes in cane vt auibus accipitribus ſemper dorſo

Insertio [illegible] divisa: 2° ramos & hos f. 46
in 2° sinus et inde divisa.
4 in sinus 4 [illegible] [illegible] altera libera
q[ui] [illegible] ad gibbum divaricati.

Substantia dura compacta similis carni cordis
Colore [illegible] rubro
Temperamento calido et humido [illegible] carnis sanguinei.

Ureteris insertio in concavitate sinum
vide in plures ramos latos divisa
q[ui] grow larger & larger
latis orificiis papillas recipientes
[illegible] venae et [illegible] lar.
— vide: [illegible] attractione [illegible]
q[uae] [illegible]
— vide [illegible] [illegible] [illegible]
ad [illegible] [illegible] papill[ae] [illegible]
~~papillae~~ Numero [illegible] q. 10:
papillae [illegible] [illegible] [illegible] recipientes
[illegible] papill[ae] [illegible]
papillae colore albidiore [illegible]
— vide [illegible]
Meatus sunt papillae q[ui] [illegible]
[illegible] invisibiles [illegible]
[illegible] [illegible] papillas
Galen & [illegible] [illegible]: [illegible] [illegible]
[illegible] [illegible] [illegible]
[illegible] [illegible] [illegible]
[illegible] [illegible] [illegible]

Historia [illegible] [illegible] [illegible] [illegible] [illegible].
[illegible] [illegible] [illegible] [illegible] 2° [illegible]
[illegible] [illegible] [illegible].
[illegible] [illegible] [illegible] [illegible] [illegible] [illegible]
[illegible] [illegible] pupill. [illegible] [illegible].

Passiones [illegible] [illegible] [illegible] [illegible] [illegible]:
as [illegible] [illegible] [illegible].
[illegible] [illegible] Hydropisis
[illegible] [illegible]: [illegible] [illegible] Habit.

Apoplex [illegible] [illegible] [illegible]: [illegible] [illegible]
[illegible] [illegible] [illegible] [illegible] [illegible].

[illegible] [illegible] [illegible] [illegible] [illegible]:
[illegible] [illegible] [illegible]

Niger [illegible]

NB. [illegible] [illegible] [illegible] [illegible] [illegible]
Apoplex. [illegible] [illegible] [illegible] [illegible].
[illegible] [illegible] [illegible] [illegible] [illegible] [illegible].
[illegible] [illegible] [illegible] [illegible] [illegible].
[illegible] [illegible]: [illegible] [illegible] [illegible]
[illegible] [illegible] [illegible], [illegible] [illegible]
[illegible].

Hiſtoria here commeth owte of the veyne and artery
the ſerus ſubſtance excrement ſecundæ coctionis
proportionable to the ſweat.
by theſe Branches paſſed into ye kidney
by the papillæ, &c. &c.

paſſiones et Morbi Renes flaccidi abſque ſanguine
as parboyled item ruſſetiſh
in Cachecticis et Hydropicis
WH puto frigidi et ſicci intemperato Habitu
Apoſtema materiæ Albæ fœtidæ vxor Chirn
cum vretere diſtentum pure vt Inteſtinum
Abſumptum vlcere vt crumena vt Fernelius
et Cœlij a Fonte
Nigrum ſpacelatum
NB. febres intermittentes inordinatos fieri ab his
Apoſtematibus circa veſperum præcipue exacerbatis
item Horripilationes breves S^r. Robert Wrath.
Item calores et inæqualitatem maximam.
ſed abſque dolore: ſed diſtentio gravitas
et valde obtuſus dolor, ex tenſione tunicarum
externarum.

Vreteres a renibus ad vesice collum
 vnde quibus decst vesica et vreteres
 WH oriri potius videntur a vesica quam Renibus
 quia inde seperari non possunt a Renibus facilius
 Quia Membranosa substantia vesicæ
 Alba exsanguis Nervosa
videntur magis necessarii quam vesica et quod illorum gratia sit
 vesica diverticulum vrinæ ad excernendi tempus

WH
vnde forsan Avibus
vreteres

 vnde vivere Absque vesica ad tempus possunt contra vreteres
 vnde Insertio in collum vesicæ et radicem virgæ
Venas Arteriam a vicinis partibus Nervum ambiunt vnde sensus
 exquisitus et dolor
 vnde hic fiunt cruciatus cum his impingitur calculus

Numerus sinistrum duplicem obseruavi
figura Mulieribus lati breves recti contra hominebus
Quantitas paliæ magnitudo longitudo iij palmarum
 vnde minus Calculum pertransire posse
 sed dilatantur multum, vt Intestina pure distenta vidi
 Hic fit obstructio Nephriticis doloribus
 vnde Platerus a calculo ruptum et vrinam effluxisse Alvo
stone vnde Dr Argent stone eat out his passadge in ye flanke
 sed signum quod nec vrina acris nec Corpus Calidum
 a colore Calculi quasi Gypsea pituita
 alias febres Inflammationes causaret et mortem.
 Inhærens Calculus parte superiori distentus
 inferior contractus super calculum ipsum Inflammat

Ureteres a renibus ad vesicam [illegible]
unde [illegible] vesica [illegible] 47

Hi oriri potius videntur a vesica quam a renibus
quia [illegible] poss. a renibus [illegible]
Quia [illegible] absolutia vesicae
Albae [illegible]: Nervos[e]
videntur magis Nervos[ae] quam vesicae [illegible]
vesica dilatatur [illegible] ad [illegible] longus
unde [illegible] vesica ad longius poss. [illegible]
[illegible] - [illegible] vesicae et [illegible] Virgas
[illegible] a [illegible] Nervo a [illegible] unde [illegible]
[illegible] et dolor
unde [illegible]

Hamorrh[oides] [illegible] duplices [illegible].
Fig. [illegible] cal. [illegible]
Quaere [illegible] magis [illegible] Corp. [illegible]
unde [illegible] Calculus [illegible] posse [illegible]
sed [illegible] vel [illegible]
Hic [illegible] dolorib. [illegible]
unde [illegible] a [illegible] et [illegible]
[illegible] passages [illegible]
[illegible] Calculi
a [illegible] Calculi [illegible]
alias [illegible] et [illegible].
[illegible] Calculus [illegible].
[illegible] ipsi [illegible]

Genitalia [illegible]
[illegible] genera

[illegible]

Nervos [illegible]

[illegible]

Achordines [illegible]

Genetalia by the ſtring tyed to eternity
in genere vnde cum Natura non potuit Individualem æternitatem
id quod potuit harum partium facultate ſpeciem æternitatis
generando ſibi ſimilem in ſecula
vnde ſacris litteris greateſt bleſſing Iſſue
that thy ſeed ſhale remayne for ever
videtur enim divinum æternum perfectum converſio
carendo potius quam fruendo quod vnumquodque Judica
quibus Nulla proles hic terminatur
contra alijs vereſimilem in æternum permanere
Quia iam vivunt homines et canes ex quorum lumbis
qui abhinc per 10 MM annis et ſeculorum
Neceſſitas talis vt Natura ſollicita eo vſque circa Individuum
donec generare ſibi ſimilem : ſpeciei gratia
vnde (as Nature regarding him not) ſtatim
deſpayreth declineth
et ſi hæ partes imo theſe little ſtrings
deeſſent omnibus hominibus or gelded
actum eſſet de humano genere
Hinc how greate and moſt affecting pleaſure
Natura huic actioni
vnde Impetuoſe inſequuntur et appetunt et agunt
quod per ſe lothſome
vnde as nil : more pleaſing to them which deſier or act
ita nil : more lotheſome to them which ar paſt it
or come to ſee it
Hinc Natura Equilibrium libidinoſorum ſterilitas
difficilis generatio et ſæpius fruſtra
vnde his maior voluptas qua ſæpeus actio perficitur
inter Animalia inter homines Calidæ Regionis
Actio itaque harum partium generari ſibi ſimilem plantare hominem
proprie ſperma facere ſervare inmittere

Vtilitates 1. perpetuitas
3 Corporis vigor harum partium Igniculis excitatur
2 Mens acuitur Corpus ſalubre redditur
vnde morbi Incurabilis circa Adventum veneris
aut curantur et qui non: aut incipiunt Incurabiles
vigor apparet Caſtratis quorum habitus anima
temperamentum et mores adeo alterantur
vt minus omnibus Magnanimitate Ingenio ſapientia
fortitudine vel ſanitate: in fœminas degenerant.
Apparet item Maribus et fœminis qui moderate vtuntur
never more brave ſprightly blith valiant pleſant
or bewtifull quam iam coitum celebraturi
Apparet ex ijs quæ circa adventum veneris contingunt
vox permutatur pubeſcunt Inguina, fratrare vbera
leporem vultu conciliari venuſtatem Membris omnibus
Quantum moderate ſumpta vigorat tanto
nimium enervat, mens hebeſcit
quia by how "muſh" much this is affecting pleaſent
tanto abuſus periculoſior, vt vinum
vnde vtilitas magna excrementi evacuatio
cuius defectu viri patiuntur plurimum
vnde clericis ad expurgandos renes licuit
et Cynicum: non exſpectantem: meretricem Gallicam laudavi
Item Mulieres multo graviora ex hiſtorijs et
noviter expreſſa quotidiana qui ſymptomata Hiſterica curant

Sperma quia precipuum generationis effectivum
omnes hæ partes ſpermatis gratia: et tot plures muliebribus
vnde perfectio huius operationis viz. generationis
circa quam Natura adeo ſollicita
vt tota Anatomia nil: admirabilius: quam iſtarum fabrica
Quia quo plura requiruntur ad perfectionem eo divinius
et contra quo excellentius Animal eo perfectiora plura
Tranſcripſi de partibus fœmineis alibi cum ex profeſſo Anatomia prægnantis

Utilitates prosperitatis

3 Corporis vigor [illegible]

2 * Mens [illegible] 48

[illegible]

[illegible]

Vigor apparet [illegible]

[illegible]

[illegible]

[illegible]

Apparet [illegible]

[illegible]

[illegible]

Apparet ex iis quae [illegible]

[illegible]

[illegible]

[illegible]

[illegible]

[illegible]

[illegible]

[illegible]

[illegible]

[illegible]

[illegible]

[illegible]

[illegible]

Spes magna [illegible]

[illegible]

[illegible]

[illegible]

[illegible]

[illegible]

[illegible]

[illegible]

Generatio p[er] varia opera:

No 4

alia {
praeparatio in vasa [illegible]
Elaborat [illegible]
[illegible] facit. Totus
Defensio a [illegible]
Conservat [illegible]
Robur [illegible] figura [illegible]
Elargit [illegible] [illegible]
}

Haec p[er] aliqua aliquid ab [illegible] [illegible] [illegible] [illegible]

Gradus generat[ionis] Animalis

1 Alia ex putredine [illegible] [illegible] Terra humido

2 Alia ex [illegible] vel planta ex semine

[illegible] [illegible] [illegible]

vide [illegible] [illegible] [illegible] [illegible]

vel [illegible] [illegible]

[illegible] [illegible] [illegible] [illegible] illud

[illegible] [illegible] vel [illegible] [illegible]

sed ex [illegible] [illegible] [illegible] non [illegible]

aut [illegible] aliud [illegible] vel [illegible] [illegible]

aut [illegible] [illegible] aut [illegible] [illegible]

papilion[es]

vel ex [illegible] ab aliis [illegible] [illegible]

[illegible] [illegible] [illegible] [illegible]

3 Alia mare et femina [illegible] [illegible]

[illegible] [illegible] [illegible] [illegible] [illegible]

femina [illegible] [illegible] [illegible] materia

vide [illegible] [illegible] [illegible] [illegible]

[illegible] [illegible]

[illegible] [illegible] [illegible] [illegible]

femina [illegible] [illegible] [illegible] [illegible]

[illegible] [illegible] [illegible] [illegible] [illegible]

Temp[us]: De [illegible] [illegible] [illegible] vide [illegible]

[illegible] [illegible] [illegible] [illegible] [illegible]

Genetales partes circa ſperma ;

alia {
præparantia venæ ij Arteriæ ij N° 4
Elaborant paraſtant
prolificum faciunt. Teſtes
deferentia a teſtibus prolificum
Conſervant receptacula proſtaticæ veſiculæ
proleɛ̃tans tentigine glans
Eiaculans penis

Hæ partes aliquæ aliquibus abſunt omnia perfectiſſima ratts vnde potent

Gradus generationis Animalium

1 Alia ex putredine Calore ſolis Terræ humido
2 Alia ex ſpermate vt plantæ ex ſemine
oſteres muſles flyes &c.
vnde hic nec mas nec fœmina ſed proportio
vt Thiſtle and ſeed hemp :
qui non Coiunt. ſed
ſpermatizant : spatt : pro fœmina in quo illis
foras terra vel Aqua pro matrice
ſed ex his licet Coire viſa : non generant
aut ſaltem aliud quod, vt pediculi lendes
aut Non Animal aut diverſum a generantibus
vt ex Caterpiller ab alijs { papiliones / muſcæ parvæ
per metamorphoſin continuam.
3 Alia mare et femina : qui in quo vel ex qua
Mas in quo vis formatrix principium Activum
fœmina qua locus et materia
vnde principium generationis incipitur Mare
perficitur fœmina
Mas woe allure make love
fœmina yeald condeſcend ſuffer : contra prepoſterous
Opifex petit materiam : vt calor cœleſtis infernus

Tranſcripſi De ſpermate quod ſit : quomodo fiat : et vnde : quod præ
generatione et quale prolificum cum de genetalibus particulari

Vaſa ſpermatica principio vena et Arteria
in genere 2 Quia ab ipſis oriuntur et ſanguinem deferunt
3: et propagines vicinis partibus Emittunt.
vnde aliquibus 7 vaſa
de vaſis 4: et Embrione latiſſimæ ſunt vſque ad teſticulos
5 teXtura officio contentis
vnde ſperma non A toto Corpore ſed ab his partibus.

Diviſio quibus perfectius ſperma: longiores propter moram et inde Coctio
et reduplicati: quibus præparantia et deferentia

parte poſteriori veſicæ
× cum vreteribus
ſimul enim Junctæ
in Glandulis

Quibus contra tantum deferentia vt piſcibus
a diaphragmate ad Anum
" vnde "
1 Illis in medio reduplicati teſticuli paraſtati
His Jecur vel cor et teſticuli confuſi et idem Jecur vel teſticuli
2 vnde Muliebribus vteri vrina ad teſticulos pergunt
Alijs fœminis ad ſeptum tranſverſum
vnde Avibus primi conceptus ad ſeptum tranſverſum
poſtea dum perficiuntur deſcendunt

Deferentia vnde proprie vaſa ſpermatica ſunt deferentia
et eorum conſtitutio propria, et ſperma continet
2 WH tamen ratts et ſanguine vidi contentum
et forſan aliquando ſic in homine
vnde ſanguinem Coitu emiſſiſſe dicuntur
ſperma crudum enim ſanguis eſt: vt Menſtrua
3 tactu a preparantibus facile: vt a luteſtring
hard rownd ſlipping from your fingers
vnde Hernia varicoſa dignoſcuntur
et Inflammatio teſticulorum cowtts evell
diſtentæ enim vel: putredine ſpermatis in lue
4 flatibus quod ſignum Ariſtoteli Infœcunditatis
ſpermate: turgere Inguina cowttes evell
5 Repleta ſpermate retrahuntur et teſtes: ſanitatis ſignum
Quia Coctione perfectum a quo ſperma.

Vasa spermatica principio vena et arteria [illegible] 49
in genere [illegible] absque [illegible] et [illegible]
De aliis in vasa [illegible] 1: [illegible] 2: [illegible] eminent.
De vas. [illegible] [illegible] ad testes
[illegible] [illegible]
[illegible] [illegible] [illegible]

Dubis. [illegible] longiores [illegible] et in die Coel.
et vasa [illegible] : [illegible] praeparatio et [illegible].
[illegible] [illegible] [illegible] [illegible]
[illegible] a diaphragmate ad [illegible]
[illegible] in medio vasa [illegible] testiculi [illegible]
[illegible] [illegible] et [illegible] et [illegible]
2 [illegible] [illegible] [illegible] ad [illegible]
[illegible] [illegible] ad [illegible] [illegible]
[illegible] [illegible] ad [illegible] [illegible]
[illegible] [illegible] [illegible]

De [illegible] [illegible] vasa spermatis [illegible] de [illegible]
et [illegible] [illegible] propria, et [illegible]
2 —— [illegible] [illegible] [illegible]
et [illegible] aliquando [illegible] in [illegible]
[illegible] [illegible] [illegible]
[illegible] [illegible] [illegible] [illegible]
3 facta a [illegible] [illegible] : vel a [illegible]
[illegible] [illegible] [illegible] [illegible] fingers
[illegible] [illegible] [illegible] [illegible]
et inflamat. [illegible] [illegible]
[illegible] [illegible] [illegible] [illegible] in [illegible]
4 [illegible] [illegible] [illegible] [illegible]
[illegible] : [illegible] [illegible] [illegible]
5 [illegible] : [illegible] : [illegible] : [illegible]
[illegible] Cochios [illegible] a q. [illegible].

Praeparantia vasa [illegible] a testiculis [illegible]

Situs | vena dextra paulo infra Emulgentem [illegible]
venae. | A vena Cava [illegible] et [illegible] de oblongo [illegible]
[illegible]
Cum ab Emulgente [illegible] Gal Vesal:
vena sinistra Ab Emulgente, [illegible]
ad [illegible]

1 Hic [illegible] a [illegible] gratia [illegible].
quia [illegible] vena
[illegible]

1 [illegible] eodem [illegible] idem
Quia Arteria a [illegible] [illegible]
2 quia non [illegible] Emulgens [illegible].
forsan [illegible] quia [illegible]
[illegible] eodem [illegible]: [illegible]

Situs Arteriae [illegible] ab Arteria magna [illegible] (Ital. Myl.)
[illegible] ab Emulgente paulo [illegible]
[illegible] et alij [illegible]: [illegible]
[illegible]
[illegible] Nervis.

Situs [illegible] ambo [illegible] oblique [illegible]
ad [illegible]
[illegible] et [illegible]
ad [illegible]
[illegible] et [illegible]
= [illegible]
[illegible] ambo idem [illegible]: [illegible]
et [illegible] Venae [illegible]
[illegible]

Riol. 349 [illegible] Gal: [illegible]: 16 Cap 12 [illegible]
[illegible]
[illegible]

Præparantia venæ arteriæ ad testiculos Junctæ.
Situs venarum Vena dextra paulo infra Emulgentis exortum
A venæ cavæ parte superiori et Anteriori sede oblongo
crassiusculo tubere
Cui ab Emulgente surculum Galen Notat
vena sinistra Ab Emulgentis parte Humiliori
ad Evitandum Aortæ motum
Hinc sperma a dextris mares contra fœminas dictum
quia magis excoctum "sper" sanguine vena
et perfectius perfectiorem generat viz: maris genetalia
WH "contra" non eadem ratione idem
Quia Arteria a trunco Arteriæ
quia nec magis "aqueus" crudus Emulgentis sanguis
forsan latus quia dextrum perfectior sinistro
et sanguis dextri eodem modo: de hoc post
Situs Arteria vtraque ab Arteriæ magno trunco
longius ab emulgente: paulo supra arteriam Meseraicam
qui spirituosum vt alijs sanguinem generatum post
dexter ridg over the veyne jungitur
cum vena fibrosis Nexibus.
Situs and soe Ambo iunctæ oblique: on this Ridg.
ad productionem peritonei vbi
cum Nervulo sexti paris et Cremastere
ad testiculos vnde reflexæ eodem tramite
facit deferens et hic iterum Ingressæ
in Collum vesicæ Radici virgæ.
vnde ambo idem meatus differunt positione figure
et substantia vnde diversa Nomina: streetes
vt I sayd in ye gutts. from smith feild &c.
Riolanus 349 ex Galeno d v p: 16 Cap. 12 cum arterijs venas
spermaticas insufflatione elevari WH
an contra?

Teſtes quod virilitatem atteſtantur dignus papari
dignitas dicuntur principales Corpores: principales partium Genetalium
et quod ſemen prolificum faciunt.
WH a. little ſtaggerum in theſe 3
1° abſque his vivere corpus poteſt. caſtrati
et degenerat in fœminam : non harum defectu
ſed veneris : Jentel pleaſing divine beate
pro dea venere culta
vnde cum toto corpore he partes vigore carent
quod accidit hominibus ætate Avibus vere : et pabuli Copia
vnde hæ partes dum augmentantur et pubeſcunt
adventum veneris atteſtantur
vnde Avibus niſi tempore Coitus deeſſe
Venus vero abſque vſu marceſcit vt ijs quibus
abſtinentia et caſtitate teſticuli extenuati
penis vel in abdomen retractus frigidus omnino
cervis putreſcit: lepore non apparent teſticuli
2° piſcibus et ſerpentibus non ſunt omnino :
vnde Apparet Non eſſe neceſſarios vt Jecur et Cor
exectis enim vivunt ſed ſpeciei gratia
non ſimpliciter ſed ſecundum quod
et licet Caſtratione Corpus vigorem amittit
non eſt quia vigor in teſticulis ſed quia
defectu inſtrumentorum marceſcit ſaccultas
venæ retractæ non tenſæ obliterantur Δ vmbelicales
et quia redundans illa ſuperfluitas vertitur in
pinguedinem et habitum alteratum
accidit ijs Δ ſpring or ſumer overclowded
nothing ripens
a principio pubertatis ad ſenectutem æſtas
vitæ.
vnde Caſtrati vt illa Regio vbi nulla
eſtas ſolum ver. Autumnus et Hiems
vnde Eunuchs ſemper apparent aut pueri aut vetu-
læ abſque iuventute. ex defectu
vigoris concoquentis Natura a pueritia
in feminarum habitum vertit

Testes quod [illegible] [illegible] papaei

[illegible]: dicunt principalius corporis principalius [illegible]

et quod [illegible] [illegible] [illegible].

[illegible] a [illegible] [illegible] in [illegible] 3.

1° [illegible] [illegible] [illegible] corpus potest [illegible]

et [illegible] in [illegible]: non [illegible] [illegible]

[illegible] [illegible] [illegible] [illegible] [illegible]

[illegible] [illegible]

unde et toto corpore [illegible] partes [illegible]

quod [illegible] [illegible] [illegible] [illegible] [illegible]: et [illegible]

unde [illegible] [illegible] [illegible]: et [illegible]

[illegible] [illegible] [illegible]

[illegible] [illegible] [illegible] [illegible] [illegible]

[illegible] [illegible] [illegible] et [illegible] [illegible]

[illegible] et [illegible] [illegible] [illegible]

[illegible] [illegible] in [illegible] [illegible]. [illegible] [illegible]

2° [illegible] [illegible] [illegible] non [illegible] [illegible]

unde [illegible] non [illegible] [illegible] et [illegible]

[illegible] [illegible]. [illegible] [illegible] [illegible]

non [illegible] [illegible] quod.

et [illegible] [illegible] corpus [illegible] [illegible]

non et [illegible] [illegible] [illegible] [illegible]

[illegible] [illegible] [illegible] [illegible]

[illegible] [illegible] [illegible] [illegible] [illegible]

et [illegible] [illegible] [illegible] [illegible] [illegible]

[illegible] et [illegible] [illegible].

[illegible] [illegible] [illegible] [illegible] [illegible]

[illegible] [illegible].

[illegible] [illegible] [illegible] [illegible] [illegible]

[illegible]

unde [illegible] et [illegible] [illegible] [illegible] [illegible]

[illegible] [illegible] [illegible] [illegible] et [illegible]

unde [illegible] [illegible] [illegible] [illegible]

[illegible] [illegible] [illegible] [illegible]

[illegible] [illegible] [illegible] [illegible] [illegible]

[illegible] [illegible] [illegible] [illegible]

A 2

[illegible] principal [illegible] Crist-
[illegible] non
[illegible] analogon

2° [illegible] appendix [illegible]

[illegible] modo

[illegible]

[illegible]

[illegible] (dirit) [illegible]

[illegible]

[illegible] non

[illegible] Cristus

[illegible]

[illegible]

[illegible]

Ad 2um partes principales generationis vt Crist-
all in occulo quia omnibus non
sunt. Δ analogous

nulli meatus 2° tanquam appendices partibus necessarijs
tamen Δ lepore vt Aristoteles adiecti pendent eo modo
Avibus.
quo pondera textrices telis annectæ
quibus detractis meatus intro trahuntur
ideo (dicit) testes motum stabiliorem
excrementi facere
vnde in omnibus vas deferens in quibus
sperma in quibusdam testiculi
pars principalis est quæ semper inest
viz. vas deferens.
Reliqua posteriora vt vesiculæ
mentula prostatæ ita testiculi
viz. ad melius vel sine qua non
vt palpebræ in occulis non vt Cristal
Δ vt instar textorum pondera
evenly to stretch lest longi
meatus intertangle. Δ. making Ropes
twining of silk. making bone lace
without that they would run to
gether and intertangle.
Ita testiculi decumbent anterius
non omnino esse fixd vt ossa sed sufficient
to stretch forth & yett yeald.
quia meatus turgentes retrahuntur
Δ rope maker moving as
the Rope twines
vnde testiculi modo penduli modo
retracti. Intus foras.
vnde quibus vasa maiori latitudine
ibi testiculi minus fixi Δ homine Hares ratts
vbi contra Minori natibus appensi Boare
vel intus vt Avibus. mulieribus.

"Sperma"
teſticulos habentibus adiecti ſunt
medio vaſorum.
vnde quibus teſticuli preparantia
quibus non. ſolum defferentia Δ piſces
ſerpentes
vnde quibus Nulli teſticuli Jecur cordis regio
pro teſticulis
vnde from the teſticuli ad Jecur preparantia
a teſticulis ad veſicam deferentia
ſecundum quod vaſa ſpermatica longiora (et
illud perfectionis ſpermatis gratia)
teſtes vel foras vel intus et aliquibus
modo foras modo intus Δ rattes Hare
Intus ad Renes Δ aves Δ embrione Cervi
ad lumbos ginney cony
grampos and a porpos intra abdomen
ſoluti pendent.
frigidioribus animalibus et temporibus intus
contra foras. homine foras Muliere contra
vnde Bauhin poſſe ex viro fieri
fœminam retractis vaſis et mentula
póſitione et conſtitutione partium
contra apparent Elephant et porpos Hedghogg. hott
creatures habent intus. WH hott is
to be vnderſtood hot ad venerem.
WH alijs foras alijs intus vtraque cauſa
et vt intus culas venerem ſtimulent
et propter longitudinem vaſorum
Quod intus vel foras quia cutis
ineſt ſcroto × Δ ratts modo intus
modo foras Hedghog mowle
all that want feete want ſtones
tardius peragunt venerem quibus foras
contra intus aves piſces
ſalaciora quibus intus aves piſces

Testiculos [illegible] adiacet [illegible] medio vasis.

- [illegible] testiculi [illegible] separatio [illegible]

- [illegible] nulli testiculi [illegible]

- [illegible] testiculi [illegible] testiculi [illegible] separatio

2 [illegible] vasa seminaria [illegible]

[illegible]

[illegible]

[illegible]

Cogitate [illegible] [illegible] [illegible] . magis:
coitu [illegible]. [illegible] [illegible]
[illegible] [illegible] [illegible] [illegible] [illegible]: ∈
[illegible]: [illegible] non in nullo [illegible].
[illegible] [illegible] [illegible] in [illegible]
nulla [illegible] [illegible] [illegible] Anis.

[illegible] [illegible] [illegible] [illegible] [illegible] [illegible] [illegible]
pondera non [illegible] [illegible].

d 3 [illegible] [illegible] [illegible] [illegible] [illegible] [illegible]
[illegible] [illegible] [illegible] [illegible] [illegible]
A [illegible] [illegible] [illegible]. Harv.
[illegible] [illegible] [illegible] [illegible]
[illegible] [illegible] [illegible] [illegible] [illegible]
[illegible] [illegible] [illegible] [illegible]
[illegible] [illegible] [illegible] [illegible] [illegible]
[illegible] [illegible]
ad A [illegible] [illegible] [illegible] [illegible] [illegible]
[illegible]

Caſtiora animalia quibus foras. magis enım
coitu diſſolvuntur quia perfectius his
ſpermatis ſignum longitudo vaſorum ſpermaticorum
perfectius enim ſperma a multo ſanguine
plurima elaboratione Δ ſtarcheus
multa farina olei ℥j ex' tot Annis
Ex his omnibus Ariſtotelis opinio quod ſint inſtar
pondera non ita ridiculoſa
Ad 3um Sed et alia Cauſa teſticuli "pros"
proſunt et concoquunt et prolificum faciunt
Δ Avibus partridg Quailes feſſants melers. Hares.
qui tempore Coitus teſticulos
redundantes ſpermate vt quibus non
teſticuli: meatus turgent ſpermate
vnde etiam lambs ſtones ſweete
contra Rames
vnde Δ homine ex vlcere teſticuli ſine
ſpermate

Testiculorum figura et Conexio

to little eggs tyed to the vessells
vnde consensus venarum vt frigoris aplicatio testibus
refrigerat vehementer, Hæmortrogiam sentit et
rigores causat
vnde Inflamatis testiculis tussis "raucedo"
et voeis alteratio ab augmento testiculorum
sit etiam consensus generis similitudine cum Cerebro
Quantitas testiculorum non sequitur vim maiorem generationis
vt Neque Mentulæ aut vulvæ Amplitudo
equæ enim veneri deditæ et potentes
forsan Maiori quantitate spermatis abundant
Motum quendam constrictionis et dilationis apparet
dum ante Ignem vnguatur
Qualem motum puto vteri Histericis et Intestinis
Corporibus languentibus flaccida contra as knitting of weemens brest.
Numero Gemelli Nicholaus Massa vnum tantum cum vase amplissimo deXtro
sinistro Neque vas neque testiculi
Holler scribit familiaris quibus iij
WH sed carnositatem Imposuisse tertium aut
Tumorem parastatarum.
Divisio in Tunicas continentes
Musculi Cremasteres: Nervi
vasa deferentia et præparantia
Epididimi et substantia ipsorum
Hic Nullum pingue nisi tenellis: lambs and cocks alias make ill Juse
Tunicarum Numero diversitas authorum alij 3 alij 4: 5. 6.
WH membranæ fissiles et ex vno duo fieri
vnde Laurens omnes membranas duplices
Anatomist too curious; making mor parts then is
to noe end.
Numerus vero quatuor plane duo Communes duo proprie
1° scrotum scortum Bursa, lik a lether purs
with too pens: molle rugosum vt facile distendi
et contrahi possit sutura Intersinctum

Testiculus [illegible] [illegible] [illegible] [illegible] [illegible].

Figura oblonga — ovale [illegible] [illegible] vel [illegible]: [illegible] [illegible]
[illegible] [illegible] [illegible] [illegible], et
vigorem [illegible]
unde inflammati [illegible] [illegible] [illegible]
et [illegible] [illegible] [illegible] [illegible]
[illegible] [illegible] [illegible] [illegible] [illegible] Coronae.

Quantitas — testiculos non [illegible] [illegible] [illegible] generationis
ut Nervus [illegible] aut vulva [illegible]
[illegible] [illegible] [illegible] et potentes
[illegible] Maiori qualitate [illegible] [illegible].

Motus [illegible] [illegible] et [illegible]: apparet
[illegible] ante [illegible] [illegible] [illegible].
[illegible] [illegible] [illegible] [illegible] [illegible] [illegible]

Corpus [illegible] [illegible] [illegible] [illegible] [illegible] [illegible].

Numero gemelli — [illegible] [illegible] [illegible] et [illegible] [illegible] [illegible]
singulo [illegible] [illegible] [illegible]
Hollerius [illegible] [illegible] [illegible] [illegible]
[illegible] [illegible] [illegible] [illegible] 3 aut
[illegible] [illegible].

Substantia — Tunicas [illegible]
[illegible] [illegible]: Nervi.
vasa deferentia et praeparantia
[illegible] [illegible] [illegible] [illegible] [illegible] f
Hic nulla [illegible] [illegible]: [illegible] [illegible] [illegible] [illegible] [illegible]

Transeat — No. [illegible] aut [illegible] alii 3 alii 4: 5. 6.
[illegible] [illegible] [illegible] [illegible] et [illegible] [illegible] [illegible] [illegible]
[illegible] [illegible] [illegible] [illegible] [illegible]
Anatomist [illegible]; making [illegible] [illegible] [illegible] in
so nor end.

[illegible] [illegible] 4 [illegible] [illegible] [illegible] 2o. [illegible]
1o [illegible] [illegible] [illegible], [illegible] [illegible] [illegible]
[illegible] [illegible] [illegible] [illegible] [illegible] [illegible]
et [illegible] [illegible] [illegible] [illegible] [illegible]

Tb in paracentesi vitanda hepar
propter malam [illegible] vel [illegible] quod simplex
vel difficillime [illegible] dolor [illegible]
[illegible] Nov: Jo: [illegible].

Scroti [illegible] ex [illegible] [illegible]
[illegible] laxior mollior absque pinguedine.
[illegible] cuti [illegible] ubi a
[illegible] [illegible] corporal. [illegible]: Eldod: R.

Dartos [illegible] 2 [illegible] [illegible] [illegible] [illegible]
[illegible] [illegible] carnos
carnosa fibris, absque pinguedine.

Elutroides vaginalis prima propria.
[illegible] a long [illegible] [illegible] crass.
[illegible] [illegible] [illegible] [illegible]
[illegible] [illegible] [illegible]
[illegible] [illegible] [illegible] [illegible] [illegible]
[illegible] vel ligare.
[illegible] [illegible] dartos carnosi fib.
[illegible] [illegible] [illegible] [illegible]
[illegible] abundans [illegible]
[illegible] [illegible] Numero! [illegible]
[illegible] [illegible] [illegible] [illegible] [illegible]
[illegible] fibra carnosa [illegible] [illegible].
[illegible] [illegible] [illegible] [illegible].
[illegible] [illegible] vasa [illegible] [illegible]
[illegible] [illegible] [illegible] aliquando
pinguedo [illegible] vasa [illegible]

Albuginea propria [illegible] [illegible]
[illegible] a [illegible] vasorum [illegible] aliquot
[illegible] valida [illegible] [illegible]
mollis [illegible] [illegible]
[illegible] Nova [illegible] [illegible] Epididymis appell.

NB in paraccntefi vitanda Raphe
propter mala fymptomata vt tendonibus mufculorum
et difficillime confolidatur dolor ingens
et gangreynam Nov: Jo: Seiton.
fcrotum fit ex cute et cuticula
Tenuior laxior mollior abfque pinguedine
quam cæteris locis. fed ita vbi a
carne fubiecta feperatur as in Elboe : fep :
Dartos the fecond coate facile feperatur ab alio
portio panniculi carnofa
carnofis fibris, abfque pinguedine.

Eluτροιδες vaginalis prima propriorum
like a long fcabberd peritonei proceffus
huc Nectitur point d'ore
huius relaxatione Hernia
vnde curare eft hanc coarctare vel
Confolidare vel ligare.
Conectitur exterius darto Carnofis fibris
Intus humore aqueo obducitur
venifque abundans Hinc
pro duobus Tunicis numeratur quibufdam
Quia diverfa conftitutio intus et foras.
Huius fibræ carnofi mufculi more
teftem retrahunt vt in Canibus.
vfus huius tunicæ vafa teftibus et inter fe
conectere in quo WH tanta aliquando
pinguedo vt feperare vafa non potui

Albuginea propria maxime tefticulorum
oritur a tunica vaforum fpermaticorum
Alba craffa valida vt tefticulorum fuftantiam
mollem colligere firmare
De iftius Nomine controverfia alij enim Epididimin x appellant

Musculi Cremasteres suspensorij; vtrique oblongus
 et teres " ab "
 oritur ab ossis Ilij vel ligamento valido
 quod a spina Ilij ad ossa pubis procurrit
 vbi musculi transversi finiuntur quorum
 tanquam partes isti videntur et
 per tendinem obliquorum foraminum egrediuntur
Extrinsecus iuxta inguina vasis spermaticis
 Testiculorumque capiti adnascuntur
 Vessalii Tunicæ elutroidæ.
" Oriuntur " Aliquando ab ossis pubis Interiore
 fibræ carneæ his communicantur
 vnde geminus (vti simijs) videtur ortus

Nervus a 6^{d} paris qui prope radicem costarum
 of all creatures Ratts have these partes most
 playnely delineated and curiously made
 vnde puto tam potentes generatione
 vnde non oriri putredine vt vulgò
 Quia Natura nil facit frustra : præcipue tam eleganter.
Vasa præparantia inferuntur testiculo
 vbi arteria et vena vnum corpus efficiunt
 piramidale, ab Innumeris arteriarum venarumque
 ramulis per anastomasin iunctis, quibus intertexitur
 plexus constituitur Corpus varicosum
 pampiniformis a forma
 Hic color alterare at materiæ transmutari
 " A " In a ratt like Infinit little gutts
 Abhinc per testem descendunt Non WH tamen Avibus tempore Coitus ingrediuntur
 Inde Rursus sursum in orbem revoluti
 Capreoli formam referunt
 vnde parastati Herophilo
 Abhinc vasa deferentia originem sumunt.

[illegible] [illegible] [illegible] [illegible] obbog.

[illegible] 53

[illegible] ab offi [illegible] obligando valido

[illegible] ad offa [illegible]

[illegible] [illegible] [illegible]

[illegible] [illegible] videnti ob

per [illegible] obligari [illegible]

[illegible] [illegible] [illegible]

[illegible] [illegible] ad [illegible]

[illegible] [illegible] [illegible]

[illegible] aligando ab offi [illegible]

[illegible] [illegible] [illegible]

[illegible] [illegible] [illegible] videlicet [illegible]

[illegible] a [illegible] [illegible] [illegible] [illegible]

[illegible] all [illegible] [illegible] [illegible] [illegible]

[illegible] [illegible] [illegible] [illegible]

[illegible] palo [illegible] [illegible] [illegible]

[illegible] nom [illegible] [illegible] el vulgo

[illegible] [illegible] [illegible] [illegible] [illegible]

[illegible] paradia in [illegible] [illegible]

[illegible] [illegible] [illegible] [illegible]

[illegible] ab [illegible] [illegible] [illegible]

[illegible] [illegible] [illegible] [illegible]

[illegible] [illegible] Corpus [illegible]

pampini [illegible] a forma

[illegible] color [illegible] al materia [illegible]

[illegible] [illegible] [illegible] [illegible] [illegible] [illegible]

[illegible] [illegible] [illegible] [illegible] [illegible]

[illegible] [illegible] [illegible] in [illegible] [illegible]

[illegible] [illegible]

[illegible] [illegible] [illegible]

[illegible] [illegible] [illegible] [illegible] [illegible]

parastat. a Fallop. Epididimi
Cum testiculus latus cap. 2 ol [illegible]
Nullus sensus [illegible] testis
Medi[illegible] [illegible] quod [illegible] ad genua
Hernia [illegible] angustiosa
[illegible] dolores [illegible] [illegible] parastat.
[illegible] a [illegible] [illegible] a [illegible]
Conglutinatio media vasis molli testis [illegible]

passiones [illegible] [illegible] vide [illegible] testiculi
[illegible] [illegible] ol a generatione
[illegible] [illegible] testis [illegible]
[illegible] appellat quia [illegible] [illegible]
testis: magis [illegible] [illegible] [illegible]
[illegible] ol [illegible] [illegible] [illegible]
[illegible] quia [illegible] [illegible]
[illegible] [illegible] [illegible] [illegible]
post [illegible] [illegible]
vide [illegible] [illegible] [illegible] [illegible]
[illegible] testiculus [illegible] vidi
N. [illegible] [illegible] maiores testiculo.

Ob [illegible] Hior [illegible] [illegible] A Coot.
[illegible] Hernia varicosa [illegible] [illegible] vasa
[illegible] ol [illegible] [illegible] [illegible]
[illegible] [illegible] [illegible] [illegible] [illegible].
[illegible] Hernia varicosa [illegible] [illegible]
a [illegible] [illegible] [illegible]
[illegible] [illegible]
[illegible] [illegible] [illegible] [illegible] [illegible]
[illegible] [illegible] [illegible] [illegible] [illegible]
[illegible] [illegible] [illegible]: [illegible] [illegible] [illegible] [illegible]

Coot [illegible] [illegible]
[illegible] [illegible] [illegible] [illegible]
[illegible] [illegible] [illegible]: [illegible] [illegible]
Hydrocele: [illegible] Hydrops [illegible]
Epiplocele [illegible] [illegible] [illegible]
Enterocele [illegible]

Paraſtati as Fallopius Epididimi
Conexi Teſticulis tantum capite et fundo
Nullus tranſitus: tamen Aliquibus ſperma in teſticulos
Media pars ſpermaticorum quod ſi diſtendatur ad genua
Alba longa craſſa ſenſim anguſtiora
in vas deferens quorum principium; Veſalius Plater
figure in a Ratt vt Inteſtina Convoluta
Conſtitutio media vaſis molliores Teſtibus duriores

Paſſiones plenæ ſpermate vnde tumoribus teſticulorum
the cowttes evell et a gonorrhea
Ingentem molem vt teſticulos ambiunt
quod apparet quia declinatione tactu
teſticulus magis æqualis minor ſeperatus
Tumor vt plurimum parte Inferiori verſus
deferens quia inde virulencia
et ibi ſcirroſum ganglion remanebit
poſt curatos tumores
vnde aliquando et cum turgent ſpermate
tertium teſticulum vt vidi
Nicholaus Maſſa Maiorem teſticulo.
Obſervatio Hic præter Rupturam quatuor Communes
ſunt Hernia varicoſa quando vaſa
diſtenta vt Chickens gutts deſcends
qualem curavi licet difficillimam curationem
Item Hernia Carnoſa ex ſarcoſi
a fungous fleſh or parenchyma
vulgo Carnoſity
Aliquando cum maxima quantitate aquæ et flatus
the man behind covent garden "bil"
bigger then his belly: forme penis quaſi bubeli

Communes Rupturæ quas ſæpius curatas vidimus.
- puerocele pueris: Bubonicele facile curavi: the woman baggs
- Hydrocele: præcipue Hydropſin ſæpe curavi
- Epiplocele, Eterocele } curavi homine adulto.

Subſtantia vel caro teſticulorum Alba mollis
pappy wheyiſh glandulus, curdy
rarior laxior craſſior paulo cerebello
Ratts like a bottom of threed
plitted together infinitis plexibus

Temperatura diverſitas Authorum
WH frigida quia exanguia
ſubſtantia glandulosa lactea
tam ſimiles cerebello vt Galenus ex
eadem materia factos
obſervatio: Quomodo concoquunt?
reſponſio vt mammæ lac calore Influente
Humidæ etiam quia molles laxi
vnde Humidum ſpermaticum ſuſcipiunt facile
et detenentes humectantur.
Dexter calidior ſiniſtro, vnde mares
ſed × Ariſtotele ligato dextro genuiſſe mares
WH Mas a vigore ſpiritus higher ſett
vnde baſtards brave men
quia magno fervore geniti vetito concubitu
vnde Diogenes Ebrius te proſeminavit pater
vnde Admiſſarios deducunt vt maiori
deſiderio flagrantes melius impregnarent
vnde non ſolum hæc ſed Ariſtoteles acris conſtitutio
vnde Ariſtoteles intus auſtrius progenuiſſe fœminas
vnde Horſcopus ſi partus proportionalis
Quibus calidi teſticuli magnitudo pili pube et ventre
et venæ magnæ in ſcroto libidinoſiores et potentes
vnde Hirſuti ventre libidinoſi vt aves: contra
quibus Humidiores Cocto ſeminali humido prolifici magis
ſicciores Barren.

Substantia vel parenchyma testiculorum alba mollis
pappy [illegible] glandulis, [illegible]
var[illegible] [illegible] crassior paulo [illegible]
Ratts like a bitton [illegible] [illegible]
[illegible] [illegible] [illegible] [illegible] 54

Temperatura diversi autores:
Hipp frigida quia spongiosa
substantia glandulosa: calida
[illegible] similibus [illegible] vel [illegible] [illegible]
ratione materiae factae
Ob: quando [illegible] [illegible]
resp. [illegible] [illegible] [illegible] calore [illegible]
humida etiam quia mollis [illegible]
inde humidior [illegible] [illegible] facile
et [illegible] [illegible].

Scalig. calidior [illegible], inde [illegible]
[illegible] Arist: [illegible] [illegible] [illegible] [illegible]
[illegible] a vigore [illegible] [illegible] [illegible]
unde [illegible], [illegible] [illegible]
quia magis [illegible] [illegible] [illegible] [illegible]
unde vigorem [illegible] [illegible] [illegible] pater
unde [illegible] [illegible] [illegible] [illegible] maiori
[illegible] [illegible] [illegible] [illegible]
Unde non solum [illegible] [illegible] Arist: [illegible]
unde Arist: [illegible] [illegible] [illegible] [illegible]
[illegible] [illegible] [illegible] [illegible] [illegible]
Quis valid [illegible] magnitud: [illegible] [illegible] [illegible]
et [illegible] maior [illegible] [illegible] [illegible] [illegible]
unde [illegible] [illegible] [illegible] [illegible] [illegible]
quis [illegible]: [illegible] [illegible] [illegible] [illegible] [illegible]
[illegible] [illegible].

Vesica Einar blåsa: blåsan och
spiddkos matula [illegible]
ad urinaly eadem forma

Ffoit Quantitate Largiori [illegible]
qui [illegible] potaliorem [illegible] dic. [illegible]
dilatatus [illegible]

Caiter a virgine duplicior vasis [illegible] Chirurgus

Non [illegible] (als schlediger [illegible])
Og [illegible] Gratia [illegible] 1681
[illegible] polatt.

Fig. Con[illegible] [illegible] ad [illegible]
Vesica Einar [illegible] et [illegible]

post Apostiod: [illegible]
Ein [illegible] liquid [illegible] [illegible] et [illegible]
[illegible] Chirurgia
[illegible] liquidior og
[illegible]
[illegible]
[illegible]
Eadem [illegible] et
[illegible] liquidior [illegible]
[illegible]
[illegible]
[illegible]
all [illegible]
Eadem [illegible]
[illegible] og
as will will [illegible]
[illegible]
[illegible] Habitus [illegible]
[illegible]

[illegible] Abes [illegible] [illegible]

Vesica vrinarum blather: blown vp
ουριδακος natula corporis
vnde vrinal eadem forma
Homine quantitate largiori pro proportione
qui plus potat vsu enim vt dixi ventriculi
dilatantur partes

Communiter Δ virgine duplicem vesicam WH lord Chichester

Nam vberius (as children doe)
by rowling and breaking the fibres
extendi potest

figura — Concava narrower and narrower ad collum
vsus — Vrinam recepit et detinet et emittit
post Apertionem — ad Arbitrium

Vrina licet liquida tamen, terrestrem et adustam
partem in se continet, vel vt Chimistæ
tartarum et salsum vt lixivium ex
qua materia calculus fit
Hic sæpissime reperitur
NB Aliquando intra tunicas vt evelli non potest
Eadem materia sive tarta omnibus est
vrina enim vt lixivium: coperas or Alome aqua
heat and putt into a vessell will candy
vnde omnibus vrinis eijciunt
such a gravelly furr and crust
all pissing corners. yeallow.

vnde serpentes Aves duplex materia et crassa superat tenuem WH

eodem modo calculus generatur quo vitriol
Alumes salpetræ &c. et quo sugar candy et
as will will sur the vessel with tartar
"water" att Wether feild: stony spring.
vnde quorum Habitus talis vt eorum vrina tali materia
facile et cito concresci calculum procreat.

Hippoſtaſin puto ex eadem materia propria
quia vbi Alba levis equalis
cum figura acuminata ibi nulla ſabulo
et vbi ſtore of gravell ibi aut decſt aut
depreſſius cum multis attomis et Arenibus volatilibus
ſticking to the ſide
et WH Δ vt Hypoſtaſis declinat ſabulam
maius et "contra" falling to the bottom
contra Hypoſtaſis maior &c vt attomus et ſuſpenſſus
Aliquibus non ſolum ſabuloſa materia ſed
Calculi tum veſica tum Renibus
nec non venis. Jecore.
Columbus Ignatio generali Jeſuitarum
in veſica vretere, Renibus colo venis Hæmoroide
etiam vmbelico bilis veſicula

Subſtantia Membranoſa alba Nervoſa
ad robur et retentionem
vnde vulnerata non conſolidatur
excepto collo vbi quotidie ſectione
vidimus: præcipue pueris, torn not "Rent" cutt
ſuperficies Interior leviſſima ſlippery
WH vidi exulceratam: "vrin" et quia Nervoſa
ſlimy waters, as vlcers of the Joynts
vnde vrina Alba Aquea multa as whit of egg
WH vidi exulceratam lue venerea per totam
internam regionem per Annos Rene intacta cui
veſica craſſa carnoſa vt matrix
intus like vnſhorne velvet livid ſphacelatous
vrinis fœtidis confuſis purulentis

Hippostasis [illegible] [illegible] urinae [illegible]
quia ubi Alba [illegible] [illegible] alii
et figura acuminata ibi nulla [illegible]
et ubi [illegible] of gravell ibi [illegible] [illegible]
[illegible] [illegible] alto [illegible] volatil
sticking to ye side
[illegible] Hypostasis [illegible] [illegible]
[illegible] [illegible] falling to ye bottom
[illegible] Hippostasis [illegible] [illegible]
[illegible] [illegible] [illegible] [illegible]
Calculi [illegible] [illegible] [illegible] [illegible]
[illegible] [illegible]. [illegible]
Colores [illegible] [illegible] [illegible]
[illegible] [illegible], [illegible] Colo [illegible] [illegible]
[illegible] [illegible] [illegible] [illegible]

Substantia [illegible] membranosa alba Nervos
ad robur et [illegible]
[illegible] [illegible] non [illegible] solidat.
[illegible] [illegible] ubi [illegible] [illegible]
[illegible] [illegible] [illegible], [illegible] not [illegible]

Suppurat [illegible] [illegible] slippery
[illegible] [illegible] [illegible] [illegible] [illegible]
[illegible] [illegible], as [illegible] of the [illegible]
[illegible] [illegible] [illegible] [illegible] multa [illegible] [illegible]
[illegible] [illegible] [illegible] [illegible] [illegible]
[illegible] [illegible] [illegible] [illegible]
[illegible] [illegible] [illegible] [illegible] [illegible]
[illegible] [illegible] [illegible] [illegible] [illegible]
[illegible] [illegible] [illegible] [illegible]

Tunicae membranae 3 vel tot 4 qq.

Communis exterior a peritoneo tenuis
robusta densa q a

Carnosa lib. [illegible]
in stomacho Recto Coxat [illegible]
publi. [illegible] in a [illegible]
[illegible] vbi [illegible]

propria 2° [illegible] [illegible]
vtrumque [illegible] solid[illegible]

Interior [illegible] a radi[illegible] Nervea
[illegible] [illegible] vel Nerv[illegible] Clarius
[illegible] abobliquis [illegible] pueri
[illegible] [illegible]

Jundo aliquibus [illegible] [illegible]
[illegible] [illegible] [illegible]

Exterior [illegible] [illegible] [illegible]
[illegible] [illegible]
[illegible] [illegible] [illegible]

[illegible] [illegible] [illegible]
[illegible]

vrolae [illegible] [illegible] [illegible]
[illegible] [illegible]
ad [illegible] [illegible]
[illegible] [illegible]
[illegible] [illegible] [illegible]
[illegible] [illegible] [illegible]
[illegible] [illegible] [illegible]

[illegible] [illegible] [illegible]
[illegible] [illegible]
[illegible] quae [illegible]

Tunicæ membranaceæ tres vnum commune duo propriæ
Communis exterior a peritoneo tenuis
robuſta denſa qua
Conectitur partibus circumiacentibus
viz Inteſtino Recto Coxarum oſſibus
pubi. yett in a woman
WH vidi prolapſum cum vtero curavi
propriæ duo ſecuritatis gratia et robur
vtraque craſſæ ſolidæ duræ
Interior lucida candidiſſima tenuis Nervea
omni fibrarum genere vt nuſquam clarius
Veſſalius tranſverſa ab obliquis medijs pueri
dum ludunt agnoſcunt
Fundo aliquantulum rugoſa muccoſa
et cruſtoſa, contra acrimoniam vrinæ Munita
Exterior craſſior fibris Rugoſis ſubalbidis
quales ventriculus et inteſtina
quas WH Inflamationibus quaſi membranæ carnoſæ
Fibris his ſe ipſum contrahit vrinam detenet
expellit
Vreterum Inſertio his tunicis vbi prope collum
ſunt craſſiores oblique tortuoſe inter duas tunicas
ad parvi digiti latitudinem inter ingreſſum
et egreſſum interius
vnde interior tunica dilata comprimit
inſtar valvulæ ne vrina remeat
vnde iam nec flatu diſtenta erumpit
WH tam prope collum Ingreſſa vt veſica
tanquam diverticulum Apparet et eſt
cauſa quare flatus non tranſeat. ligatur enim

Collum veſicæ a litt'e torning ab Interiore
ofſis pubis ad radicem virgæ et inde
ad ſumitatem penis
vnde rectum ſyphone difficillime Inmittitur
Hic ſectio pro calculo perineo fit

Riolanus valvula ſigmoides in oreficio
WH Cave Cathetoris Inmiſſionem

Muliebribus brevior latior
recte deorſum protendens exit ſupra
foramen vulvæ.

Muſculi a figura ſigmoides Σ ab vſu ſphincteri
fibris carnoſis partim tranſverſis partim
Rectis ſuperioribus
ſupra glandulas proſtatas dictas et
ad principium veſicæ
vnde exit ſperma nec profuit vrinæ
WH Immo difficile tenſo pene Emitti poteſt
quia proſtatæ dilatæ comprimunt.
vnde hoc Muſculo reſoluto profluvium vrinæ
et labefactato Incontinentia vrinæ
vnde a ſectione pro calculo, mictio Involuntaria
Muſculum tranſverſum latentem hic videre
Veſica Cocta aliquantulum veſicam elixare
inter fibras rectas tunicæ exterioris

Bauhin Muſculum × pro ſphinctere infra glandulas
fibras tranſverſas carneas videbis
canalem orbiculariter cingentes
Quia tum cum ſemine vrina proflueret
WH tamen ego et excretioni vrinæ inſervire
vnde the laſt of the vrin ſpirted owte

Collum vesicae a little longer in women ab extremo
ossis pubis ad radices virgae et inde
[illegible] penis
unde [illegible] [illegible] difficill[illegible]

[illegible] [illegible] valvulo [illegible] fit
[illegible] [illegible] [illegible]
[illegible] [illegible] [illegible] supra
[illegible] valvu[la].

Musculi a figura sphincter [illegible] ab [illegible]
fibris [illegible] transversis [illegible]
[illegible]
supra glandulas prostatas dictas et
[illegible] vesica
unde [illegible] [illegible] [illegible]
[illegible] [illegible] [illegible] [illegible]
[illegible] [illegible] [illegible].

[illegible] [illegible] [illegible] [illegible]
[illegible] [illegible] [illegible] vesicae
unde [illegible] valvulo, [illegible]

[illegible] transversas [illegible] [illegible]
aliquando [illegible] vesicae [illegible]
[illegible] fibras [illegible] [illegible]

[illegible] [illegible] [illegible] glandulas
fibras transversas [illegible] [illegible]
[illegible] [illegible] [illegible]
[illegible] [illegible] [illegible]
[illegible] [illegible] [illegible]
unde [illegible] [illegible] [illegible]

Kiol: [illegible]
[illegible]
[illegible]
WH [illegible]
[illegible] [illegible]

Meatus [illegible] [illegible] elongata [illegible] virga
[illegible] [illegible] [illegible] [illegible]
[illegible]
[illegible] [illegible] [illegible] [illegible]
a glandula [illegible]
[illegible] [illegible] [illegible] formalis [illegible]
[illegible] [illegible] [illegible] 2 [illegible]
albo [illegible] [illegible]
[illegible] 2o Meatus [illegible] [illegible]
[illegible] [illegible] [illegible]
[illegible] [illegible] [illegible] [illegible]
a [illegible] [illegible] [illegible]
[illegible] [illegible] [illegible] [illegible]
[illegible] [illegible] [illegible]

[illegible] [illegible] [illegible] [illegible] [illegible]
[illegible] [illegible] [illegible]
[illegible] [illegible] [illegible] [illegible]
[illegible] [illegible] [illegible]
Glande [illegible] Amplior [illegible]
[illegible] [illegible] [illegible] [illegible]
Gonorrhoea [illegible] [illegible]
[illegible] [illegible] [illegible] [illegible]
[illegible] [illegible] [illegible] [illegible]
[illegible] [illegible] [illegible] [illegible]
[illegible]
[illegible] [illegible] [illegible] [illegible] [illegible]
[illegible] [illegible]
[illegible] [illegible] [illegible]
[illegible] [illegible]
[illegible] [illegible] [illegible] [illegible] [illegible]
[illegible] [illegible] [illegible]

Meatus penis vt veſica prolongata ad finem virgæ
or rather vreteres prolongati veſicæ diverticulum
vnde ουρηθραν
Situatio ſub corporibus penis in Medio: Inferius
a glandula in veſicam

vrina Via Communis vrinæ et ſpermatis ſed Veſalius
Juvene legiſta Forolivienſi duplicem canalem
alterum vrinæ alterum ſpermatis
Arabes duos Meatus: quod forſan tum temporis
vt plurimum quod meiunt Raro
WH melius eſſe puto vnum meatum vt
a coitu ſperma putreſcibile et forſan corruptum
proluat vnde Turce ſepe lavant
vt Meretrices Venetæ ne inquinentur

ſpermatis longior viro quam fæmina Inmiſſio ſpermatis
et quo longior voluptas maior vt gula
vnde pars principalis penis Canalis
et reliqua omnia huius gratia
In glande paulo Ampliore vbi pu=
rulenta materia colligitur Coitu et
Gonorhea materia cunctatur
Reflectitur hic et hic S vbi materia cunctatur
et lentore adhereſcit vnde his tribus
partibus: viz: glandis fine hic et hic vlcera
et dolores

Senſus. vlcera enim vel caries maximo dolore
quia exquiſitiſſimus ſenſus
vnde maxima voluptas coitu
et rigor ab emictione
vlcerat long ſcratches quale in a Rat vitro
vnde curatis long thridds materia ſiccat

Meatus penis per Inferiorem ad collum veſicæ
Meatus ſpermatis obſcurus difficulter Invenitur
Quia clauditur vt viſum fugiat niſi gonorrhea
vel tempore Coitus
WH vidi vlceratum fiſtulatum eylet hole: in gonorhea
duris labris: vt os fiſtulæ
vnde poſtea "ali" antiqua gonorrhea quoſdam
Cathereticis curavi
NB Hic caruncula quæ facile inflamatur
vnde malo ſyringæ vſu Inflamatio et dolores
et aliquod præcipue Melancholiæ et depravato
habitu lethales gangreynas.
ſicut lectio A Fonte p: 588
Aliquando ſpongioſa prowd fleſh ſwell
vt ſequatur Iſcuria
It is eaſyly felt and as eaſyly Inflamed
be tender and ſoare by vſing ſearing candle
and ſtreyning bleed of every little touch.
Hinc the terrible diſſeaſe caruncula
but many decipiuntur hac quæ Naturalis
yett ſometime ſwell as Sir Thomas Hardy
WH preſſum per poroſitates inſenſibiles exit ſperma
aut ſaltem humiditas e glandulis flaveſcens

[illegible] ad [illegible]
[illegible]
[illegible]
[illegible]
Mr [illegible]
[illegible]
[illegible]
[illegible]
M: [illegible]
[illegible] et dolore
et [illegible]
[illegible]
[illegible] p: 388
[illegible]
[illegible]
[illegible]
[illegible]
[illegible] blood [illegible]
[illegible]
[illegible]
[illegible] 8c [illegible]
Mr [illegible]
[illegible]

[illegible]

Fig [illegible]

[illegible] litter [illegible]

[illegible]

[illegible]

[illegible]

[illegible] a [illegible]

[illegible]

[illegible]

[illegible]

[illegible] 2° [illegible]

[illegible] 6 [illegible] 8.

[illegible]

[illegible] 3. [illegible]

[illegible] possible [illegible] above

[illegible] Chi [illegible] Noir

[illegible]

[illegible]

[illegible]

[illegible]

[illegible] 2 [illegible] 3 [illegible]

[illegible]

[illegible] Nor [illegible]

[illegible]

[illegible]

[illegible]

[illegible]

[illegible]

[illegible]

[illegible]

[illegible]

[illegible]

[illegible]

[illegible]

[illegible]

[illegible]

Veficulæ Anfractuofæ varicum inftar
figura apoſſitæ deferentibus: vt primi concepti ovorum galinis
ratt, like a "lim" little cocks=combs
conexæ veſicæ
vnde quoſdam cum voluptate ſperma
in veſicam eiaculaſſe per diapedifim et enixiſſe
vnde omnibus a coitu vrinæ turbidæ.
vſus ſeminis coarcevandi vt aliorum excrementorum receptaculum
vt tempore coitus in promptu ſit
"et forſan perficiunt ſperma"

Riolanus veficulæ
compreſſæ equitatione
cauſa ſterilitatis
Scythis

vnde Ariſtoteles tauri exeсti genuiſſe
vnde omnes ſecundum numerum horum toties Coire
probabile eſt 6 vel 8.
ſome luſty Laurenc will crack &c. 12[es.]
but few pas 3. vna Nocte
or is it poſſible can gett above
or ij with Child vna nocte
Exemple Turcæ:
forſan et perficere ſperma non enim
ſimpliciter Teſtes prolificum faciunt
ſed deſcenſu ſpiritus: et calore.
vnde 2[a] vel 3[a] forſan in prolificum
ſicut puerorum et ſenum:
vnde Nec Mulierum ſperma fœcundum
ſed vt puerorum Inprolificum &c.
Numero multæ dicuntur x ne putrefiunt ſed difficillime
forſan ne calore concreſcant
vnde egeſtione granulatim exitus
abſque venere vnum coctum: great purs: Moul May 3°
vel ne vno concubitu exeat totum
Varolus ſi Alteros teſtes minores vel proſtatos
comprimas nil exit ſed ſimul veſiculas
et proſtatas exit per canalem inſtar lactis
Materia hic contenta puto ſpermatis
quum ſpiritus deſcendens ſpumare facit
vnde Venus Aphrodite
Qualis materia circa teſtes Mulierum flaveſcat &c
Veſſalius cauſa Histericorum qualem WH Emiſſionem coitu

Tamen Bauhin et alij putant contra
humorem huc vt Illinetur meatus ne acrimonia
WH Contra: duo enim humiditates
1° Quia Ratts and monkeys ſeperantur Moule Intus hæ foras
proſtatæ "interius" glandulæ exterius
Interius like a cockcomb plena ſpermatis
proſtata glandula in fœmina Ratt tam magna vt
pro teſticulis exiſtimavi fuiſſe Hermaphrodite
vnde et quia ſimillima "alli" alijs glandulis
puto vſum aliarum glandularum humiditatem reciperè
to ſuple ſlipper and defend ab acrimonia
2° ipſa in veſiculis materia eadem conſtitutio
qua ſperma in terra lapſum refrigeratum
hic ante adventum ſpiritus ibi: evaneſcit
eadem plane quæ Gonorrhea vera.

Glandulis vero Aqua limpidiſſima e
quibus abundans Gonorrheam Impoſuit
præcipue ſalacibus vnde Galen
venerem titillando excitare
vnde ſalaces huius humores tentigine
ſepiſſime genitalia contrectare ſcalpere viſitantur
Hic humor in cauſa ſatyriaſis puto
et cum Rondeletio piſſe chaude. Burning
aut abſumpto vel putrefacto
dubium An Muliebribus aliud ſperma: quod Ariſtoteles
loci proprium contra eos qui ſperma
fœminas afficit tentigine: Immo furore vteri
fœminis putreſci male olet et ſpumam Albiſſimam
ex motu facit agitatione et ſordes vt hominibus
Abundans etiam Gonorrhœam Ementitur
vel fluoris Albi tumores
Iſtius odor indicium ſalacitatis Animalibus
et ſanitatis in fœminis

Tamen Baglivi et alij patet contra
[illegible] Elliot [illegible] ne [illegible]
[illegible] contra: duo n: [illegible]
1° Quia [illegible] [illegible] separatis [illegible]
prostatae [illegible] glandulae [illegible]
[illegible] [illegible] [illegible] [illegible]
prostatae glandulae [illegible] [illegible]
[illegible] vesiculis [illegible] [illegible]
[illegible] [illegible] alij glandulis
[illegible] glandulae [illegible] [illegible]
[illegible] [illegible] [illegible] [illegible]
2° ipsa [illegible] vesiculis [illegible] eadem [illegible]
[illegible] [illegible] [illegible] [illegible]
[illegible] [illegible] ibi: [illegible]
eadem [illegible] [illegible] [illegible]
Glandulis [illegible] [illegible] differentia
quibus [illegible] [illegible] [illegible]
[illegible] [illegible] Galen
[illegible] [illegible]
[illegible] [illegible] [illegible] [illegible]
[illegible] [illegible] [illegible] [illegible]
[illegible] [illegible] [illegible] [illegible]
[illegible] [illegible] [illegible] [illegible]
[illegible] [illegible] [illegible] [illegible]
Dubius [illegible] [illegible] [illegible] [illegible]
[illegible] [illegible] contra eos qui [illegible]
[illegible] [illegible] [illegible] [illegible]
[illegible] [illegible] [illegible] [illegible]
[illegible] [illegible] [illegible] [illegible]
[illegible] [illegible] [illegible] [illegible]
[illegible] [illegible] [illegible] [illegible]
[illegible] [illegible] [illegible] [illegible]
[illegible] [illegible]

[illegible] foldy [illegible] ide [illegible]

[illegible] ol [illegible]

[illegible] muzsa [illegible]
ol [illegible]

Siket [illegible] zoller [illegible]
[illegible] fol.
[illegible] dosoretia [illegible]
[illegible] 4 alög : [illegible]
[illegible] toloïoli
[illegible] Zuffy aiil [illegible]
[illegible] gaddar.
[illegible]
ol pulo [illegible]

[illegible] d c [illegible]
[illegible]

[illegible] Coplutif [illegible] poice
[illegible]
[illegible] grakalati [illegible]
[illegible] bosorölis

Ool [illegible] Gondal [illegible] Grossbar
[illegible]
[illegible] rullo [illegible]
[illegible]
[illegible] bosir [illegible]
[illegible] coro [illegible]
Magolir [illegible] a fiiar
ol lado [illegible] moltl [illegible]

[illegible] padri [illegible]
Alb: Lova [illegible]
[illegible] Ulix.
[illegible] abdoprind
[illegible]
[illegible]

omnibus ſordes facit vnde forſan
pſylotra et circumciſio
ſimiliter eſt muccæ inteſtinorum vſu et odore

Situs proſtatæ ad collum veſicæ bimæ
glandulæ Infra muſculos
vbi deferentia vniuntur tanquam in Teſtes
WH forſan his Analogi Mulierum teſtes
quibus magis ſimiles quam Teſticulis
Ab his Ruffus aijt Eunuchi
e glanduloſis fiſtulis ſemen quoddam
Emittunt ſed infecundum
vt puto Mulieres. WH

Membrana quo defferentia involvuntur
denſa tenuiſſima
Meatibus compluribus cæciſque ſpiraculi pro vice
ex quibus Humiditatem tanquam argentum
vivum ex corio granulatim exprimi
viz. compreſſis ſimul veſiculis
Omnes Meatos Genetalium laxatos Gonorrhœa
vide Veſſalium
Hic WH plurima calloſa fiſtuloſa vlcera
quoſdam curavi
ex quibus pus in veſicam in Anum
ſi vlcera coroſiva ſerpentia
Magno hic vlcere a friar
vt tabe Maraſmo mortuum WH. Δ.
Vlcuſcula antiquiſſima cum exitu puris per penem
Alba levis et equalis
Nicholaus Maſſa his abſumptis Ardorem vrinæ.
WH peſſimum ardorem abſque exitu puris: ab exciccatione
vt lingua enim abſque humore Inflamatur. chapped: ſore

Mentulæ varia Nomina penis a pendendo: virga
20 greca nomina 16 latina apud Laurentium
ſignum fœcunditatis gignendo ſibi tot nomina
Situs convenientia Inmiſſionis ſpermatis in vulvam
Medio corporis quia ſine coniuge
" ſeminis" pubis oſſis parte priori
foras dum intumeſcit vt Aparet equis
retracta vero intus a venere
WH retractam valde ſupreſſio vrinæ et
Hydrope et Hernia
retractam frigidius Adeo vt quidam
exiſtimant Homines in Hermaphroditen
vel feminas degenerare poſſe
WH puero patavij canibus morſu: poſtea
retractum, vt dicunt Eunuchos ſolere
like a monkey ij ſtones and noe yearde
diſtendi ſolo in et ante Coitum non ſemper
Impedimento enim alias vt manum ſemper gerere tenſum
Ipſa enim tenſione ſpiritus diripiuntur: corpus Imbecillum
vt priapiſmo facile Corpora langueſcunt
exhauriuntur et contabeſcunt: ſpiritu enim turgent
Figura omnibus Notiſſima 𝓈
longitudine et craſſitie differt tum hominibus tum Animalibus
proportionatur longitudine " cervici" vaginæ vteri
ſic etiam craſſities et rectitudo
WH puto præſtat craſſo tereti et longo: calidum
quia Ariſtoteles quibus Iongus nimis Infœcundum robuſt
quia refrigeratur ſperma p: 613
contra Medici curtitas penis pro morbo.

Substantia [illegible] Nova [illegible] a [illegible]: [illegible]
20 [illegible] Noia 16 [illegible] apud [illegible]
Significat [illegible] Noia
Situs [illegible] in [illegible] 59
Medio corporis quia [illegible]
[illegible] officij [illegible]
[illegible] vel [illegible]
[illegible] a [illegible]
[illegible] Hydrops. [illegible]
[illegible] frigidi [illegible] vel quidam
[illegible]
[illegible]
[illegible] palatij [illegible] : postea
[illegible] vel [illegible]
[illegible] a [illegible]
[illegible] solo in [illegible] non [illegible]
[illegible] : aliq vel [illegible]
[illegible]
[illegible]
[illegible]
Figura [illegible]
Longitudine [illegible]
[illegible] Longitud [illegible]
[illegible]
[illegible] Longitud [illegible]
[illegible]
[illegible]
[illegible]

Galen maiores [illegible] : 6d6
[illegible]
[illegible] valebit [illegible]
[illegible] filib[illegible] [illegible]

[illegible] pulsando [illegible]
[illegible]
[illegible]

[illegible] Egi
[illegible] [illegible].

Actio [illegible] rigide
[illegible]
[illegible]
[illegible]
[illegible]
[illegible]
[illegible]
[illegible]
[illegible] papill: [illegible]

[illegible] SHHa [illegible]
[illegible]
[illegible]

[illegible] Cali [illegible]
[illegible]
Caro Nigra [illegible]
[illegible]
[illegible]
[illegible] : [illegible]

Galen maiorem coitum Abſtinentia de locis 6 et 6
contra WH vt Athletarum ſtatuis ſtatuarij obſervant
et ſenibus Infrigidatis valetudinarijs retractam
NB WH Equilibrium quanto pendent teſtes mentula retracta
Augmentari pueris palpando Mulierculæ
longior futurus diſſecant vmbelicum obſtetrices
An WH Quia intro "trha" trahitur cum veſica: ouraco
Movetur Erectus et ventrem percutit vt a mictione equi
ſpiritibus intro compulſis: blow a glove.

Actio fœminas ſubagitare fortiter et rigide
ſenſuque titillationis: genituram perlectare
et in vterum eiaculare
vnde ijs Animalibus qui ſpermata fœminea inmittunt
Snayles Cockles viciſſim alterum alteri Imponunt
et glutinoſum valde immittunt
vnde aliquibus animalibus non eſt
quia in mas vteri particulam Inmittunt
Bombices papilliones et calorem Corporis conſtituunt
Dividitur prio in partes ſuperior στημα quod Erigitur
Inferior υποστημα: yeard prick pintle
and rote of the yard.
Diviſio partes ſunt Cutis Cuticula et
Membrana carnoſa vel nervoſa
Caro nigra ſpongioſa intus
Glans et eius membrana: venæ arteriæ nervi
Muſculi. Canalis de quo ante WH
Diviſio in dextram et ſiniſtram duplex enim et duobus Corporibus

Cutis tenuis laxa flaccida abſque pinguedine
ſwelled like pudding Hydrope.
præputium aliquibus regionibus omnibus reliquis circumcifis
W· puto propter lepram
quia calidis regionibus plurimæ ſordes
vnde Turcarum lotio. et Meretrices Venetæ
Circumciſi aliqui a Natura : Circumciſionis Modus eſt
contra alijs glans nunquam detegitur phimoſis paulo
aliquando coherens glandi vncuttable
Aliquibus frenum. ſignum virginitatis paraphimoſis
proportionali Hymeni virginum
Romani ne ſervi ſubagitant fœminas.
Infibulandi Ratio vide Celſum p: 667.
W. Circumciſi minore voluptate in Coitu afficiuntur
quia Incraſſatur membrana. obtunditur ſenſus.
Glans Ambitu truncum excedens Corona dicta
exquiſitiſſimo ſenſu vnde ſperma perlectat
et pueris et tenellis mollior et rarior
vnde maiori voluptate afficitur
et citius læduntur impuro Concubitu
WH Novi ſufficientem ad coitum glande ablato Patavinum
WH compreſſum (in erecto) albicat deinde rubrum
Inflatum efficitur
Membrana tenuiſſima Canali interiore continua
W phoca longiſſima et teres admodum
like a polipus narium Coriacea fiſtula
Membrana carnoſa Nervea robuſtiſſima
ne ſpiritus cito diſperdatur
Canibus lupo Muſtela giney cuneys oſſeus
ſeu horum tota mentula oſſea W a pretty bable
lord Cary a whale as big as his middle
Homine Nervus excavatus coriacea fiſtula

Cutis tenuis [illegible] flagitia [illegible]
[illegible]
praepositi [illegible] aliqui [illegible] veli [illegible]
[illegible] propter [illegible]
quia [illegible] plurima [illegible]
[illegible] Collio. [illegible]
Civ[illegible] aliqui [illegible] Natura. Civ[illegible] [illegible]
[illegible] [illegible] philosophi paulo.
[illegible]
aliqui [illegible] [illegible] paraphios.
[illegible]
[illegible]
[illegible] Coll. p. 667.
[illegible] voluptate [illegible]
[illegible]
Gloria [illegible] Corona dicta
[illegible]
et [illegible] et [illegible] mollior. et varior
[illegible] voluptat [illegible]
et [illegible]
[illegible] Nob. [illegible]
[illegible]
[illegible]
[illegible] Carali [illegible] gloria
[illegible] hora [illegible]
[illegible] Coriarva [illegible]
[illegible] Norvag [illegible]
[illegible]
[illegible] Anglolu [illegible]
[illegible] pretty [illegible]
[illegible] a [illegible] as [illegible] as [illegible]
Hora Norris [illegible]

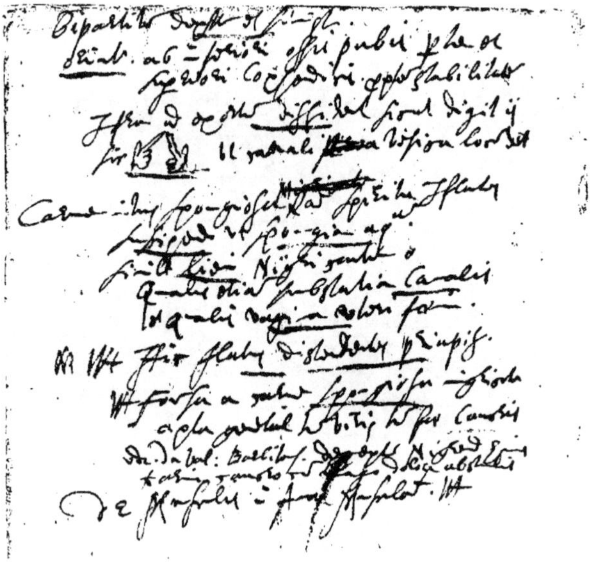

bipartitum dextrum et ſiniſtrum
oriuntur ab inferiori oſſis pubis parte et
ſuperiori coxhendicis propter ſtabilitatem
Infra ad exortum diſſident ſicut digiti duo
ſic  vt canali "circa" veſica locum det

Carne intus ſpongioſa "Nigricante" ad ſpiritu Inflantes
ſuſcipiendos vt ſpongia aquam
ſimile lieni Nigricante
Qualis etiam ſubſtantia Canalis
et Qualis vagina vteri fœminei
NB WH Hic flatus diſtendentes priapiſmo
WH Forſan a carne ſpongioſa nigricante
apta genetalia tum viris tum fœminis Cancris
vnde Du Val Barbitonſor deceptus Nigredine huius
carnis cancro cum magno dolore abſtulit
De Muſculis in Anatomia Muſculorum WH

Thorax a perpetuo motu vel ſaltu
vſus has partes contentas servare: et Muſculis et
ſcapulis fulcrum

Galen quatuor vſus propter { Cor / pulmones / reſpirationem / vocem }

Figura in homine more flatter quam cœteris Animalibus

Animalibus pectus Carinatum vt { Simia / Cane / quibuſdam hominibus who out cheſted }

Natura illud profunditate
ſupplet quod latitudine habere non poſſit

Cauſa. Quare Rotundum (carendo angulis
minus externis obnoxium Iniurijs)
potius querendum cur alijs animalibus non eſt
rotundum. cum ſecundum Naturam magis vt
arboribus cœlo Brachiis tibea
ergo alij longum quibus corpora
longa vt ſerpentibus Curculeone
Alij prominens vt pedes ſint con-
iunctiores vt greyhownd
Avibus carinatum as the ſhipp keele
tanquam pes to ſitt on decumbere et
vt ſit firmitudo muſculis alæ volatilis
in ij maioribus vtilioribus
Homine firmitudo Muſculis ſcapulæ et Brachiorum Abdominis

Quantitas reſpondet Calori: vnde ſignum
omnibus animalibus copiæ caloris, animoſitatis
audaciæ.

vnde pectus
Nares ample { equis Brode Breſten / falconibus hawkes / Imperatores Suetonius latis humeris / greyhound deep cheſt }

Thorax a perpetuo motu vel saltu
vel quia thorax continet formatur et musculi et
[illegible] Galen 4 [illegible] { cor pulmones respiratio vox

Figura in homine flatter quam caeteris sicut
[illegible] pedibus Carinatum vel [illegible]
nat. illud confunditur [illegible]
[illegible] quod [illegible] non possit.
Causa. Quare Rotundus (Caraendo angulis minus conformis ob [illegible])
potius quoad [illegible] aliis animalibus non est
[illegible] 2d [illegible] magis [illegible]
arboribus [illegible] fibras.
ergo aliis longum [illegible]
[illegible] Carinalem
Alii quoque et pedes [illegible]
[illegible]
Avibus Carinatum [illegible]
[illegible]
vel [illegible] musculis alis volatili
[illegible]
[illegible] musculis [illegible]
et [illegible] Abdomini

— Quantitas respondet Caloris vide [illegible]
[illegible] copia Caloris, [illegible]
[illegible]
vide [illegible] { [illegible]

Medii lato pectore facile boni
Angusto pectore qui latet
pusillanimi.
De Medio alatis scapulis in
tabem proclives.
[illegible] dissect [illegible] clavicul
scapulis et ilia contracta a
a pectore constrict
[illegible] sang [illegible] apposi
longer. the [illegible] grunte
[illegible]
Ubi omnia coalescentia [illegible]
quantitate magna thoracis
both the breadth [illegible] 1/4 of the length
Longitudo in [illegible] faries.
[illegible] pupill [illegible] alter
a mento ad capillitio
Rostro. [illegible] latitudine
[illegible] magnitudine thoracis
Sanguinea calidiora [illegible] sanguinis
[illegible] spirit et sang.
[illegible]
[illegible]
[illegible] flandes Alb.
[illegible]
[illegible]
[illegible]
[illegible] pectore [illegible]
[illegible]
Et [illegible]
[illegible]
alia [illegible] v. [illegible]
[illegible] caliditate alii
[illegible] sang.

Medici lato pectore facile vomitus
Angusto pectore contra quam lato
pusillanimi timidi
vnde Medici alatis scapulis in
tabem proclives
In tabe Δ dissecta WH elevatis
scapulis vt Ilia retracta a
a pectore constricto
ther armes hang of and appere
longer. the chest shrunke
from them.
vbi omnia coalescentia cavitas
quantitate pugnæ Thoracis
sett ther breath one $\frac{1}{4}$ of the lenght
Longitudo in homine vna facies.
sicut a vna papilla ad alterum
a Mento at Capillitum
Questio quod animal Callidissimum
determinatur magnitudine Thoracis
sanguinea calidiora exsanguibus
calor enim spiritus et sanguis
et exsanguibus sanies Ichor
sanguis enim crudus dilatus Ichorosus.
vnde fœminis crudo sanguine fluores albi
vice menstruorum
vnde papiliones estate florente guttam
sanguinis Δ WH
quibus latiore pectore plus sanguinis
vnde calidiores
Est æstate præsertim calidus piscibus
nec dicendum pisces gaudent vbi
alia torpedine viz Aqua
Animalia habentia pulmones calidiora alijs
plus enim sanguinis

piſcibus vt efts et lacertulis ranis
proportione minus pectus eſt
Inter homines calidiores qui maiori
quantitate ſanguinis vel magis ſpiritus
abundant vnde pectore ampliore
Naribus patentioribus vt et locum
et eventatiam præbent maiorem
Quibus ſi quando defecit pectus
calor cordis hanc partem ampli-
orem facit vt pubeſcentibus Δ vox
alteratur et pectus
et etiam deficiente ſecundum longitudinem
profunditate vt Gobbis ſupplet
vnde multi tempore pubertatis
Gobbi fiunt ante ſatis recti
vnde Gobbi Animoſi audaces
præſertim loquela quia
vulgo ther hart nerer ye long.
ſed WH a maiore copia caloris
more bowld and prompt.

Motus ſive Actio Thoracis Reſpiratio

Reſpiratio {
partes duo Inſpiratio et expiratio
Modi duo
gradus tres libera violenta violentiſſima
}

× A: p: in tres modos " libera violenta "
libera a diaphragmate et ſubſidentia
violenta a Muſculis Intercoſtalibus
violentiſſima a ſcapularum Muſculis et Abdominis
WH. In vnoquoque modo eſt libera violenta violentiſſima

[illegible] ad [illegible] et [illegible] varii
[illegible] [illegible] pectoris : 62

— [illegible] cor[illegible] validior qui maiori
quantitate [illegible]. Vel magis spiritus
[illegible] [illegible] pectore ampliore
[illegible] patentioribus vel et [illegible]
et [illegible] praebent maiorem.
[illegible] si quando deficit pectus
[illegible] [illegible] [illegible] ampli-
[illegible] [illegible] vel [illegible] a voce
[illegible] et pectus. [illegible]
et aliud [illegible] 2 longitudine.
[illegible] vel gibbosi [illegible]
[illegible] nulli tempore [illegible]
Gibbi [illegible] [illegible] [illegible].
[illegible] Gibbi [illegible] [illegible]
[illegible] Cognita [illegible]
vulgo [illegible] [illegible] [illegible] long.
[illegible] a maiore [illegible]
more [illegible] e[illegible].

— Motus [illegible] Actio [illegible] Resp[illegible]
Respirationis { [illegible] 2° [illegible]
{ Modi 2°. [illegible] [illegible] violenta
{ Gradus 3 violentissima
. X [illegible]: — 3 modos ~~[illegible]~~
[illegible] a [illegible] et [illegible]
violenta a [illegible] [illegible]
violentissima a [illegible] [illegible]
[illegible] [illegible] modo et [illegible] violenta violentissima

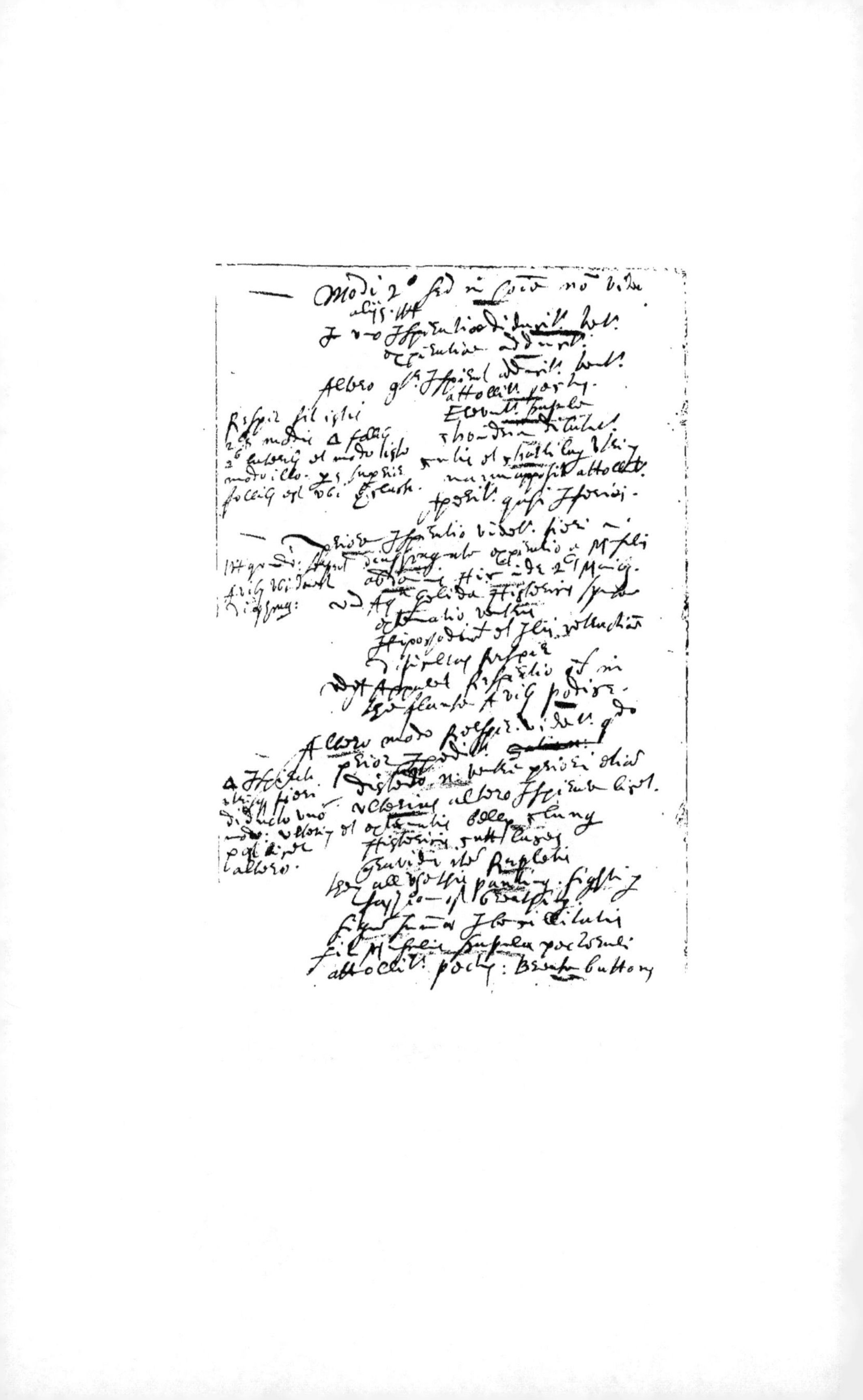

— Modi 2° sed in Coro non vide
aliis. 144

J vno [illegible] di aprile [illegible]
[illegible] ad [illegible]

albro [illegible] attollit [illegible]
Elevati [illegible]

Respir. [illegible]
2° modi a [illegible]
2° [illegible] modo [illegible]
modo [illegible]
[illegible] Elevati.

[illegible] attollit.
[illegible]

— [illegible] videt [illegible]
144 [illegible] ad 2° [illegible]
[illegible] Historia [illegible]
[illegible]
[illegible]
[illegible] modo [illegible]

— A [illegible] modo [illegible]
[illegible] prior [illegible]
A [illegible] Historia [illegible]
[illegible] altro [illegible]
[illegible] l'altro.
Historia [illegible]
[illegible]
[illegible] attollit [illegible] bottom

Modi duo ſed in homine non video
alijs. WH
In vno Inſpiratione diducitur venter
expiratione adducitur
Altero contra Inſpiratione adducitur venter
attollitur pectus
elevantur ſcapule
chondria dilatatur
cutis et chartilago vtrinque
manu appoſita attolluntur
Aperitur quaſi Inferiori

Reſpiratio fit iſtis duobus modis Δ follibus duobus lateribus et modo iſto modo illo. pars ſuperior follibus eſt vbi ye clack.

Priore Inſpiratio videtur fieri in
diaphragmate expiratio a Muſculis
abdominis Hic inde duobus Manibus

WH quomodo ſerpentibus Avibus vbi deeſt diaphragma

vnde Aqua gelida. Hiſtericis ſymptomatibus
extenuatio ventris
Hipochondriarum et Ilij retractione
dificultas Reſpirationis
vnde et Apparet Reſpiratio quaſi in
the flanke Avibus podice
Altero modo Reſpiratio videtur quando
prior Impeditur "Satis enim"
diſtento enim ventre priori etiam
vlterius altero Inſpirare licet
extenuatis belly cum lung
Hiſtericis cutt laces
gravidis item Repletis
they all vſe this panting fighting
faſhion of breathing.
ſignum ſummæ Imbecillitatis
fit Muſculis ſcapulæ pectorali
attollitur pectus: Breake buttons

Δ Inſpirationem vtriſque fieri diducto vno modo: vlterius et poſt licet altero

Thorax divisa In partes
- conteyning
- conteyned
- adnatas
- partim contentas partim continentes

Continentes
- communes
- propries

Communes vt sunt
- cutis cuticula
- membrana carnosa: pinguedo

Propriæ
- sternon cartilagines
- costæ Claviculæ: vertebræ
- molles Musculi intercostales
- venæ arteriæ Nervi

Adnatæ
- Musculi scapularum
- Mammæ papillæ
- Glandulæ emunctoriarum
- Collum. cervicem et eius partes

Contentæ
- pertranseuntes
- propriæ

pertranseuntes vt
- Gula
- Arteria magna
- vena ascendens
  - Thorace
  - collo
- Nervi 6ti paris et recurrentes
- et diapragmatis

propriæ
- secundum Naturam
- præter Naturam

secundum Naturam vt sunt
- Cor
- pulmones
- Thymos
- Azigos

præter Naturam vidi Aquam qualis pericardio sanis
Item pus in these two powches
sanguis eX vulneribus penetrantibus
Absessus eX Apostemate pleura et tumoribus
Apertum Patavij a quo magna quantitas sani puris
ab Epiemate Julio Piacentino fistid
Julius Jasolinus singulo die per 30 dies 3: 4 et 5 heminas
WH Hydrope pulmonis Ichoris above a galon
dubium quo modo Evacuatur per vrina
dubium paracettesis alij altius Inferius propter
descensum Materiæ: propter diaphragma
WH vbicunque Iniectionibus et tussi et situ corporis evacuatio
ergo vitalis venis Arterijs &c. summa costa vel Monstrante Natura

Respiratorum tres conditiones
- Cavitas vt est pectore ad continendum aerem
- Foramen vt est per Nares os
- Dilatatio et constructio vt
  - ossium
  - Musculorum

Thorax dividitur in partes { [illegible] / Adnatas

Continentes { Coes [illegible] / propria [illegible]

Coes vel [illegible] { membrana [illegible]

propria { sternon [illegible] / Costæ Clavic[illegible] / [illegible] Musculi [illegible] / [illegible] Notæ

Adnatæ { Musculi [illegible] / Mamma papilla / Glandulæ [illegible] / Collum [illegible]

Contenta { [illegible] / propria { Gula / [illegible]

[illegible] vel [illegible] { [illegible]

propria [illegible] Nat. { [illegible] / 2° Natura vel [illegible] { pulmones / Thymos / [illegible]

[illegible] Nat: [illegible] gulæ [illegible]

[illegible] 2 [illegible]

[illegible]

A[illegible] [illegible] Apostem[illegible] pleuritis [illegible]

Apostem[illegible] [illegible] magna [illegible]

ab E[illegible] [illegible]

[illegible] 30 [illegible]

[illegible] Hydrops [illegible] ab[illegible] gulam

[illegible]

[illegible]

[illegible]

[illegible]

[illegible]

phis Co- [illegible] { diaphrag
phis Co- [illegible] { diffi [illegible]
plenum membrana
Ascenia bone: [illegible]

De Costis [illegible] [illegible] sufficientes [illegible]

De [illegible] scapulae [illegible] maiori [illegible]

De mammis et papillis [illegible] plis [illegible] generat.
[illegible] de generatione lactis [illegible] attrahit [illegible]
[illegible] [illegible] quo [illegible]
[illegible] [illegible] et q° Co- [illegible] [illegible].

papillae [illegible] [illegible]: [illegible] ubi [illegible] si [illegible] [illegible]
ad papillas 2° [illegible] alij [illegible]: [illegible] et dolores
et titillationes

[illegible] lactis [illegible] [illegible] qui [illegible] [illegible] lacte
[illegible] [illegible]:
[illegible] [illegible] [illegible] q° [illegible]
[illegible] [illegible] [illegible] [illegible]
[illegible] [illegible] [illegible] [illegible]

[illegible] glandulae [illegible] [illegible]
Effeminata [illegible] mammas: et [illegible] lac
[illegible] [illegible]: [illegible] [illegible]: Calidi
[illegible]: [illegible] [illegible] lac et [illegible]:
[illegible] [illegible] virgines lac et [illegible]:
[illegible] [illegible] lac [illegible] [illegible] falsi [illegible]
[illegible] lacte [illegible]: et [illegible] [illegible]
[illegible] [illegible] [illegible] [illegible] [illegible]
[illegible] [illegible] [illegible] [illegible] [illegible] Nobo [illegible]
[illegible] [illegible] lac [illegible] [illegible]
[illegible] [illegible] lac [illegible] [illegible]
[illegible] malis [illegible] [illegible] [illegible].

partim contentæ partim continentes { diaphragma / diſſiſeptum / pleura membrana / Arteriæ venæ : Nervi Intercoſtales }

De Communibus cute cuticula membrana carnoſa &c. ſufficienter ant(

De Muſculis ſcapularum ſerrato maiore &c. inter Muſculos

De Mammis et papillis cum de partibus Mulierum genetalibus
ſimiliter de generatione lactis An attrahit propellit
vel ſponte, an eodem quo Menſtrua
Item an et quo Concoquunt lac.

Papillæ viris Notæ gratia : ſignum vbi addeſſet ſi opus fuerit
ad papillas duo Nervi alij quatuor : vnde : ſenſus et dolores
et titillationes

Mammæ lactis gratia vnde ijs quibus opus lacte
oviparis lacteum
Fratrare adventu veneris quo tempore
contrectari impetu ferventiori temerarii
tum homines tum reliqua Animalia

Vetulis glandulæ cum omni pinguedine Evaneſcunt

Effeminata conſtitutione Mammas : et quibuſdam lac
Sir Robert Sherley
quod teſtantur Ariſtoteles Albert Avicenna Cardanus
vnde Non mirum ſi in virginibus lac et non pregnatis
att WH non lac ſed quale falſis conceptionibus
quiddam lacte ſimile et quantum in lacte
quod homine quantum ſperma Mulieris a ſpermate
vnde ſhe hath water in her breſt
ſed Ariſtoteles lac hirco in Lemno : in in Novo orbe
Lady Hervey lac ex excoriatione
de malo pilari &c. alibi.

Collum a Colendo: omnes enim coluntur
Pharingis Causa Galen 8° v: p: et pharinge voeis
vnde Galen Nullum Collo Carens edit vocem.
WH sed × Ranis Racoli WH Δ make frogg squeake
A porpos. WH ideo non convertitur quibus non collum nec pulmones
potins Aristoteles pulmonum causa vnde quibus desunt absque collo.
vel Tracheæ causa vt aer Modice refrigeretur
vnde Gargareo temperare aerem A pedibus ptisim abstrahit

Colli vsus Avibus pro manu vt Elephanti promuscide
vnde longitudo to reach every part and the communicable terra
vnde quibus longa crura longum collum
et quibus crura brevia si a fundo Alimentum lingas
Collum longum hominibus signum timiditatis si subtile Imbecillitatis
vt cervi alij longum viz. 7 vertebras alij 5 alij 8
Breve et grossum pertinaces-hedstrong stubborn: duri Cervicis
Divisi partem Anteriorem Jugulum posteriorem Cervicem
partes continente Communes cutis cuticula Membrana pinguedo.
partim continentes partim contentæ { Musculi varij / vertebre "Nervi"

proprie contentæ {
venæ Jugulares externæ internæ
Arteriæ carotides
Nervi 6ti paris
Nervi recurrentes
Aspera Arteria
Œsophagus
spinalis Medulla

præterea os et eius partes {
dentes
Maxilla
lingua
gingivæ
palatum
"Vvula"
"Tonsillæ istæ"
Musculi
vasa

fauces {
vuula
Tonsillæ istæ Almondes
Epiglottis
glottis
larinx et eius partes
os Hyoides

64

Collum a Colendo : [illegible] solent

Pharyngem [illegible] Galen [illegible] vel [illegible]

[illegible] Gal. Nullus sollo [illegible]

[illegible] x [illegible] [illegible] [illegible] [illegible]

[illegible] [illegible] [illegible] [illegible] [illegible] [illegible]

[illegible] [illegible] [illegible] [illegible] [illegible] collo.

[illegible] [illegible] vel [illegible] [illegible]

[illegible] Gargareo [illegible] A [illegible]

Collum [illegible] A [illegible] vel [illegible]

[illegible] longitudo [illegible] [illegible]

[illegible] [illegible] collum

[illegible] [illegible] [illegible] [illegible]

Collum longum [illegible] fig. [illegible] [illegible] [illegible]

[illegible] [illegible] vij [illegible] alij [illegible] alij 8

[illegible] [illegible] [illegible] [illegible] [illegible]

Bibis [illegible] [illegible] Jugulo [illegible] [illegible]

[illegible] Cor [illegible] [illegible] [illegible]

[illegible] [illegible] Musculi [illegible] [illegible]

[illegible] [illegible] [illegible] Jugularibus [illegible] [illegible]

[illegible]

Hom. [illegible]

Hom. [illegible]

[illegible] [illegible]

[illegible]

[illegible] alij [illegible] Maxilla

[illegible]

[illegible] os vel [illegible] [illegible]

[illegible] [illegible] [illegible] Musculi

[illegible] [illegible]

[illegible] vel [illegible] [illegible]

os [illegible].

A Vena Cava ascendente Jugulares.

quae per [illegible] [illegible] [illegible] claviculas

[illegible] [illegible] aliquando ipso [illegible].

[illegible] [illegible] [illegible], mittendo [illegible]

[illegible] [illegible] [illegible]

[illegible] [illegible] 4 Rami { [illegible] / Coronalis / Azygos / [illegible]

A 5 Azygo [illegible] [illegible] [illegible] [illegible]:

[illegible]: [illegible] ad [illegible] [illegible]

[illegible] [illegible] [illegible] [illegible] 2° Ramox

dicti subclavios:

A 6 illares [illegible] [illegible] [illegible].

A 4 subclavio { mamaria / Mediastina / [illegible] / Musculus

A 6 Axillaris { [illegible] { [illegible] / [illegible] / [illegible] { [illegible] / Jugularis Ext. / [illegible] / [illegible]

[illegible] { [illegible] / [illegible] / [illegible]

A 8 [illegible] { [illegible] / [illegible] { [illegible] / [illegible] / [illegible] / Musculus

A 8 Axilla { Thoracica [illegible] ad [illegible] / Thoracica [illegible] ad [illegible] / Scapularis / [illegible] [illegible] [illegible]

[illegible] [illegible] [illegible] [illegible] [illegible] [illegible]

in Thorace [illegible] ~~[illegible] Rami~~ [illegible]

Carotides dict.

A vena cava aſcendente Jugulares.
quæ per Mediaſtinum ſurſum ad claviculas
Thimo dividitur aliquando ipſo pericardio
In cor tanquam in cyſternam; amittendo continuitate
laxatur et in ventriculum degenerat

Hoc Interiore quatuor Rami { Phrenica / Coronalis / Azugo / Intercoſtalis }

Ab Azigo intercoſtales vnde vehemens phlebotomia
in omnibus pleuris ad dextram Cathixis
Thimo ſub pectoris oſſe in duo Ramos
dictos ſubclavios:
Axillares vero cum cavitate egreſſi

A ſubclavio { Mammaria / Mediaſtina / Cervicalis Parva / Muſcula }

Ab axillari vero {
ſcapularis { Interna / externa }
viz Inferiori
parte ſuperiori { Muſcula ſuperiora in colli / Jugularis externa / Jugularis Interna et Apoplectica }
}

Arteria {
deſcendens { ſingularis cuticula dorſo / phrenica / muſculis thoracis }
ſurculos
Aſcendens { omnibus partibus ſuperioribus / ſubclavia quæ poſt axillaris egreſſum a qna 3° ſuperioribus collis / Mammaria a parte ſuperiori / cervicalis / Muſcula }
}

Ab Axilla { Thoracica ſuperiora ad Muſculos pectoris / Thoracica inferiora ad totum latus / Scapularis / Humeraria ad muſculos humeri }

Juxta elatiorem ſterni partem Thymo ſuffultus adhuc
in Thoracis cavitate in duos Ramos Impares
Carotides dictos

Nervus 6^{ti} paris defcendit inter venam Jugularem
et Arteriam Carotidem quas omnes vna Inveftit
membrana ad latus Afperæ Arteriæ
fub mufculis communibus laringis et fternohyoidis
Ad claviculam in duos Ramos exteriorem et Interiorem

2 Exterior { ad mufculos fterno et claviculæ pronatos
Recurrentes: in exteriori tunica afpere Arteriæ

revolvitur { dextra fuper arteriam axillarem
tribus ramulis rarius vno
Siniftra fuper Aortæ retro ad fpinam
inter aortam et venam arteriofam

Ante Ramos dictos furculos { cordi
pericardio
Tunicæ pulmonum

et Gulæ Anexus ad orificium ventriculi

Interior Coftalis fub pleura vertebris
per coftarum radices "a quo"

A quo { Rami intercoftales
ex his conexis cum Nervis ex vertebris fpinæ

petit Inferiorem ventrem cum Arteria Magna
et ad ofs facrum fq uc et veficam et podicem
fub ψοαις mufculis
Nervi Cervicis paria feptem viz quot vertebrarum
Nervi Thoracis paria duodecim Intercoftales dicti
quia fpinali Medula cum venis Internis
cum Nervo 6^{ti} paris ad robur iungitur
Nervi 6^{ti} paris cum Arteria Magna perforant diaphragma

dividitur {

dexter Ramus 3^{s} {
1us ad Inferius omentum ramis 3^{bus} { ad colon: Ramufc.
Inteftinalis: eX:
2 ad renem deXtrum vnde veniunt { gaftrica
nephritica
3 Mefentericus. deinde recta ad veficam.

finifter 3^{s} {
1us ad omentum et colon a ventriculo
2^{d} ad mifenterium finiftrum et inteftinum

Nerbi 6 [illegible] patris [illegible] [illegible]
[illegible] [illegible] [illegible]
[illegible]
[illegible]
[illegible] [illegible] 65
[illegible]
[illegible]
[illegible]
[illegible]
[illegible]
[illegible]
[illegible]
[illegible]
[illegible]
A q° [illegible]
[illegible]
[illegible]
Nerbi Corvini patria [illegible]
Nerbi [illegible] [illegible]
[illegible] Medola [illegible]
Nerbi 6 [illegible] Novo [illegible]
[illegible]
[illegible]
[illegible]
[illegible]
[illegible]

Trachea Arteria [illegible] [illegible]
rama pulm. [illegible] [illegible]
[illegible] a larynge a qua [illegible]
[illegible] regione [illegible] Na [illegible]
[illegible] [illegible] [illegible] [illegible] [illegible]
[illegible] [illegible] Nodos [illegible] [illegible] tabacco
[illegible] ad pulmones [illegible] [illegible]
[illegible] [illegible] [illegible] [illegible] [illegible]
[illegible] [illegible] [illegible] [illegible]
[illegible] [illegible]
[illegible] [illegible] [illegible] [illegible] [illegible]
a [illegible] [illegible] arteria [illegible] [illegible]
[illegible] Gula [illegible] [illegible] [illegible] [illegible]
[illegible] [illegible] [illegible] [illegible] [illegible]
[illegible] [illegible] [illegible] [illegible]

Gula ab ore in ventriculum
[illegible] [illegible] [illegible] [illegible] [illegible]
[illegible] arteria magna [illegible]
[illegible] [illegible] [illegible] [illegible]
[illegible] membrana [illegible]
[illegible] [illegible] [illegible] [illegible] [illegible] [illegible]
[illegible] [illegible]
[illegible] [illegible] [illegible] [illegible] [illegible]
[illegible] Nervi [illegible] [illegible]
Us [illegible] [illegible] [illegible] [illegible] [illegible] [illegible] Nol

Fauces posterior [illegible] [illegible] [illegible] ~~[illegible]~~ [illegible]
gutturis [illegible] [illegible]
[illegible] [illegible] [illegible] [illegible]
[illegible] [illegible] [illegible]

Trachea Arteria ſimpliciter antiquitus
camina pulmonum. wind pipe
oritur a laringe a quo deorſum
e regione foraminibus Narium
vnde quoties inter bibendum humor
retrahitur per Narcs efflatur vt tabacco
deſinet ad pulmones ibi bipartitur
in Bronchias cartilagines ad extremum pulmonis
diducitur inter { arteriam venalem et venam arterialem }
cum quibus Anaſtomaſis quo fuligines
a corde et materia pituitoſa &c.

pone Gula vnde vſus Epiglottis viz.
viviparis quibus cutis pilo tegitur
cæteris pharinx per ſe clauditur ſatis

Gula ab ore in ventriculum
recte deorſum ad quintam Thoracis vertebram
mox arteriæ magnæ cedens
In dextrum ſe inclinans hinc
ſiniſtrorſum membranis fortibus
ſublime admodum (ne ciborum tranſitu Arteriam confundet)
Aortam conſcendens
In ventriculi ſuperius viz ſiniſtrum oreficium
cum duobus Nervis 6ti paris deſinit
Os cum eius partes quoad ſitum omnibus ſatis notum

Fauces poſterior et Inferior oris " partes " pars
gutturi gulæque communis
vbi Narium foramina in os deſcendentis
quo Tabacco aſcendit

Hic { vvula
Tonſillæ
Epiglottis et radix linguæ }

Vvula a palati parte penitiori
Juxta Narium meatus in os propedit
ſubſtantia carnoſa ſpongioſa rotunda
Catarrho intumeſcens relaxatur
plectrum vocis: et temperat Aerem
Tonſillæ Amigdalæ: Antiades
glandulæ ſpongioſæ circa radicem linguæ
ante Œſophagi principium
ſalivam ori miniſtrat
Hic pluria vlcera lue venerea
Hic exit tota Materia in vnctione
et corrodit aliquando vnde Cicatrice
contrahuntur muſculi Maſſeteres

Epiglottis pondere cibariorum compreſſa
tegat Rimulam
ſituatur Radice linguæ.

tertium par Nervorum " cum 6ta ſepora " ad linguam
et Inferiori Maxillæ.

Hic [illegible] Tonsillae
Epiglottis et radix linguae 66

M[illegible] Columella [illegible] Gurgulio:

Uvula a palati fine pendens
Facta Natura [illegible] os [illegible]
substantia [illegible] spongiosa [illegible]
Columella [illegible]
[illegible]
Tonsillae Amygdalae: Antiades
glandulae spongiosae circa radicem linguae
ante oesophagi principium
Saliva [illegible]
Hic plura [illegible]
Hic [illegible] tota Materia [illegible]
et [illegible] aliquando [illegible]
[illegible] [illegible] [illegible]

Epiglottis ponderosum [illegible]
ligat [illegible]
[illegible] radix linguae.

3 par Nervorum [illegible] lingua
et [illegible] Maxillae.

[illegible] facil. vel [illegible]
[illegible]
vel [illegible]
[illegible] vel [illegible]
[illegible]
[illegible]
[illegible]
[illegible]
[illegible]
T[illegible]
[illegible]
[illegible]
[illegible] 3 et 4 [illegible] 114 [illegible]
[illegible]
[illegible]
Musculi [illegible] cap. 114 [illegible]
Musculi [illegible]
[illegible]
[illegible]
[illegible]
[illegible] voluntate [illegible]
[illegible] musculi organa motus voluntarii.
[illegible]
[illegible]
[illegible]
[illegible] cap. 114.

Ex. chartilaginibus facta vt dura
denſa : nec frangibilia.
vt iniurijs externis vel internis per gulam
ſit liberum deinde Ap: vt patens
nec concidat : acri qui ſemper et
continue ingredi "re" et egredi debet
oſſa ponderoſa Ap: et facile frangitur
ideo non oſſeum "tamen Columbus" et impediret
tranſitum cibariorum per gulam.
Tamen Columbus in ſenibus numeris ſectionibus
oſſeum eſſe. et Fallopius primam et
ſecundam nunquam tertiam et quartam WH viz.
arytinoidinem
ex tribus WH Anularis ſtabiles reliquæ
ad Aperiendum claudendum Δ cubitu
Muſculis Communibus WH lift vp the ſack
Muſculis proprijs quia cum vſus
Inſpirare expirare et vtrumque inbi=
bere motum. efflare tuſſire : "voci"
vociferare
expedit hac in voluntate eſſe
vnde Muſculi organa motus voluntarius
Nervi itaque motus gratia
venæ nutritionis
Arteriæ vitæ gratia
Membrana tutelæ et conexionis
Glandulus humectationis gratia
vide plura libro Capitis WH.

Larinx ex cartilagine et Musculis compositum
 In medio positus e directo Naribus
 præcipue Rima Glottis dicta que linguæ fistula
 pone Conectitur Œsophago
 Ante foras prominens pomum Adami
 signum Couckould WH forsan
 quia longiori et tereti collo
 quod signum frigidi cerebri : et temperaturæ
 vnde Impotentes ad venerem et timidi
 which two conditions the one make them wonder
 the other dare to committ
 ad quartam vertebram Thoracis Bibartitur deinde in duos
 Bronchios
magis prominet viris quam Muliebribus
 WH propter glandulas Bronchocelides.
 Magnitudo varia pro ætate
 Augmentatur adventante venere quando vox
 mutatur
 magnitudine et latitudine ad vocis
 magnitudinem conferre Gallen in Arte Medicinæ 67
 et 7 Epidemicis 25
 Vox acuta enim cum paucus aer ex
 angusto loco velociter movetur

$$\text{componitur} \begin{cases} \text{Cartilaginibus } 3 \\ \text{Musculis} \begin{cases} \text{communibus } 3^{\text{bus}} \\ \text{propriis } 5 \end{cases} \text{paribus} \\ \text{Membrana: glandula} \\ \text{Vasibus} \begin{cases} \text{Venæ} \\ \text{Arteriæ} \\ \text{Nervi} \end{cases} \end{cases}$$

$$\begin{matrix} \text{Constat} \\ \text{præcipue} \end{matrix} \text{ ex} \begin{cases} \text{glottide} \\ \text{lingula Interna} \\ \text{Cartilagine et Musculis} \end{cases}$$

Larinx ex cartilag. et musculis compositum

In medio posit. [illegible]

[illegible] dicta [illegible]

[illegible]

[illegible]

[illegible]

[illegible] collo

[illegible]

[illegible]

[illegible]

[illegible]

ad 4 [illegible]

[illegible] vivi [illegible]

[illegible]

Magnitudo varia pro aetate

[illegible] absoluta [illegible]

mutat.

magnitudo et latitudo [illegible]

magnitudo [illegible] Gal.: [illegible]: 67

[illegible] 7 [illegible]: 24

Vox acuta [illegible] angusto loco [illegible]

[illegible] { Cartilag. 3 [illegible]
Musculi [illegible]
Membrana: Glandula
Vasa { venae, arteriae, nervi.

Constat [illegible] { [illegible]
Cartilag. et Musculi

Figura usus [illegible] Glottis [illegible] — Cartilag. {3 vel 4 [illegible]
[illegible] [illegible]
Mediastini [illegible] sublat.

Epiglottis [illegible] ostendit [illegible] [illegible]
[illegible] [illegible]

Cartilago [illegible] Musculi Epiglottalis
C [illegible] [illegible] [illegible]
[illegible]

B .. [illegible] Epiglottis [illegible] [illegible]
[illegible] [illegible] [illegible]
[illegible] [illegible] [illegible] [illegible]
[illegible] [illegible] [illegible] [illegible]
[illegible] [illegible] [illegible]

NB Ec [illegible] [illegible] [illegible] [illegible]
[illegible] [illegible] Hampton.

Tres vſus ſternon { propugnaculum { cordi vitalibus
vinculum coſtarum
Mediaſtini membranas fulciunt.

Aliquando foras protrudit out cheſted
principium gibboſitatis

Chartilago Mucromatis Epiglottalis
Clypeum oris ventriculi
Malum punicum

B. Intro depreſſum lædit Hæpar
et ventriculum et cauſat atrophiam
pavius. ſignum tabis. " inibi " cavitas
Retracta cavitas et WH
tenſio ſignum obſtructionis

NB Ex iſtius partis frictione et
compreſſione Nauſea.

Partes Continentes proprie pectoris
Sternon quod Medio Costarum sternatur
eX ossibus 6. vel 7. pueris plures:
et ætate pauciores fiunt. vno horum
corrupto Galen se vidisse motum Cordis
in puero personato 7: 13 Anatomicis Administrationibus
In fine Cartilago ensiformis
Aliquando senibus osseus. ad tutelam oris ventriculi
Aliquando perforatum fœminis. Bifidum aliquando
Conectitur diffisepto duplici propagine with a
hollownes in Medio where WH NB I sawe
a wound cured that blew out a light and
yet non penetrans.
Here gather wind sepc with great oppression
parte superiori claviculæ: sed de his exactius ossa
Musculus triangularis. parvus tenuis
carnosus. In canibus a clavicula.
Cartilagines coniungunt Costas ad sternon
præcipue veras septem
reliquæ viX pertingunt ad sternon
Cartilagines senibus in ossa degenerant
viz. superioribus et veris costis non Nothis
vnde sepc difficultas respirationis ipsis ex Hippocrate
Costæ vtrinque duodecim septem veræ reliquæ Nothæ short
sensim breviores vt corpus in latera
flecteretur absque compressione ne intestina premeret wheele of a coach:
vnde quibus corpus longius tredecim et plures vt equo 18
serpentibus tot quod dies in Mense
grey hound: "n"eight Ribb: signum enim longi Corporis
Hominibus &c. quot mensCs in Anno: aliquando tredecim
Columbus ii:
piscibus Costæ aliquibus Nervique &c absque sterno

68

by Co[illegible] proper pectoris
Sternon q^d medio reglat sternutu[illegible]:
ex ossib[illegible] [illegible] pueris pluri[illegible]:
[illegible] paruus [illegible] [illegible] [illegible]
[illegible] Galen [illegible] [illegible] [illegible] [illegible]
in pueris [illegible] 7: 13 [illegible] [illegible]

[illegible] J fine Cartilago [illegible] formis
aliq[illegible] [illegible] [illegible] [illegible] [illegible] [illegible]
[illegible] [illegible] [illegible] : [illegible] [illegible]
Cor[illegible] [illegible] duplic propag. [illegible] a
hollow [illegible] in medio [illegible] [illegible] [illegible]
[illegible] [illegible] [illegible] [illegible] a light
[illegible] [illegible] [illegible]
How [illegible] [illegible] [illegible] [illegible] great oppression
[illegible] [illegible] [illegible] : [illegible] [illegible] [illegible] ossa
[illegible] [illegible] [illegible] [illegible] [illegible] [illegible]
[illegible] [illegible] [illegible]
Cartilagines [illegible] . Costas [illegible] [illegible]
[illegible] [illegible] J
reliquas [illegible] [illegible] [illegible] [illegible]
Cartilag[illegible] [illegible] ossa [illegible]
[illegible] [illegible] [illegible] [illegible] [illegible] [illegible]
Costa [illegible] 12 [illegible] [illegible] [illegible] [illegible]
[illegible] [illegible] [illegible] [illegible] [illegible]
[illegible] absq [illegible] [illegible] [illegible] [illegible]
[illegible] [illegible] [illegible] 13 [illegible] plures [illegible] 13
[illegible] [illegible] [illegible] [illegible]
[illegible] [illegible] [illegible] 66 : [illegible] : [illegible] : Corporis
[illegible] [illegible] [illegible] [illegible] : aliqu[illegible] 13
Colomb: 11 :
[illegible] Costae aliqu[illegible] [illegible] ex absq[illegible] sterno

superiora [illegible]
Costae valde fragiles [illegible] obesi [illegible]
Robusti costis fortes respectu ad [illegible]
Signum [illegible] [illegible] longitudine
[illegible] [illegible] [illegible] [illegible]
[illegible] [illegible] [illegible]
[illegible] [illegible] [illegible] Carnos[illegible]
[illegible] [illegible]
[illegible] costis [illegible] [illegible] costales [illegible]
[illegible] [illegible] [illegible] [illegible]
[illegible] Cartilag [illegible] [illegible]
[illegible] [illegible] alij 68: 44 octobris [illegible] 77 65
[illegible] [illegible] [illegible] [illegible] [illegible]
[illegible] [illegible] [illegible] ad [illegible] appareat
[illegible] [illegible]
[illegible] Ribbs [illegible] [illegible]
[illegible] [illegible] [illegible] [illegible] [illegible]
alij [illegible] [illegible]: alij [illegible]
[illegible] [illegible] [illegible] [illegible]
[illegible] [illegible] [illegible] costis [illegible]
[illegible] [illegible] [illegible] [illegible]

pleura membrana succingens [illegible]
[illegible] pleuritide [illegible] [illegible] [illegible]
[illegible] aliquando [illegible] [illegible]
[illegible] [illegible] [illegible] [illegible]
[illegible] 46 [illegible] [illegible]
[illegible] [illegible] [illegible] [illegible]
[illegible] [illegible] [illegible] [illegible]
[illegible] [illegible] [illegible] [illegible]
[illegible] [illegible] [illegible]
Adipo [illegible] aliquando: Apostema [illegible]

ſuprema breviſſima
Coſtæ valde fragiles pueris obeſis humidis
Robuſtis Coſtis fortes referuntur ad Muſculum
Sinus Inferiori parte ſecundum longitudinem
pro vaſis vena Arteria Nervis
vnde ſecti Empiematicum pro ſuaviori
Muſculi ſubclavij inter claviculam et coſtam primam Carnoſi
fibris obliquis

| Inter coſtas Muſculi Intercoſtales ſuis fibris decuſſatim { exteriores Interiores ſuperiores Inferiores
Inter Cartilagines vero tantum Interni "vn"

vnde de numero controverſia alij 68 : 44 externi viz { iiii iiii 77 55 }

theſe between the bones of a breſt=mutton
WH forſan nec trahunt quod ad ſenſum non apparet
ſuſtenſi tonico motu
as yf the Ribbs wheare tyed with ſtrings
tamen controvertitur quod externi Inſpirant Interni Contrahunt
alij iterum Contrarium Interni Inſpirant alij ambo expirant
WH ego ambo ambobus dum et ſurſum
et deorſum ſimul omnes coſtæ moventur
ſed de his exacte inter Muſculos
pleura Membrana ſuccingens
vbi pleuritudo Δ tumores et plogoſes { œdema Eriſipelas
Tenuis aliquanto peritoneo "cui proportionatur" craſſus totum
Capacitatem Inveſtiens et tunicas omnibus
oriri ab oſſibus dorſi
proportionatur peritoneo tum ſubſtantia tum vſu
Tenuis robuſta Nervoſa the inner ſcin
of a breſt of Mutton. pellucid.
levis lubrica humore Aqueo
Adipe profuſo aliquando : Apoſtemate Robert de Vill

Mediaſtinum ſive Membranæ intercipientes Veſſalius
oriri a pleura : ſed tenuiores pleura
pectus in duas regiones mediant
Adipe vt omento aliquando ſcatent
ſed parte exteriori tantum non Cavitatibus
Cavitates fibroſis Nexibus repletæ
Continet Cor pericardio ſuſpenſum
venam cavam aſcendentem Nervum diaphragmatis
vnde vena cava non perforat pleura
vt nec vaſa ſpermatica peritoneum
Eſophagus etiam cum Nervis ſtomachicis adheret
pectus in duas regiones dividit vt two flagons
ſecuritatis gratia perforato vno
ſuper hanc Membranam decumbit pus Empiematicum
vnde decubitus difficilis latere contrario

Thimus ſweete bread Nutt of veale
Corpus glandoſum Molle diviſionibus vaſorum
quæ hoc loco plurimæ confuſæ
vnde hic pene ſemper diſectores errant
heare they ſticke the piggg
Embrione magnum quaſi pulmones bipartitum
lacteo humore
bis duobus canibus altero viuus aditus bipartitus
parvus albiſſimus
Altero mortuo cineritei et rubri coloris
maior Multo vnde a l'envoy.
vnde parvus Juvenculis maior et ceteris ſimiliter
perfecta ætate quaſi non apparet

Mediastinum sive Membrana intersepiens boff
ortum a pleuritid sed tenuiores plenka .69
pectus in duas regiones medias
Adipe vel omento aliquando [illegible]
sed plerumque [illegible] lato non cavitatis
Cavitates fibrosi Nervis repletur
Continet Cor pericardio suspensum:
venas [illegible] arterias Nervos diaphragmatis:
[illegible] bona substantiae [illegible] plurima
[illegible] vasa [illegible] [illegible]
Esophagus [illegible] Nervi [illegible] adsunt:
pectus in 2as regiones dividit [illegible] flagor
[illegible] [illegible] [illegible]
[illegible] Membrana [illegible] per [illegible]
[illegible] [illegible] difficili [illegible] [illegible].

Thimus [illegible] Beef Natt or Wale
Corpus glandosum Molle [illegible] [illegible]
[illegible] [illegible] [illegible] [illegible]
[illegible] [illegible] [illegible] [illegible]
[illegible] [illegible] [illegible] [illegible]
Ecclesiae [illegible] [illegible] [illegible]
[illegible] [illegible]
[illegible] 2 [illegible] [illegible] [illegible] [illegible]
[illegible] [illegible]
[illegible] [illegible] [illegible]
[illegible] [illegible] [illegible]
[illegible] [illegible] [illegible] [illegible]
[illegible] [illegible] [illegible] [illegible]

Diaphragma diffi[illegible] [illegible]
[illegible] [illegible] [illegible] [illegible] a posi
[illegible] [illegible] [illegible] [illegible]
vel [illegible] [illegible] illis [illegible]
[illegible] [illegible] [illegible]
Mid [illegible] : as [illegible]
[illegible] [illegible] [illegible] [illegible]
[illegible] [illegible] [illegible] [illegible]

Situs [illegible] [illegible] [illegible] obliq[illegible]
[illegible] [illegible] [illegible] [illegible]
[illegible] [illegible] [illegible] [illegible] yͤ Ribb[illegible]
[illegible] [illegible] [illegible] [illegible]
[illegible] [illegible] [illegible]
vide [illegible] [illegible] [illegible] side
Co[illegible] [illegible] [illegible] [illegible] [illegible]
[illegible] [illegible] [illegible] [illegible] [illegible]
[illegible] [illegible] [illegible] [illegible]
[illegible] [illegible] [illegible] obliq [illegible]
[illegible] [illegible] [illegible] [illegible]
[illegible] [illegible] [illegible]
Constit: [illegible] [illegible] [illegible] [illegible] ubi
[illegible] [illegible] [illegible] [illegible] [illegible]
[illegible] [illegible] [illegible] [illegible] digiti.
[illegible] [illegible] [illegible] [illegible]
[illegible] [illegible] [illegible] nott
[illegible] [illegible] [illegible] [illegible] [illegible] [illegible]
[illegible] [illegible] [illegible] [illegible] [illegible] [illegible]
[illegible] [illegible] [illegible] [illegible] [illegible]
[illegible] ab [illegible] [illegible] [illegible] [illegible]
[illegible] [illegible] [illegible] [illegible] [illegible]
[illegible] [illegible] [illegible] [illegible] [illegible] [illegible] [illegible]

Diaphragma diaphratim difcerere
feptum quia feparat tranfverfum a pofito
phrenes antiqui qui Inflammant phrenitum accerfum
vel quia quafi illic mens
Metonomia continentis pro contento
Midrefe : as fheer=reva
his office ferving to both belly
he is ftickler betwene them
Situs ergo inter duos ventres oblique
vnde Falopius helpeth excretion
tied along the extremity of y^e Ribbs
not att y^e topp but paulo intra
quia tutelæ gratia
vnde two budgets on each fide
In a porpos longifh vti a fayle
conteyning ftomach liver et omnia
quia endeth in a poynt beneth.

Communis vertebris vicinior A: p:

Occurrit mufculis abdominis oblique Afcendentibus
fub extremitate Coftarum and with the
tranfverfe the vndermoft
Conectitur Retro to ye two vertebræ vbi
it fendeth down by the ridg bone
to flippetts of flefh proceffus. digiti.
Above capfula Cordis et Mediaftini
Infra Jecur ventriculi
Mufculis cum tendone in medio : fibris as fpiders webb
two coates one of peritoneum the other of pleura

Nervos ab Inferioribus vertebris colli :
defcendentes alte medio inter fternon et vertebras
Columbus Inferted fupra pericardium vtrinque tribus furculis conflatis

Vnde quia musculis et maximo sensu
 "passionate" Nervis far fetich carefully and
 from nerer the fontayne
 most fayer and bigg
1 passiones multæ Inflammant phrenitidem
2 Motibus convulsivis Histericis: etiam Infantibus
 gerger laboring tanto protendere quod vellicant
 vt non detur Inspirandi locus: vt suffocati concidunt
 etiam quibusdam viri vt Imposuit illos Histericos
3 Item sedes risus: metu agitationis huius
4 Item sighing and sobbing this place sore
 Immo Inflamatum aliquando
 WH and this rather then laughter quia risus expirando
 and Risu the belly ake

convellitur in childrens sobbing: yett titillatione circa hanc partem Risus
 Aristoteles quia sensus aperitur motu:
 Motus vero huius sensu
vnde ridendo Mortui in prælio traiecti
verisimilius Aristoteles quam caput absisum loqui
WH Histericam passionem cum multo Risu Novi
 5. Equorum Hinnitus motu huius agitationis
6 Item motu huius singultum licet causa ore vel gula ventriculi
 quia Inspiratione fit: et tensione sedatur huius
 vel: puppet bellows or bellows broken Hickop

Pericardium dilatatum vnde etiam a Jecore affectus singultis: et Ictero Δ
 Sir William Rigden all the "yello" stomach flava bile
 vnde paulo ante Mortem plurimus singultus
 ded mans cough. viz: convulsione huius
 omnes isti passiones sensu huius exquisito
transitus quatenus Musculus et eius motus Actio vertebrarum &c &c &c

Unde quia [illegible] et magis a [illegible]

[illegible] far [illegible] [illegible] 70

Pro: Nosse [illegible] [illegible]

[illegible] C. [illegible]

1 passiones [illegible] [illegible] . [illegible]

2 Motus [illegible] Histericis: [illegible]

[illegible] [illegible] [illegible]

[illegible] [illegible] [illegible]

[illegible] [illegible] illos Histericos

3 — [illegible] visus: [illegible] agitat [illegible]

A [illegible] sighing C sobbing [illegible]

[illegible] [illegible] aliquando

[illegible] [illegible] [illegible] quia visus [illegible]

[illegible] C [illegible] [illegible]

chiding [illegible] [illegible] [illegible]

sobbing: C [illegible] quia [illegible]

[illegible] [illegible]

[illegible] [illegible] [illegible] [illegible]

[illegible] [illegible] [illegible] [illegible]

[illegible] Histericos [illegible] Nobis

4

5 [illegible] [illegible] agitat [illegible]

6 — [illegible] [illegible] singulis [illegible]

quia [illegible] [illegible] [illegible]

[illegible]: [illegible] [illegible] [illegible] Historie

periculum [illegible] [illegible] singultus: [illegible]

[illegible] [illegible] all the [illegible] [illegible]

[illegible] [illegible] [illegible] singult

[illegible] [illegible] [illegible] [illegible]

[illegible] passiones [illegible] [illegible]

[illegible] [illegible] [illegible] [illegible]

Fig:

[illegible] a flacca.
Medio [illegible] — [illegible]
[illegible] pyramidis [illegible].

Differt ab [illegible] figura.

Galenus [illegible] principio [illegible]
[illegible] de Carne [illegible]
WH principium [illegible] finis [illegible]
quod [illegible] Medio.

Galenus Mag: de Actionibus [illegible]
[illegible] et [illegible]
WH dicunt quod ipse solio

Actio

vel = [illegible] Actio est
Galenus [illegible]
[illegible]
alii [illegible]
— Nervos [illegible] ad Extrem [illegible]
[illegible] Vessal.
[illegible] ad Extrem [illegible]
[illegible]
[illegible]
[illegible] mediante [illegible]

Vessal. [illegible]
[illegible] Medio [illegible] ad [illegible]
et [illegible]
quod attollit [illegible] WH vel =
[illegible]
WH [illegible] attollit [illegible]
[illegible]

NB WH
[illegible] Medi
[illegible]
et [illegible]
[illegible]
[illegible]

Columb: [illegible]
[illegible]
[illegible]
Dx [illegible] Medius [illegible]
vel Δ WH [illegible]
[illegible] Actio [illegible]

Musculus [illegible]
[illegible]

[illegible] Actio [illegible]
X [illegible]

Figura — taken oute it is like a flare
Medio convexum in conum
Tanquam velum omnibus præcordiis prætenfis
differt ab omnibus { fitu / figura
Controverfia apud authores de eius principio et fine
eft de lana capria
WH principium vbi carnofum finis vbi Nervofum
quod accidit Medio
Controverfia Magna de Actione vfibus.
fuperfluum opiniones et fententias referre et agitare
WH dicam quod ipfe fentio
Actio — vt in omnibus Mufculis Actio eft
contrahere feipfum fecundum fibrarum ductum
vnde ex convexo fit planum
Alij contra magis in Conum
Neceffe enim Aut Extrema ad medium appro=
pinquant vt Veffalius
aut Medium ad extremum et ita
deorfum
aut vtroque modo fecundum quod magis
mobile extremum quam medium et contra
Veffalius adductis extremis coftarum intro et
furfum modice dilatari ad latera
et fic Thorace infpirante argumento
quod attolitur pectus "vt in p" WH vt in
pifcibus. Branchiæ: or larke=netts
WH fed attollitur tantum longis Infpirationibus
quando Mufculis fpatularum elevatur
Columbus eodem fundamento Motus extremorum dicis
conftringi pectus. et Expirationem fieri
vterque ad vivam referunt Anatomiam
fed × ambo magis fixum Medium quam extrema fupponunt
vt Δ WH retractis Ilijs
vnde × Laurentius Actione conum facere
↓
tanquam retractio contractio et actio fit
× enim poffe facere de fcipfo conum

NB WH fixum Medium diffifepto et Capfulis Cordis: att confoflum retrahi

↓ Mortuis fibrarum laxitate

WH Contractione ex cono fit planum et deorſum
in Medio agendo moventur. magis enim
Mobile medium quam extrema
vnde diſſectionibus perforato Thorace et
ingrediente Aere deorſum trahi poteſt

WH. vtrinque et elevat coſtas et depellit Inteſtina

et a flatibus &c. cono facto ægrius Inſpiratur
et Thoracem dilatari. et Inſpiratione
ſed WH Inſpiratione { longa ſuſpirioſa retrahitur / placido ordine contra.

Vſus

Vſus vt eſt { ſeptum ventriculi: { nobile / Ignobile } { vitale / Naturale } { Inferius / ſuperius } / Muſculis. Motu.

ſeptum eſſe Ariſtoteles in omnibus ſanguinoſis × in pennatis
1 Tuetur Cordis locum Cameram a tetris fuliginibus
vaporibus crudis e Culina Nidoroſis
a coctione ortis et excrementis
2 Tuetur ab oppreſſione in diſtentione ventris
vteri Coli a cibariorum flatibus &c. et in
humorum fermentatione ſubtus Inflamatur Moriuntur Hippocrates
proprius vſus vnde pennatis Giſard aut
vbi ventriculis chartelagines. et
vbi non eſt colon
contra vbi magis diſtentio accidit robuſtior
vt Indy goate
3 Homine as an Apron ſupportare cor et
pulmones erecta ſtatura
1 Inſpiratio ſecundatio propellendo Inteſtina et
præcordia: Δ agitatione iliorum reſpirantium
Aves enim cantantes Modulantur abſque diaphragmate
vnde vt Muſculi Abdominis vt Antagoniſta proportionaliter
reſpondit: vnde vibi deficiunt Muſculi deficit
2 Motu periſtaltico Inferius tanquam vna manu
excreta vrina feces partum flatus
detento enim Anhelitu omnes ſhite and groan NB
3 Motu hac illac præcordia ſentinam corporis
portus Hepatis quibus multi vſus Eventuri
vnde Hippocrates ventris reſpiratorium
vnde Δ 2 a dogg tremulo motu Jelling
the tong
4 NB WH forſan ſanguinem et ſpiritus ad { Inteſtina / Membra } cogit

WH [illegible] [illegible] et [illegible]
in Medio agendo [illegible]
Mobile [illegible]
[illegible]
WH
[illegible] et [illegible]
[illegible] et [illegible] et [illegible]
[illegible] WH [illegible]
[illegible]

[illegible] [illegible] et { [illegible]
[illegible] Motu.

[illegible]

1 [illegible] [illegible]
[illegible]
[illegible] et [illegible]

2 [illegible]
[illegible] et [illegible]
[illegible]
[illegible] et
[illegible] et.
[illegible] et [illegible]
[illegible]
et [illegible]

3 [illegible] et [illegible]
[illegible]

4 [illegible] et
[illegible]
[illegible]
[illegible]
[illegible]

2 Motu [illegible]
5 [illegible]
[illegible]

3 Motu [illegible]
[illegible]
[illegible]
[illegible]

A Δ B. WH [illegible] Motu [illegible]

Pulmone [illegible] a [illegible]

[illegible] [illegible] qui [illegible]

Cordi [illegible] [illegible] [illegible]

[illegible] [illegible] [illegible] [illegible]

[illegible] [illegible] [illegible] [illegible] [illegible]

[illegible] [illegible] a vedi [illegible] [illegible] [illegible]

[illegible] liquido [illegible] [illegible]

[illegible] [illegible] Galeno [illegible] aliqd [illegible]

[illegible] [illegible] [illegible] [illegible]

Cordi [illegible] qui [illegible] [illegible] et calore [illegible] [illegible].

[illegible] [illegible] [illegible] [illegible]

[illegible] [illegible] [illegible] [illegible] fibbre [illegible]

[illegible] [illegible] [illegible] [illegible].

[illegible] diaffragma

[illegible] stomaco

[illegible] [illegible] [illegible] [illegible], Capsule [illegible]

[illegible] [illegible] [illegible] [illegible] [illegible].

[illegible] [illegible] [illegible] [illegible] [illegible] [illegible] [illegible]

[illegible] [illegible] [illegible] [illegible] [illegible]

Fibbre Noxie [illegible] [illegible] [illegible]

[illegible] [illegible] [illegible] [illegible] [illegible]

[illegible] [illegible] [illegible] [illegible] [illegible]

[illegible] [illegible] [illegible] [illegible]

[illegible] [illegible] [illegible] [illegible] [illegible]

[illegible] [illegible] [illegible] [illegible] [illegible] [illegible]

[illegible] [illegible] [illegible]

[illegible] [illegible] [illegible] [illegible]

[illegible] [illegible] [illegible] [illegible].

[illegible] [illegible] [illegible] [illegible] [illegible] [illegible]

[illegible] [illegible] [illegible] [illegible]

[illegible] [illegible] [illegible] [illegible]

[illegible] [illegible] [illegible]

[illegible] [illegible] [illegible] [illegible]

[illegible] [illegible] [illegible] dilatat.

Pulmones πνευμονες a πνευο ſpiro
lungs, lights quia ſpongioſæ light
Cordis ventilabra promptuarium ſpiritus
Then fill all this two regions
ſic blown vp in a live creature "vt W Δ"
WH recentum Mortuis Δ vidi et ante ſolutionem halter
in ſuffocatis laqueo: Mortuis ſubſidunt
and ſoe cum concidunt vt Galen cum aliquod internum
vt vulneribus penetrantibus inter aerem ingreſſum
Cordi coniunctum quia corde principium et Calor refrigeratione egens
pone faſtned vertebris of firmitudinem
vtroque latere Cirrownded with the Ribbs and defended
ſupra depend on Aſperam Arteriam
Infra diaphragma
Ante ſternon
then Encompaſs the hart, Capſulæ Conectitur
Connexa cordi vena arteriali et Arteria venali
Attamen in alijs Animalibus non circa cor ſed ventrem Inferiorem
vt frogges teſtudine: longe a corde ſerpentibus

Fibroſis Nexibus Homine ſepe pleuræ
WH ſuppuratis potius vidi vbi Nectitur
et hic parte ſuperiori potius: vnde his
dolor ſpatularum et brachij
hoc rationabiliter as being leſs exercifed
quia conectitur ſolum hominibus and thos ſedentaria vita
motu enim impeditur hæc conexio
vnde exercitatis pulmonibus raro ptyſici
vt hunters ſingeing men &c.
vnde Caſpar Bauhin rare induſtrious man ×
qui puta huiuſmodi conexi: ad melius
vt pulmo dilatationem pectoris ſequatur
et ſecuritatis confoſſo pectore
Galeni ſundamento quod pulmo movetur
dum ſequitur pectoris dilatationem

Cor ſituatur ad 4 et 5 coſtam In medio trifariam

et ab ipſo omnes dimenſiones { ſupra infra / ante retro / dextro ſiniſtro }

vnde principaliſſima pars quia locus principaliſſimus
vt centro in circulo: Medium corporis Neceſſarij
Mucrone aliquantum in levam in homine
vt ſiniſtrum calfaceret et Imbecillitatem compenſaret
Mortuis magis retractum ab arteria quam vena
ceteris Animalibus medio "exte" exacte pectore
Quibus Baſis aliquantulum in levam: lividextri: contra "Abdom"
Ambidextri Medio Nicholaus Maſſa
Capſula continetur pericardio vagina theca vnde
figuram qualem cordi
Mediaſtino ſuſpenſa a quo oritur ſed craſſa
vnde Ariſtoteles omnium Membranarum craſſiſſima
aliquando vt Columbus defuiſſe ſyncope affecto
cane et cuniculo deeſt vel valde tenuis
Avibus nulla
venas arterias Nervus valde exiles
Capſulares venæ quidam recenſent ab axillaribus
durum Involucrum fortiſſimum extrinſicus fibroſum
intrinſicus leve
Aliquantulum a corde eque diſtans vt locum
daret ipſius Motibus. tamen vidi
WH ptiſico arcte complectentem cor.
"figuram"
Conectitur pleuræ ad 6 et 7 coſtas, ſterno: ſpinæ
et diaphragmati per Mediaſtinum
cui firmiter adhæret ſic vt decipiuntur
Ariſtoteles et Veſſalius qui pinguedine ſcatere dicunt
Nulla enim nec intus nec foras ſed Mediaſtino
duo enim tunicæ vnum a Mediaſtino
perforatur quinque locis venali Arteria. arterioſa vena. Arteria et vena magna
WH × ſed tunicas largitur vt pleura abdomen

WH vnde Moveri Motu diaphragmatis Neceſſe

Vſus ad firmitudinem cordis vt vallum
Laurentius refrigerare et humectare
forſan quia aqua ſcatet.

Cor situs: ad 4 et 5 costas [illegible] [illegible] 72
et ab ipso oritur diversitas [illegible] dorsum [illegible]
— unde principalissima pars quia cor principalissimum
vel centro in pectore; Medium corporis [illegible]
Mucrone aliquantum in laeva in [illegible]
vel sinistrum [illegible] [illegible] [illegible]
Mortui [illegible] [illegible] ab [illegible] vena
[illegible] finalis medio [illegible] post[illegible]
[illegible] Basis [illegible] [illegible] [illegible] [illegible]
in capsula [illegible] [illegible] [illegible] [illegible] vide
[illegible] [illegible]
Mediastini [illegible] [illegible] [illegible] [illegible]
[illegible] [illegible] [illegible]
aliquando: vel [illegible] [illegible] [illegible] [illegible]
[illegible] [illegible] [illegible] [illegible]
Auris Nulla
Vena [illegible]: Nervus [illegible] [illegible]
Capsulam [illegible] [illegible] [illegible] ab [illegible]
[illegible] [illegible] [illegible] [illegible] [illegible] [illegible]
[illegible] [illegible]
[illegible] [illegible] [illegible] [illegible] vel [illegible]
[illegible] ipsius [illegible] [illegible] vidi
[illegible] [illegible] [illegible] [illegible] [illegible]
Co[illegible] [illegible] ad [illegible] costas [illegible] [illegible]
et diaphragma [illegible] Mediastinum
14 [illegible] [illegible] [illegible] [illegible] [illegible] [illegible]
[illegible] [illegible] [illegible] [illegible] [illegible] [illegible]
Nulla [illegible] [illegible] [illegible] [illegible] Mediast.
Duo [illegible] [illegible] a Mediastino.
[illegible] [illegible] [illegible] [illegible] [illegible] [illegible]
[illegible] ad [illegible] [illegible] vel [illegible] [illegible]
[illegible] [illegible] [illegible] [illegible]
[illegible] [illegible] [illegible] [illegible]

Humor foetid vel urinae similis ne
non multum [illegible] cardo est vel.

[illegible] Fistul. [illegible] capsula vel paglias aq.a flava
seu galli et thorace et abdomine

Aliquando non est: aliquando plus thorace.
[illegible] vel collect. [illegible] mortui
mortui [illegible] magis [illegible] infractio [illegible] gelat.
[illegible] temporalis [illegible]
opinionem [illegible] et Nulli [illegible]

Expulso a Natura fieri [illegible].
[illegible]
plus [illegible]
vide [illegible]
Nec [illegible] Cassopia
vel [illegible] qualitate WH [illegible]
a ex [illegible] Cor
Aq.a [illegible]
[illegible] WH Nitrose slippery fronting as —
Butterey [illegible]

Thus powdered all the parts of the [illegible]
upper belly only [illegible] situatio
[illegible] reliquas qualitate figura.
usus utilitates dignitates
problemata: observationes
[illegible] de principatu WH.

Humor sero vel vrinæ similis ne
 cor motu perpetuo exardesceret
 etiam piscibus quibus Capsula vt pastinaca aqua flava

{ generatio
 vsus { quibusdam sed qualis et Thorace et Abdomine
 passio Animalibus }

 Aliquando non est: aliquando plus Thorace
 Jam in vivis vt Columbus canibus quam mortuis
 mortuis vero magis vnde de "generatione" contritis vt suspensis sole
 et cum a sectione temperasse
sex opiniones proponit Picholhomini: omnes Nulli momenti
 W puto a Natura fieri ne cor exarefceret.
 vnde vulnera Cristi aquam cum cruore
 plus fœminis et viris humidioribus
 vnde palpitationem cordis et suffocationem ex
 Nimea quantitate Jasolinus suspicione Veneni: Cach$_{\text{e}}$xia
 vel prava qualitate: WH Remedijs veneni
 ex pulvere: Adamas. Comprensi hic humorem et Cor
 Aqua acrimoniæ et salsedinis expers
 tam WH Nitrosum slippery scowring as in
 Butchers hands

Thus poynted out all the parts of this
 vpper belly only handling there situation
 de. reliquis quantitate figura
 vsus vtilitates dignitates
 problemata: observationes.
 tantum de principatu WH.

Cor a Currendo quia ſemper movetur
1 WH principaliſſima omnium pars Non {propria ratione
Carne fibroſior enim et durior et frigidior Hepate
ſed copia ſanguinis et ſpirituum in ventriculis
1—vnde fons totius caloris
2—vnde Auriculam dextram pro Apoſtemate recenter Mortuo
3—vnde piſces quaſi lacunam ſanguinis
et eò maior quo ſanguis ſpirituoſior calidior
et puto quo diſtenſum et non concretum poſſibile ad vitam
vnde "ventr" Auriculæ pulſant poſt emotum cor ſanguinis multitudine
2 WH Nec principalis origine: puto enim ventriculi (qui
in fœtu Ambo vt piſcibus vniuntur) fieri
eX gutta ſanguinis quæ in ovo. et Cor
cum reliquis. vt in frumenti Ariſta pullulare
omnes ſimul ab inſenſibili magnitudine
An eſt gutta tantum ſanguinis in "ventri" Auriculis
vnde omnibus partibus calore Impertiens. a
. Nullo recipiens: Caloris arX et domicilium
lar iſtius Edificij fowntayn conduit hed.
Figura turbinata. Nuci pinei ſimile
ſmelt pyramis. Aviculis conus rotundus: Mackerell tetrahedron
triquetrum, oblongum teſtudine 
duplici Apice quibuſdam vt Embrione
Quantitate Cor magnum hominibus vnde timidi vnde ex intellectu communi virtus:
longitudine 6 digitos latitudine 4 Magnum timidis
lepori cervo Aſino, quia calor minus diflatur
Vigor enim ſequitur "Aras" ſanguinis calorem vnde Irati contra timidi tardi ad Iram Non riment
his enim Ebullitio ſanguinis vt lac Ebulliens magno vero quiete cito deferveſcunt
Cor preterea ſua Conſtitutione frigidum
Parvum et ſpiſſum fidentiora et Audentiorem exiguus enim Ignis
Magno loco calefacit minus. parvo magis: vnde ijs
diſpoſitio ad metum et Iram præeſt et anima Corpus ſequitur
Cor durum ſenſu hebeti Mollius ſenſu valenti

Cor a currendo quia semper movetur.

1 WH principalissima omnium pars Aristoteles solidior
Carnea fibrosa quia et durior et frig: Hepate
sed copiosi sanguinis et spiritus [illegible] calidius
1 unde fons totius caloris
2 unde [illegible] Apoplexia [illegible] Mola
3 unde [illegible] [illegible] sang.
et eo maior quo sang. [illegible] solidior.
et [illegible] quo [illegible] [illegible] possibile [illegible]
unde [illegible] pulsat post [illegible]: [illegible] sang [illegible]

2 WH Nec principalis origine: [illegible] (qui
[illegible] albo et [illegible]) [illegible]
et gutta sanguinis [illegible] et Cor
[illegible] [illegible] pulsatur
[illegible] [illegible] possibile [illegible]
unde [illegible] gutta [illegible] [illegible]
[illegible] [illegible] [illegible] a
[illegible] [illegible]: [illegible] et [illegible]
[illegible] istius Edificii [illegible] ordine [illegible].

Figura [illegible] [illegible] [illegible] [illegible]
[illegible] [illegible] [illegible] Mastricht [illegible]
triangularis, oblonga [illegible]
Duplex apex [illegible] vel [illegible]

Cor [illegible] [illegible] [illegible] [illegible]
Quantitas [illegible] 6 digit. lat. 4: Magnus [illegible]
[illegible] [illegible] [illegible] quia [illegible] [illegible] [illegible]
vigor [illegible]: [illegible] calorem [illegible] [illegible] [illegible]
[illegible]: [illegible] sang: magis [illegible] [illegible]
parvum et [illegible] [illegible] [illegible] [illegible] n: [illegible]
[illegible] [illegible] magis: unde [illegible]
[illegible] [illegible] [illegible] Corpus [illegible]
Cor durum [illegible] [illegible] Molle [illegible] valent.

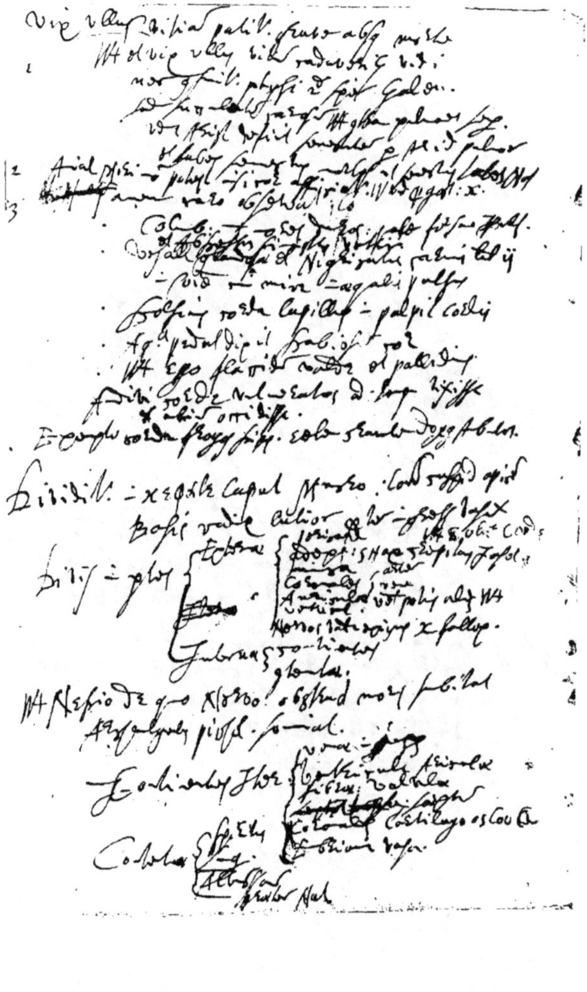

Vix vllum vitium patitur grave abſque morte
1 WH et vix vllum vitium cadaveribus vidi
nec conſumitur ptyſi ſecundum ſpem Galeni
ſed ſucculentum carnoſum WH contra pulmones ſemper
vnde Ariſtoteles deficit ſenectutem per Aridam pulmonem
et tabes ſenectus morbo vt ſenectus tabes noſos
2 Animal mori non poteſt niſi cor afficiatur W vnde prognoſticatio ×
Tamen Caro obſervatur "Co"
Columbus: Tumores duros: quale forſan pulſus
et Abſceſſus ſiniſtro ventriculo
Veſalius glandoſæ et nigricantis carnis libro ij
in homine cui mire inæqualis pulſus
Scolſius corde lapillus in palpitatione cordis
Aquapendens dixit ſcabioſum cor
WH ego flaccidum valde et pallidius
Audivi corde vulneratos ad tempus vixiſſe
et alium occidiſſe
Exempto corde frogg ſcipp eele crawle dogg Ambulat

Dividitur in κεφαλε Caput Mucronem Conum cuſpidem apicem
Baſis radix latior propter ingreſſum vaſorum

Diviſio in partes
- Externæ
  - pericardium
  - adeps: στηαρ crepitans Jaſolinus WH involucrum cordis
  - tunica
  - Coronales
    - arteriales
    - venales
  - Auriculæ vel potius alæ WH
  - ventriculi
  - Nervos valde eXiguos × Fallopio
- Internæ
  - continentes
  - contentæ

WH Neſcio de quo nervo obſtructo mors ſubitat
Archangelus Picholhomini ſomniat

Continentes Interiora
- venæ ingreſſum
- ventriculi Auriculæ
- fibræ valvulæ
- ſeptum
- Coronales Cartilago os
- Embrionis vaſa

Contentæ
- ſpiritus
- ſanguis
- Album ∖ ∕ ouum

Continuatur " pulmonibus A " radici vaſis vena Arterioſa &c
Vena Arterialis hic ſuper Aortam in crucem
Hic vena cava ingreditur his Aorta.
WH Hinc cur potius Arteria oriri a corde
quam vena non vidio
Ramum enim Immittit arteria vt vena in Jecur
et vena dehiſcit et Continuatur ventriculis cordis
et aliquibus Non eſt differentia venis ab Auriculis
WH Quære de principio venarum puto a corde
quorum maiores a minoribus omnes a centro
a quo creſcunt et extenuantur
ſed vena conſideratur vt via : hepate vbi Ingreſſus Alvioli
et ita portæ principales Inteſtinis
ſed vt vas et receptaculum in plures propagines ſciſſum
ſic propagines quaſi membra quorum principium omnium
vena Ca"pa"va : Cavæ aut " cord " Cor
aut hic apud Cor vbi ampliſſimum fowntayne hed
ſic plurimi rami Nervorum a 6to pari quorum ipſe princeps
huius vero principium cerebrum
præteria ſi vt vas continens et concoquens vbi plus
continet et plus concoquit ibi principium hoc
autem corde quia his latiſſimum hic calor abundantiſſimus
deinde omnia principalia minus principalibus principia
magis enim ad principium quod principalior
vnde vena cava ramulis huius hæc pars
quæ Centro corporis loco principaliſſimo
Vaſa vena et Arteria WH ſed vt columba eadem tunica
venarum et Arteriarum vnde in his an paſſagium dubium
et Nec piſcibus. præter fiſtulam vnde deeſt
" dexter " ſiniſter ventriculus non dexter vt vulgo
WH forſan quibus vt præſto Alimentum Evaporabile adſit: pulmones
et " dex " ſiniſter ventriculus propter caliditatem diſſipantem

Coronalis [illegible] vena arteriosa [illegible]

vena arterialis sic [illegible]

[illegible] vena cava [illegible]

WH [illegible] plures arteria [illegible] a corde

[illegible] vena [illegible] vidio

[illegible] arteria et vena [illegible]

et vena [illegible] et Coronalis [illegible]

et [illegible] ab [illegible]

WH Quod [illegible] 2 principio [illegible] a corde

[illegible] a ventre

[illegible] et [illegible]

Ed. vena [illegible] via: [illegible] ubi [illegible]

et [illegible] porta [illegible]

Ed. [illegible] et [illegible]

[illegible] principio [illegible]

vena [illegible]: Cava aut [illegible] Cor

aut sic apud Cor ubi amplissima [illegible]

sic [illegible] a [illegible] pari, quod ipse [illegible]

[illegible] principio [illegible]

probatur [illegible] ubi plus

[illegible] ibi [illegible]

[illegible] sic [illegible]

Et omnia principalia [illegible] principalis [illegible] principia

magis [illegible] principit [illegible] principalior

[illegible] vena cava [illegible] pars

quae Corde [illegible] principalissima

[illegible] vena et arteria WH [illegible]

[illegible] arteriae [illegible]

et [illegible]

[illegible] non [illegible] et vulgo.

WH [illegible] Aristoteles [illegible]

[illegible]

Ventriculi 2° dexter et sinister.

WH A [illegible] et 2 [illegible] dextri [illegible]

~~[illegible] diligenter [illegible]~~ nec [illegible]

Non valvare [illegible]

Ergo [illegible] ut solo toto [illegible] possit

[illegible] WH [illegible] cordis [illegible] passi.

~~[illegible]~~ pori alteratione.

Autem [illegible] diligentes [illegible]

[illegible] Cordis [illegible] et [illegible]

— Dexter circumscriptior [illegible]

aliquis [illegible] [illegible] : [illegible]

Ad [illegible] Non [illegible]

[illegible] ~~[illegible]~~ [illegible] ali;

latior [illegible] parieti [illegible]

Quasi appendix sinistri [illegible]

Sanguis [illegible] [illegible] latus

[illegible] pulmonis [illegible].

— Sinister [illegible] dextro [illegible]

Angustior parietis triplo crassi.

~~[illegible]~~ [illegible] WH [illegible]

Hic spiritus [illegible] et [illegible] corpus [illegible]

X Gal: [illegible]

[illegible] ventriculus [illegible]

[illegible] [illegible]

[illegible] WH X

Ventriculi duo dexter et ſiniſter
WH Admiror Ariſtotelem cum tres ita exacte deſcribit
" autor tam dilligens et fidelis nec ſalvar "
Nec Niſi Auriculam ſiniſtram pro ventriculo ſalvare poſſe " vnde ſuſpic " quare Galen
eum iure reprehendit cum eodem modo eque ac paſſer
vnde WH ſuſpicor an Animalia talem alterationem paſſa
temporis alteratione
Author tam dilligens fidelis
vſus Hæ duo lacunæ Cyſternæ ſanguinis et ſpiritus
Dexter circumſcriptionem ſemilunarem
aliquibus Animalibus totum Inveſtiens: Aviculis
Ad Mucronis extremum non perveniens
WH Embrione tamen vt Nuclei gemelli Albi
latior, carne laxiori parieti tenuiori
Quaſi Appendix ſiniſtro videte in Anſere
Sanguine refertior et proinde calidum dextrum latus
et vltimo pulſans Dextra Auricula.
Siniſter Medio Cordis exacte dextro adempto
Anguſtior pariete triplo craſſus
quod × Embrione WH
vnde " aliquando " Columbus adeo exiguus vt deeſſe videretu
Hic ſpiritus perficit et in totum corpus hinc diſtribuitur
× Galen de repertis 6 c. 9 et 7° C 5:
dexter ventriculus gratia pulmonum
Δ piſcium quibus deeſt dexter ven=
triculus quod WH ×

Contentæ ſanguinis refertiſſimæ quod Nullum aliud viſcus.
vnde Ariſtoteles contra Medicos non eſſe
principium ſanguinis in Jecore ſed Corde.
quia in Jecore non eſt ſanguis extra venas.
WH ſanguis potius principium amborum vt vidi
Continentur præter Naturam lapilli Bauhin pinguedinis
WH forſan quod reperi Cachecticis
Albo ſanguine deceptus
ventriculo Auriculis et omnibus reperi parum Aorta
ptiſicum: tales granos albos tuſſi reiectos
deſinebat in thrombos ſanguineos plane
vnde puto ſanguine nimis excoctum. calido
et principali enim loco et talem quod ſupernatat ſanguis
et fibræ ſanguinis quæ lotæ Albidi ſunt
item diſſolutæ frigido humido

Auriculæ cuticulares (Nigræ) vt diſtentioni
Dextra rugoſior Acuminoſior minor durior
et paulo carnoſior craſſior ſiniſtra
Triplici fibrarum genere Dom. Leoni p. 695
Intus corrugoſam " ſanguinis plenam " vidi fibris vt ventriculum
ſanguine adeo repletam vt ante concretam Apoſtema
Imponeret præcipue magnanimis Iratis
vel febricitantibus ſuffocatis
Vſus tanquam promptuaria cordi: piſcibus veſica ſanguinea
Embrioni parum ſanguinis in ventriculis multum Auriculis
Valvulæ tres tricuſpides foras intus: like broad arrowes
Intus ligamentis nectuntur Mucroni cordis
foras membraneo circulo:
Has primus Hippocrates Admiratus Novit
WH x Galen vena cava non Inmittit Ramum imo Incipit
et continuatur vnde Cor principium venarum
Ridiculum dicere ramum maiorem trunco duplo

Galen not inserting the branch bwo the deepest hollow vein begins and is united from where the heart origin of the veins

[illegible]

[illegible] 75

[illegible] (Nigra) [illegible]

[illegible] vidi [illegible]

[illegible]

Galen vena cava non Inmittit Ramum
vein hollow not send in/cause branch

imo Incipit
begin/commence/take in hand

et continuatur unde Cor principium
unite/connect whence heart origin

venarum
of the veins

immo
indeed

imus
deepest

fibrae ligamentosae carnosae solidae [illegible]
aliis plures aliis pauciores [illegible] et striatae
[illegible] [illegible] [illegible]
[illegible] maiores [illegible] maiores
[illegible] [illegible] [illegible]
[illegible] [illegible] [illegible]

[illegible] [illegible] [illegible]
[illegible] [illegible] [illegible]
[illegible] [illegible] [illegible]
[illegible] [illegible] Nulli [illegible]
[illegible] valvulae [illegible]
[illegible] ~~[illegible]~~ pulsare [illegible]
[illegible] valde [illegible]

Vena arteriosa ab officio et tunica in pulmones
2do [illegible]
[illegible] tunica [illegible] [illegible]
[illegible] [illegible] [illegible]
alia opiniones [illegible] [illegible]

valvulae iij semilunares [illegible] [illegible]
[illegible] [illegible] semilunares

Vena [illegible] [illegible] [illegible] [illegible] et
[illegible] [illegible] [illegible]
[illegible] officio valvulae semilunares [illegible]

Arteria venalis ab officio et tunica in 2os [illegible]
et [illegible] [illegible] officio in [illegible] pulmones

Quasi [illegible] [illegible] [illegible] [illegible]
[illegible] [illegible] officio et [illegible]
[illegible] [illegible] [illegible] [illegible]
[illegible] [illegible] [illegible] [illegible]
[illegible] [illegible] [illegible] [illegible]

[illegible] [illegible]
[illegible] [illegible]
[illegible] [illegible]
[illegible] [illegible]
maior [illegible]

Fibræ ligamentis lacertulis corrugatæ
Alijs pluribus alijs contra paucis et Minoribus
quibus vide Auriculis maximas
Quibus cor maius, plures maiores
profundiores dextra quam ſiniſtra vnde
Hippocrates hic Intimum Animæ Thalamum.
Vſus WH Movere cor vt muſculi dum contrahitur
vnde videntur ſyſtole quæ contractionem Cordis
arctari ventriculis ſi vndique agunt.
Anſeribus et Anatibus woodpeckers &c. Nulli fibræ dextro
vt nec valvulæ tricuſpides.
vnde "WH puto" non pulſare his dextrum ventriculum
cum ſiniſtro valde fibroſo

Vena Arterialis ab officio et tunica in pulmones
duplici trunco
craſſiori tunica ne tenuior pars ſanguinem quod
pulmonum Alimentum tranſpiret.
aliæ opiniones variæ non prolatæ
Valvulæ tres ſemilunares tenſæ gibbæ
laxæ vero ſemilunares
Vena coronalis totum Baſim Cordis Ambit et
propagines Mittit ad Mucronem
Euſtachius orificio valvula ſemilunari occluditur
Arteria venalis ab officio et tunica in duos truncos
vt quaſi geminum orificium in duos pulmones
Quaſi Aortæ jugiter Intercidunt vas Infantis
portæ Aſimulatur officio et origine
Auricula ſiniſtra in Cor carnoſior &c
Huius tricuſpides 2 a biſhops miter
A membraneo circulo foras intus

{ J. Cæſalpinus Aretinus
vena Arterialis quantitate ij digitos
Arteria venalis 4 digitos
admittit vnde Aditus
maior Aſpera Arteria }

Aorta prope ingreſſum Arteriæ venalis
Inter ipſos tantum una valvula.
Hinc ſpiritus in Arteria Magna et inde in totum
Hic hominibus Cartilago cervis oſs. abhinc
Valvulæ tres. tenſæ Gibboſæ laxæ ſemilunares
Intus foras. ſic vt iam ij valvulæ
2° ad Arteriam venalem reliqui ſingulares iij
Coronalis Arteria juncta cum vena Coronali hic

Hiſtoria tranſitus ſanguinis et quomodo ſpiritus fiant

Alij tranſire putant ſanguinem per ſeptum
Interſtitium paries
a dextris gibbum a ſiniſtris convexum
et proinde dicunt poroſum quod ×
Bauhin tamen Cocto Corde Bubalo conſpicuum
Columbus vidit Cartilaginem
Aliquibus vt teſtudine aut ſeptum Nullum aut tenuiſſimum

Vaſa in fœtu hic Arteriæ Ramus quaſi altera
Aorta hic degenerat in ligamentum
Fœtu quaſi altera Aorta cum valvula WH
et quaſi tertia propago coivit Arteriæ venoſæ
Inſertio
Foramen ovale hic ſignum quod erat valvula WH Apertum in Embr
vnde ambo Auriculæ vna lacuna
vt etiam in perfectis Animalibus piſcibus quadrupedibus ovij
ſed de his et horum vſus exactius cum de fœtu

Aorta [illegible] arteria [illegible]
[illegible] valvula
[illegible] arteria [illegible]
[illegible] cartilagine [illegible]
valvula [illegible] gibbo [illegible]
[illegible] valvula
2° [illegible] valvule [illegible]
Coronalis arteria [illegible] vena coronali [illegible]
[illegible]

Alij [illegible]
[illegible]
[illegible]
[illegible]
Basis [illegible] Coclo corde [illegible]
[illegible] cartilaginea
Alij [illegible]

Vasa [illegible] arteria [illegible] quasi altera
[illegible]
[illegible] quasi altera [illegible] valvula [illegible]
[illegible] gibbo arteri [illegible]
[illegible] valvula [illegible]
Foramen ovale [illegible]
[illegible] ambo [illegible] corona
[illegible]
[illegible]

Galen optime [illegible] [illegible] [illegible] [illegible]
[illegible] pedem [illegible]

[illegible] [illegible] [illegible] [illegible] [illegible]
[illegible] [illegible] [illegible] [illegible] [illegible]
[illegible] [illegible] [illegible] [illegible]
[illegible] [illegible] [illegible] [illegible]
[illegible] [illegible] [illegible] [illegible]
[illegible] [illegible]
[illegible] [illegible] [illegible] [illegible] [illegible]
[illegible] [illegible] [illegible] [illegible] [illegible]
[illegible] [illegible] [illegible] [illegible]

[illegible] [illegible] [illegible] [illegible] [illegible] [illegible]

Substantia Cordis caro densa crassa dura.
compacta ut [illegible]

Color purpureus [illegible] [illegible] Alb.
[illegible] [illegible] [illegible] [illegible] [illegible]
[illegible] [illegible] [illegible] [illegible] [illegible]

Temperatura calidissima [illegible] [illegible] [illegible]
[illegible] [illegible] calidior [illegible] Corpori
[illegible] [illegible] calidior [illegible] [illegible] [illegible]
[illegible] [illegible] parvi [illegible] [illegible]
[illegible] [illegible] [illegible] [illegible] [illegible] [illegible]
[illegible] [illegible] [illegible] [illegible] [illegible]

Cordis temperatura ex [illegible] [illegible] [illegible]
[illegible] [illegible] [illegible]
[illegible] [illegible] [illegible]

Galenus optime explicabit priores Neoterici
ſicco pede præterierunt
Apertæ manent Ambo "ab" poſt Ablectationem
et etiam Imperfectis ſemper { Vituli Columba / Anſere }
præteria Ratts & alios meatus
quibus Auriculæ Invicem perviæ et
etiam Embrione humano quaſi
vena coronali
Ratts etiam vena ad dextrum latus
pro Intercoſtali quæ Infra in homine
hic ſurſum ſaltem putavi
vena cava Inmiſſo Bacculo ad Inguina

Subſtantia Cordis Caro denſa craſſa dura
Compacta vt Renes
Colore purpureo ſanguis: ſquillarum Albo
WH non omnibus ſanguineis adeo cruentum
vt Nec Cachecticis quibus laxum.

Temperatura calidiſſima vtpote ſanguine refertiſſima
de ſiccitate W Ambigo ratione enim Corporis
nervos condens caro ratione contenti ſanguinis humidiſſima
Quibus ventriculi parvi; parvæ venæ "et ſe"
ſed puto potius ſequi Auriculas. Contra enim
magnum cor timidi antea dixi

Cordis Temperatura ex { pulſu / Anhelitu / pectore pilis: axillis }
ex Moribus { fortitudine / Corporis Imbecillitate }

Motus vulgo creditur Mucrone ad baſim
attraćta fieri dilatationem ventriculi et
eſſe diaaſtole
contra relaxari et fieri ſyſtolen
vnde ferit pećtus diaſtollen
et diaſtole dilatato corde dilatatur Arteria
et quod præcipuus Motus cordis diaſtoles
et quod ſyſtole contingit Mors
et quod a " ſyſtole " diaſtole interna quies cordis et pulſuum

Ego] per integras horas animadvertendo, non facile
potui diſcernere neque viſu neque tactu.
quare vobis cernendum et indicandum proponam.
videtur mihi potius aut quum appellat diaſtolen
eſſe Contractionem cordis et proinde male definitam
aut × eſſe quæ dicunt:
Aut ſaltem diaſtole diſtendi Carnoſitatem cordis
coarctari vero ventriculos.

Columbus p. 474 dum cor dilatatur conſtringi arterias et rurſus
in cordis conſtrictione dilatari venam. NB quod dum cor
ſurſum fertur et tumefieri videtur tum Conſtringitur.
cum vero ſe exerit quaſi relaxans deorſum vergit
et eo tempore dicitur cor quieſcere, eſſeque tunc
cordis ſyſtole Quia facilius ſuſcepit mi=
noreque labore att cum tranſmittit maiori
opus eſt Robore, neque hoc flocci facias
etiam non paucos reperies qui eo tempore
cor dilatari certò opinantur, quo vere conſtringitur

[illegible] vulgo [illegible] ad [illegible]
[illegible]
[illegible]
[illegible]
[illegible]
[illegible]
[illegible]
[illegible]
[illegible]

Ego [illegible] non facile
[illegible]
[illegible]
[illegible]
[illegible]
[illegible] X [illegible]
Ad [illegible]
Conclusi [illegible]

Colum. pp. 474. [illegible]
[illegible] NB. [illegible]
[illegible]
[illegible]
[illegible]
[illegible]
[illegible]
[illegible]
[illegible]
[illegible]

Videtur q[uod] [illegible] et difficile [illegible]
aut [illegible] aut [illegible] ad [illegible] Cal: [illegible]
et qualis sit [illegible]
[illegible]
Ex[illegible] est [illegible]
Ex[illegible] [illegible]
1°. [illegible]
2°. [illegible]
[illegible]
3°. [illegible] ad [illegible]
et [illegible]
4°. [illegible]
[illegible]
[illegible]
[illegible]
— [illegible]
— [illegible]
[illegible] No — [illegible].

[illegible] Ex[illegible] [illegible]
et [illegible]
— [illegible] Calori
2°. [illegible]
[illegible]
[illegible]
[illegible]
[illegible]
[illegible] post Ex[illegible]
† [illegible]
[illegible]
[illegible]
[illegible] Columba [illegible]

Videte quam Arduum et difficile difcernere
aut vifu aut tactu ad dilatationem feu conftrictionem
et qualis fit fyftoles qualis diaftole
Erectio : eft Motus proprius vigoratur enim relaxatur enim et inervatur
Erectio fyftolen effe
1°. ferit pectus Erectione
2°. ex Molli enim fit durum vt nifi
dum Erigitur non fentitur vel Maior Apparet
3°. Auriculæ fe contrahunt ad fenfum
et Albidiores protrudunt fanguinem
4to eodem tempore tactu fentitur pulfus Arteriæ
quafi attrahitur vena cava
pulfus incipit Ab Auriculis progreditur ad Mucronem
vnde quafi duo Alæ WH
Tamen pulfat cor abfiffum Auriculis
Auricula cor fomnolentum expergefaciunt
Refpondendum cor primo Afflatui poftea fenfim
interpofita mora. tandem Non omnino.

Pifcibus Manefefte Erectione Coarctatur
et protruditur fanguis
Etiam particulis cordis dilatari
fecundum Carnem vnde Neceffe conftringi ventriculis
Cum tarde refpondet Cor Mucronem
in levam aliquantulum contorquet.
Motus et vita fenfum mucronem deferit
vnde vltimo ventriculo et vltimo dextro
Interna quies poft Erectionem
Perforato Corde Erectione profluit fanguis profilit
vnde tum fyftoles. et eodem tempore
pulfus Arteriarum fenfu : ex Arterijs profilit et
ex vena arteriofa
Poft hora Columba : digito pulfabit Auricula dextra

Quere an vena Arterialis pulſat WH
An vena Arterioſa
Quere Abſiſſo corde pulſante
An ventriculus aperiatur an conſtringatur
Veſſalius et Columbus. Dum Inflantur pulmones
viva ſectione variæ alteratur pulſus
dum Concidunt fit formicans vndoſus.
Veſſalius Nihil pulchrius obſervaſſe

Hora [illegible] pulsat [illegible].
[illegible]
Hora [illegible] pulsatur
[illegible]

Vesp. de Collegio. [illegible] pulsavi
[illegible]
[illegible]
Vesp. Nihil publicum observatum.

Hinc error [illegible] cap. 2.
[illegible]
[illegible]

1°. quod illi appellant [illegible]
[illegible]
[illegible]

2°. [illegible]
[illegible]

3°. [illegible]
[illegible]
[illegible]
[illegible]
[illegible]
[illegible]
[illegible]

Hinc [illegible]
[illegible]
[illegible]

Hinc [illegible]
[illegible]
[illegible] attrahit.
[illegible]

4 Hinc [illegible] libere [illegible]

Hinc [illegible]
[illegible]
[illegible]
~~[illegible]~~
~~[illegible]~~

Hinc error "16" 2000 Annorum pridem habitus
quare egi obſignatis tabulis
quia tam antiqua : a tantis viris culta.

1° quod illi Apellant diaſtoles aut ſyſtoles
ad diaſtoles dilatatio tantum carnoſitati
cordis et conſtrictio ventriculorum
2° Erectio ſive ſyſtoles ſive diaſtoles
proprios motus cordis contra relaxationem
3° Erectione protrudit ſanguinem et facit pulſus
pro Eroſiſtrato contra Galenum as in a glove
et Galeni Argumentum a fiſtula Impoſſibile.
ſed contractis ventriculis dilatantur Arteriæ
vnde fibroſæ ad contractionem opus enim vi
relaxatione ingreditur ſanguis in ventriculos
vnde colore adaucto replentur
Hinc pulſus Arteriæ non ex innata facultate valvularum Galen 13
ſed protrudente corde ex { Autopſia { vivo / mortuo } ; ratione ; experimento ligaturarum }
ᛉ

ᛉ { Hinc ex ligaturis attrahitur parte
et inde Ratio quare ex dolore et
Inflammatione tumores et humorum attractio
viz per Arterias
Hinc Arterijs obſtructis livor : ſphecelifus. }
"Hinc × ſi Arteriæ Juxta facultatem dilatatæ
attrahentur : vnde : non enim a corde quorum ipſe
tum temporis dilatatur
Item quo protrudunt ſyſtole non in Cor quoniam
ipſe ſitus contrahitur"

Deinde ex poſitione valvularum. Impediunt
enim propulſionem in Cor quo agitur
deinde ſauciatis arterijs proſilit ſanguis non ingreditur
Aer. et ſic in Cordis ventriculos
4to quod A ſyſtole contingit Interna quies longior
vnde alijs Animalibus poſt enumerationem 12 pulſationum
et quod a ſyſtole vel ſaltem Erectione mors.

WH ſed quod erectione propellit et emittit patet ex his

Experimento ligaturarum ſphacelis ♆ { deinde ex poſitura valvularum / vulneratis Arterijs proſilit / arteria fortior tunica }

quæ ad ſenſum præſertim Auriculis
2° Colore albidius enim florenti Cor erectione
vt Ranis et piſcibus &c.

3° ex vulnere proſilit ſanguis tum { ventriculis / Arterijs / vena arterioſa }

4to Cor reſpondet Auriculis, vt quod in Ipſum Impulſum
ipſe propellat

Rationabile etiam 1° Galeni experimentum de fiſtula Impoſſibile
2°. ſi ſimul arteriæ et ventriculi vnde non a corde: ipſæ enim ſimul
et quo valvulæ enim Impediunt et cor ſimul ſubſidet
3°. a pulſu Arteriarum et venæ arterioſæ non Arteria venoſa
et quibus firmior pulſus arteria fungoſior
et diverſi magni a venis. contra columbis &c
4to. lacertulis. poſitura dum contrahitur coartatur
vt WH Auriculis. qui pulſus gratia vnde
quibus firmior et Maior pulſus. plures &c
contra quibus pulmo fungoſior Nulli dextro Anſere
Anate woodcock
5to. quia opus vi: (relaxatione enim facile ingreditur)
vigoratur vero erectione et ex molli durum
fit et tenditur et agit contra relaxatione ener=
vatur vt piſcibus Gabaris &c.
6to. fibris contractis ſecundum longitudinem parietes diſtendi
Comprimere ſecundum latitudinem vt Muſculi Abdominis
vnde pulſans Impellens: pulſis ſanguinis compulſio
et Impulſio quædam. as in a glove.

~~Sed~~ ex positione calculi [illegible]. Impediunt
n: [illegible] in Cor [illegible]: [illegible]
~~[illegible]~~: [illegible] arteriis [illegible] sang [illegible] [illegible]:
[illegible] in [illegible] vallis [illegible]

4to quod [illegible] [illegible] [illegible] [illegible] [illegible] [illegible] [illegible] aliis [illegible] [illegible] [illegible] [illegible]
et quod a [illegible] vel saltem [illegible] mox.

Sed [illegible] [illegible] [illegible] et [illegible] [illegible] [illegible] [illegible] [illegible] [illegible]
qa A [illegible] [illegible] [illegible] [illegible] [illegible] [illegible] arteria [illegible]
2o. colore albidi n: [illegible] [illegible] [illegible] [illegible]
et [illegible] et [illegible] [illegible]. vallis
3o ex vulnere [illegible] sang. [illegible] arteriis
4to Cor [illegible] Auriculi, et quod in [illegible] [illegible] [illegible] arterias
ipse [illegible]

Ratio [illegible]. [illegible] 1o. [illegible]: [illegible] et [illegible] fistula [illegible]
2o. [illegible]: arter et vallis [illegible] a [illegible]: [illegible]
et quo valvula n: Impedit. et [illegible] [illegible] [illegible].
3o. a pulsu [illegible] et [illegible] arteriis. [illegible] [illegible].
et [illegible] [illegible] pulsus: arteria [illegible]
et [illegible] [illegible] a [illegible]. [illegible] [illegible]
4to. [illegible] [illegible] [illegible] [illegible] [illegible] [illegible]
et [illegible] Auriculi. [illegible] pulsus [illegible] [illegible]
[illegible] [illegible] et Maior pulsus [illegible]
[illegible] [illegible] pulsus [illegible]. [illegible] [illegible]. [illegible]
[illegible] [illegible] [illegible]
5to. [illegible] [illegible]: [illegible] n: [illegible] [illegible]
[illegible] [illegible] [illegible] et [illegible] [illegible] [illegible]
[illegible] et [illegible]. [illegible] [illegible] [illegible]: [illegible]
[illegible] et [illegible] [illegible].
6to. [illegible] [illegible] 2o [illegible]: [illegible] [illegible]
[illegible] 2o [illegible]: et [illegible] [illegible]
[illegible] pulsus [illegible]: pulsus [illegible] [illegible]
et [illegible] [illegible] [illegible] [illegible]

E Clavi palato WH [illegible] Cordis 2° [illegible] [illegible].
[illegible] [illegible] a vena cava in pulmones
per venam arteriosam.
et a pulmonibus per arteriam venosam in [illegible].
in [illegible] [illegible] [illegible] in [illegible] [illegible].
in [illegible] [illegible] a vena cava.
in [illegible] ab arteria venosa.
[illegible] contractio [illegible] [illegible] expellit ex [illegible]:
in pulmones [illegible] [illegible] in [illegible].
[illegible] [illegible] [illegible] et [illegible] a
Galeni [illegible] de [illegible] [illegible]
[illegible] de [illegible] [illegible] et
[illegible] [illegible] [illegible] [illegible] lacte
[illegible] [illegible] [illegible] [illegible].
Aliis [illegible] [illegible] [illegible] [illegible]
Contractio [illegible] [illegible] [illegible].
[illegible] arteria [illegible].
ac [illegible] [illegible] in a globi.
Cum [illegible] vel gratia?
[illegible] [illegible] [illegible] passio
et in [illegible] [illegible]
WH [illegible] [illegible] [illegible] [illegible] [illegible]
WH [illegible] Est Aliorum vel gratia [illegible].
[illegible] [illegible] valvulae [illegible]
WH A[illegible] voluntas [illegible] [illegible] [illegible]:
[illegible] [illegible] Arteriosa [illegible] [illegible]:
[illegible] [illegible] [illegible] [illegible] [illegible].
WH [illegible] Calore [illegible] [illegible] [illegible]
[illegible] [illegible] [illegible] a calore: [illegible] [illegible]

Ex his patet WH Actionem Cordis secundum quod movetur
esse sanguinem e vena cava in pulmones
per venam Arteriosam
et a pulmonibus per Arteriam venosam in Aoortam.
relaxato corde quid prius ingressus sanguinis
in dextrum ventriculum a vena cava.
in synistrum ab Arteria venosa
Erecto Contracto tanquam vi propellit ex dextro
in pulmones Ex sinistro in Aortam
vnde pulsus Arteriarum et plurima
Galeni speculatio de pulsibus cordis
præcipue de interna quiete dep p: 6 : 8 et
systole quoniam antequam dephrehensa tactu
Galenus (12 A—o) ego puto nunquam
Actio thus relaxed receyves blood
Contracted Puppel is over. in
vniversum corpus arteriæ respondet
as my breth in a glove.
Cuius vero rei gratia?
Aristoteles. Nullius sed passio
vt in pulte ebulliente
WH sed vulneratum non flatum sed sanguinem Emittit
WH sed Est Alicuius rei gratia indicatum
fabrica fibræ valvulæ. Arteria
WH An ventilatur Ebulientis sanguinis motu
An partes Arterioso sanguine foventur
vnde obstructis articulis particula refrigeratur
WH An vt Caloris dissolventi presto sit
febribus et Animi pathematibus a Calore: pueris raritate

~~Galeni speculatio de pulsibus cordis~~ ✓
prae cipue (de interna) quiete
systole quoniam antequam dephrehensa
since before
tactu Galenus ego puto nunquam

WH hinc ij animalibus arteriæ craſſiori tunica
et præcipue adultis quorum cordis pulſatio
fortior quia Arteria ſuſtinet Impetum
WH Hinc quod Nulli tetigerunt "Arte" vena
Arterioſa craſſior qui ſuſtinet pulſum
dextri ventriculi in adultis et arteriam
in Embrione
Hinc nec vena cava nec arteria venoſa
tali fabrica "et Non t"
quia non pulſant. ſed potius attrahi
et hoc quia valvulæ contrapoſitæ
pulſum efringunt tum in Corde
tum in reliquis venis
WH vnde venis plurimæ valvulas
oppoſitas cordi habent
Arteriæ nullas. niſi in exitu
cordis contrario modo "hinc"
Hinc pulſatiles venæ hæ
hæ vero non pulſatiles

WH An coſtas ferit Apice an lateribus
dubium quia ad 5 Coſtam vbi ſentitur
ventriculi ſunt. Mucro ad 6 vel 7.
tum quia retrahitur cor et Erigitur medio

Ariſtoteles omnibus ſanguinoſis Cor reliquis proportionale
WH x in ſquillis quibus cor. apertum album

WH Cor in animalibus arteriae constrictione [illegible]
et sanguinem adducit quod cordis pulsatio
sentitur quia in pectore sentitur Ipse.

WH Hinc quod nulli reperiuntur ~~[illegible]~~ venae
Arteriosae constrictione quia sentitur pulsus.
Dextri ventriculi in adultis et arteriae
in embrione

Hinc nec vena Cava neque arteria venosa
talis fabrica ~~[illegible]~~
quia non pulsant. sed potius attrahit
[illegible] quia valvulae contrapositae
pulsus extinguitur in Corde
[illegible] in reliquis venis

~~WH~~ De venis plurimae valvulas
oppositas cordi habent
Arteriae nullas. nisi in exitu
cordis [illegible] modo ~~[illegible]~~
Hinc pulsatiles venae [illegible]
Cava venae pulsatiles [illegible]

WH An reptilis [illegible] [illegible] an Calorifica.
dubito quia ad [illegible] ~~[illegible]~~ [illegible] [illegible].
[illegible] [illegible] ad 6 vel 7.
[illegible] quia [illegible] [illegible] et [illegible]

Anguill. [illegible] [illegible] Cor reliquis [illegible] [illegible]
WH [illegible] [illegible] [illegible] [illegible] apost [illegible].

WH constat per fabricam cordis sanguinem
per pulmones in Aortam perpetuo
transferri, as by 2 clacks of a
water bellows to rayse water
constat per ligaturam transitum sanguinis
ab arterijs ad venas
unde ∆ perpetuum sanguinis motum
in circulo fieri pulsu cordis
An? hoc gratia nutritionis
an magis conservationis sanguinis
et membrorum per infusionem calidi.
vicissimque sanguis calefaciens
membra frigifactus a corde
calefit ...

WH constat per fabricam cordis sanguinem
per pulmones in Aortam perpetuo
transferri, as by two clacks of a
water bellows to rayse water
constat per ligaturam transitum sanguinis
ab arterijs ad venas
vnde Δ perpetuum sanguinis motum
in circulo fieri pulsu cordis
An? hoc gratia Nutritionis
an magis Conservationis sanguinis
et Membrorum per Infusionem calidam
vicissimque sanguis Calefaciens
membra frigifactum a Corde
Calefit

Pulmonum figura: Quantitas Numerus et lobi
Subſtantia Color. &c.
Figuram diverſam diverſis Animalibus: weoſel ſtoote long.
doog decpc homine rownder and more bulkey.
formam a loco Continente
vnde Natura non ſollicita de figura
quia figura nihil vel parum ad actionem conducit
ſurſum convexa. Infra hollow giving way to ye liver
intra hollow giving rome to the Hart they Embrace
Thus blowne vp like the hoofe of an ox 1° Cavitate
2° the ſlite 3° the edg 4to the diſtance over the
harte in the ſlite 5to Convexitate &c.
Quantitas tales vt Inflatæ totam iſtam cavitatem replent
Quibus Maiori quantitate longer the breath
quia the more dilatable
contra obſtructæ Compreſſæ ſhorte winded.
vnde leves Arteriæ obſtructæ replent crudis { vaporibus / Humoribus }
vel compreſſæ vel putrefactione abſumptæ ſhort winde
et rather pant then breath
Quare quantitas gratia longioris Inſpirationis
vnde. quibus multus ſanguis cor calidum
pulmones Maiores præcipue bronchijs: cuius
ſignum latitudo pectoris et Amplitudo Narium.
vnde tales Animoſæ omnes
vnde calidis Corde et pulmonibus Nares Ampliantur
vnde pinnæ play: vt Iratis: curſoribus: Equis
vnde vt plurimum animalibus magnæ pulmones quibus calor
adaucto vſu. alij vero quia raro ſpirant
frigidæ: vt Ranæ ſerpentes teſtudines &c corticatis
pulmones ideo vt congeries vehiculorum idque abdomine
qui Inflatæ diſtendunt Inferiorem ventrem plurimum
vnde ſwell like a toad: vt Ranæ æſtate: quando ſpirant.
qui Emptæ carunculam parvam quantitate nucis particula
vnde his Magnæ pulmones quo raro reſpirantes
diutius ſub aqua terra morarentur
et quia frigidam et tamen magnam pulmonem quantitate deſiderant
ideo Natura pulmones hac forma et
actu perquam exigue quæ potentia diſtendi in Maximam molem

pulmonum figura : quantitas numerus et lobi
substantia colos etc.
Figura diversa diversis animalibus : [illegible] . 81
[illegible] more bulky.
[illegible]
[illegible] Natura non solicita de figura [illegible]
[illegible] figura nisi ut [illegible]
[illegible] like [illegible]
[illegible]
[illegible] like the goose [illegible]
2° the [illegible] 3° the [illegible] 4. the [illegible]
[illegible] in the [illegible] etc.
Quantitas [illegible]
[illegible] maiori quantitate [illegible]
[illegible]
[illegible]
[illegible]
[illegible]
[illegible]
[illegible] qualitas [illegible]
[illegible]
pulmones maiores [illegible]
[illegible]
[illegible]
[illegible]
[illegible]
[illegible] pulmones [illegible]
[illegible]
frigid : [illegible]
pulmones ideo [illegible]
[illegible]
[illegible] like a [illegible]
[illegible]
[illegible] pulmones [illegible]
[illegible]
et quia frigid et humid [illegible] pulmones [illegible]
ideo Natura pulmones [illegible]
[illegible] potentia [illegible]

Numerus duo = dexter et sinister per mediastinum.
membranae [illegible] [illegible] et [illegible] [illegible]
[illegible] sensibilitatis [illegible] [illegible] [illegible] [illegible]
WH pulmo [illegible] [illegible] [illegible] [illegible] [illegible]
ita [illegible] [illegible] [illegible] [illegible] pulmo
[illegible] [illegible] WH [illegible] [illegible] [illegible] [illegible] aliquando
[illegible] [illegible] [illegible] [illegible] [illegible] vide Milton [illegible] [illegible]
Quae [illegible] [illegible] [illegible] [illegible] [illegible] magis
[illegible] [illegible]: vide [illegible] 2° pulmo et [illegible],
[illegible] [illegible] magis appareat [illegible] = lobos [illegible] [illegible]
Lob: [illegible] [illegible] [illegible] [illegible] pulmonarum vena [illegible]
et [illegible] [illegible] [illegible] [illegible] [illegible] [illegible]
[illegible] Arist: [illegible] pulmo [illegible] [illegible]: [illegible]
[illegible] pulsat Cor [illegible] magis [illegible].
[illegible] Galen [illegible] [illegible] [illegible] [illegible].
et [illegible] [illegible] [illegible] [illegible] Cor
WH [illegible] [illegible] [illegible] [illegible] [illegible]
[illegible] [illegible] [illegible] plura et [illegible] [illegible]
WH [illegible]: [illegible] [illegible] [illegible] [illegible].
[illegible] [illegible] [illegible] alii [illegible] [illegible] [illegible]
Alii [illegible] vel [illegible] non [illegible] 4.
et probabiliter Galen et Arist [illegible]
WH NB [illegible] [illegible] divisiones eo [illegible] magis [illegible]
magis [illegible].
[illegible] [illegible] sensibilitatis [illegible] [illegible] [illegible]
[illegible] [illegible] [illegible] [illegible] [illegible] [illegible]
et [illegible] [illegible] [illegible] [illegible] [illegible] [illegible]

Substantia carnea [illegible] [illegible] [illegible] [illegible] [illegible].
Alii [illegible] [illegible] alii [illegible] [illegible] [illegible].
[illegible] [illegible] [illegible] [illegible]
[illegible] [illegible] [illegible] [illegible] alii [illegible] alii [illegible]
[illegible] [illegible] [illegible]
[illegible] [illegible] [illegible] [illegible] [illegible] [illegible] [illegible]
[illegible] [illegible] [illegible] mollis [illegible] [illegible] [illegible]
[illegible] [illegible] [illegible] [illegible] [illegible] [illegible].
[illegible] Galen [illegible] [illegible] [illegible]: et [illegible]
[illegible] [illegible] = [illegible] [illegible].

Numerus dividuntur in dextrum et ſiniſtrum per Medium
Membranis intercipientes et pericardio diſtinctæ
Hoc ſecuritatis gratia altero læſo obſtructo, exeſo
WH puto as breath att one noſeſtril and chaw at one ſide
ita ſæpe vtitur tantum vna parte pulmonum
idque viciſſim WH Δ ye one part hath ſerved ſum a long time
imo one little peece of one ſide: vt mirum quam pauco
Quibus viſcera bipartita hæc diviſio exacta magis
Canibus: Avibus: vnde plane duo pulmones: oviparis omnibus
quibus etiam magis apparens diviſio in lobos quam homine
loborum Numerus. vt plurimum omnibus 5. quintus pulvinar venæ ca
et pars dextri et Antiquus Homines fuiſſe ſcribunt
vnde Avicenna ſiniſtra pulmo minor dextra cordi cedens
vnde pulſat Cor exiſtens magis ſiniſtra
Neoterici Galenus × quia 4 tantum reperiunt
et dicunt exerciſed in Apes quam hominibus
WH ſuſpend my Cenſure vt Jecore forſan
quia tum temporis vt plurium vt nunc raro
WH 5 enim vidi Heſterno die Embrione
Julius Jaſelinus 7. alij tantum 3 alij ij tantum
Alij Nullos vel apparet non neceſſe 4
et probabilius Galenum et Avicennam Calumniari ×
WH NB the fewer diviſions eo exactæ magis et contra
magis cohærentes.
ſectionum vſus ſecuritatis gratia vna particula corrupta
quum etiam ſine ſectione dilatare ſecum debuerit
et quod body bowed together abſque compreſſione
Subſtantia Carne ſpongioſa like prowd fleſh. fungoſa
Alijs vero Carnoſiores alijs fungoſiores: juvenibus ſenibus.
et ſiccioribus temperaturis fungoſiores
Hinc circa temperaturam diverſitas alij calidæ alij cold
ſed minus Jecore
ſed Calidæ vti ſanguine refertiſſimæ et Humidæ ſecundum totun
ſi parenchima quæ lævis mollis rara laxa ſpongioſa
et vt froth. quæ omnia humiditatem denotant.
vnde Galenus pulmo calidiſſima molliſſima et iterum
rariſſima leviſſima in perpetuo motu.

Venis et vasis præamplis colore sanguineo.
ex quibus calor Colligitur
WH puto eo Humidiores Jecore quo molliores et
eo Calidiores quo sanguine abundantiores
idque sanguine Arterioso calidiori et nulla
pars adeo sanguine abundat toto corpore.
Et quia Colore minus Calidæ Jecore et liene videntur
quia pallidiores vt eX palido flavescentes
WH: observavi 1º In prima conformatione Albæ vt Nix
2° Embrione ante Acris haustum eodem quo Jecur colore
vt pueris ante partum and in two whelpes the one borne ded
vnde Avicenna Albificat ipsos Aer.
eX accidente ideo colores
3° morbosis swarty purple blemish vt peripneumonia
sanguine refertissima
duskey ash color a durty greye leadish
in apostemate absque et cum venis livescentibus
more white & yellow cley color contractæ
Hecticis vt tum homine tum simea mea seacolored
absque potu
vnde NB licet scolastica licet Hectica solidorum
et febris particule cordis et 3° gradu Hect. Mars.
absumpta parte humido radicali
Nunquam adhuc cor ita reperi. pulmones sepissime
WH vt plurimum omnes qui tabidi moriuntur pulmones
exciccatos fungosos retractos
vnde apte Aristoteles senectutem siccitate pulmonum et Bronchiorum
et apte senectutem tabem Naturalem tabes vero
senectus Morbosa.
WH certe tota temperatura plurimum sequitur constitutionem pulmonum
vnde quibus fungosæ retractæ sic cuius signa
voeis asperitas acumen constrictum pectoris altæ "humeri" spatæ
quickly grow and looke owld : et facile contabescunt.
Animalia similiter vt quibus calidæ pulmones cuius signa
voeis gravitas pectoris amplitudo tracheæ Magnæ
Magna Inspiratio expiratio calidior et
vt in ijs qui Modice exercitantur Narium amplitudo
vt equo: "Virgil" poetæ Ignem efflare naribus
Omnia ista signa Animositatis quia Calidæ pulmones.

venis et basis prae amplis colore sanguineo.
ex quibus calor colligitur 82
W.H. pulsu [illegible] tarde quo mollior et
eo calidior quo sang. abundatior.
[illegible] sang. Arteriis solidiori et Nulla
[illegible] adeo sang. abundat toto corpore.
et quia Colore [illegible] [illegible] et livore [illegible]
quia pallidiores et ex pallido flavescentes
W.H. observo 1o [illegible] [illegible] Alb: et Nig
2o [illegible] [illegible] [illegible] eodem quo [illegible]
et [illegible] [illegible] [illegible] [illegible] [illegible]
[illegible] Ar. [illegible] [illegible] Ar.
~~[illegible]~~
3 morbosi [illegible] [illegible] [illegible] praeparanda
sanguinis [illegible]
[illegible] color [illegible] [illegible] [illegible]
= [illegible] [illegible] [illegible] [illegible]
more [illegible] [illegible] color [illegible]
[illegible] [illegible] [illegible] [illegible] [illegible]
abs[illegible]
vide [illegible] [illegible] [illegible] solidior
et [illegible] [illegible] [illegible] [illegible]
abs[illegible] [illegible] [illegible]
[illegible] [illegible] [illegible] pulmones [illegible]
W.H. [illegible] [illegible] [illegible] [illegible] pulmones
[illegible] [illegible] [illegible] [illegible]
vide [illegible] [illegible] [illegible] pulmo et
[illegible] [illegible] [illegible] Naturaliter [illegible] 1o.
[illegible] Morbosi
W.H. [illegible] [illegible] [illegible] [illegible] [illegible] pulmo
vide [illegible] [illegible] [illegible] [illegible] [illegible]
[illegible] [illegible] [illegible] [illegible] [illegible]
[illegible] [illegible] [illegible] [illegible] [illegible]
[illegible] [illegible] Calid. pulmones [illegible] [illegible]
[illegible] [illegible] [illegible] [illegible] [illegible]
[illegible] [illegible] [illegible] [illegible] [illegible]
[illegible] [illegible] [illegible] [illegible] [illegible]
[illegible] [illegible] [illegible] Naturali
[illegible] [illegible] [illegible] quia Calid. pulmones

[illegible]
[illegible]

contra ſigna contraria puſilanimitatem quia pulmonum frigiditatem.

Pulmonum divisio in partes { continentes / contentas }

Aaer — Contentæ sanguis Aer vt recenter Mortuo quasi vesiculi
testudine like a heape of blathers
porpos froth. like aer and water

vnde Alijs plus sanguinis alijs plus acris
Animalia enim quo Calidiora eo refertiora sanguine puto
vnde Aristoteles homo calidissimo sanguine refertissimas pulmones
vnde vnus Erectus incedit
hinc vivipara Calidiora oviparis
quibus pulmo fungosior exanguior
quibus et proinde magnitudo corporis minor

præter Naturam contentæ in morbis
passio — Apostema vomicas magnas et exiguas
like hoggs measels
Calculi ex gypsea pilo: like chalkestones
Copia Ichorosæ materiæ vnde Astma
vt vlceribus crurum Hydrarguro curatis et podagra WH Δ
vnde Hydropsia lethale tussis et Astma
signum enim quod materia iam tenet arcem Corporis

Continentes partes {
Nervi vasa de quibus prius
Tunica
Bronchiæ asperæ arteriæ propagines
Caro parenchyma }

Nulla pinguedo nisi diffusum WH
vnde saporitas Juvenculis: lambs port"on"s

Nervus per obscuros a 6to pari post recessum recurrente
vnde exiguo sensu
vnde dolor suhito deletescens adaucta Astma
signum quod metastasis in peripneumoniam
vnde putrescit propter hóc eaten a pecney absque dolore

pulmo: bibentibus plus quam Carnivoris [illegible]

Colorat sang. Aer. vel venalis [illegible] gesse [illegible]
flavor Tosted: [illegible] [illegible] Blacker
porpis [illegible]. like [illegible] [illegible]

vide Alii plus sang. aliis plus aeris
[illegible]: quo Calidiora eo refert sang. plus
vide [illegible]: [illegible] calidiss. sang. [illegible]: pul:
vide [illegible] [illegible]
[illegible] vivipara Calidiora [illegible],
[illegible] [illegible] [illegible] [illegible],
[illegible] Nat [illegible] [illegible] [illegible] [illegible] mioos
[illegible] [illegible] morbis

pass. Apostem: [illegible] mag. et [illegible]
[illegible] [illegible] [illegible]
Calculi [illegible] pilo: [illegible]
Copia [illegible]. [illegible] Asthma
vel [illegible] [illegible] et podagra WH
vide Hydrop. [illegible] et Astha
[illegible]: [illegible] [illegible] [illegible] aere [illegible]

Continet plus { Nervi [illegible] de quibus plus
{ [illegible]
{ Bronchia Arteria [illegible] [illegible]
{ Caro parenchyma

Nulla [illegible] [illegible] WH
vide [illegible] [illegible]: [illegible] [illegible].

Nervi [illegible] a 6to pari [illegible] [illegible] [illegible].
vide [illegible] [illegible]
vide [illegible] [illegible] [illegible] [illegible] Astha
[illegible] [illegible] [illegible] [illegible].
vide [illegible] [illegible] [illegible] [illegible]

Vasa lacr[illegible] arteriae dicta [illegible] . pr[illegible]
[illegible] — [illegible] arteriae [illegible]
[illegible] 2° [illegible]

Caro spongiosa [illegible]

Membrana a plerisque [illegible]: mollis
[illegible] vide [illegible]
sed [illegible] quod materia [illegible]
[illegible]
[illegible] pulvere [illegible]: [illegible]
WH [illegible] occipitalis [illegible]
non [illegible] quia [illegible]
[illegible] aer non [illegible]
WH sed Admiranda Natura [illegible].

[illegible] principalis Galen qualis
Nulla alia [illegible]: vel Cristal: [illegible]
non [illegible]
Ergo [illegible]
Dubium [illegible]
[illegible] conditione [illegible]
WH magis [illegible]
WH [illegible]
[illegible]
[illegible]
[illegible]
[illegible] WH [illegible] arteria [illegible]
[illegible]
[illegible]
[illegible] arteriae [illegible]
[illegible]

Vaſa levæ arteriæ dicte prius

Bronchiæ in Aſpera arteriæ { fruſta / exciſſa / vt inter 2° viſus }

Caro ſpongioſa vt antea

Membrana a pleura thin ſmoth : mollis
Foraminilenta vnde tranſitus ſuppuratis
ſed dubitatur quomodo materiam introſumet
et tamen Aerem detenet
et vtrum pulmonem ſup vp : diſtentione vel contractione
WH puto expiratione relaxata tunica
non Inſpiratione quia tenditur et meatus
occluduntur vnde aer non egreditur
WH ſed Admiranda Naturæ opera.

Particula principalis Galeni qualis
in Nulla alia parte : vt Criſtallus occuli
non ad melius ſine qua non &c. ſed 1° et principaliter
ergo nec venæ nec arteriæ &c.
dubium vero vtrum Bronchiæ an parenchyma
ambo enim conditionem præſepis babeut
WH magis vero Bronchiæ
WH Carnoſum vero parenchyma vlterius
ſanguinem concoquere vt fiat ſanguis ſpirituoſus arterialis
Neceſſe ijs quibus opus " warmer " calidiore
tenuiore ſprightly kind of Aliment
vnde WH Δ omnibus quibus Arteriæ carnoſæ pulmones
et contra quibus nulla aut ſicut venæ fungoſæ
vel abſque carne omnino vt Ranis : teſtudine
ſic quibus abſque carne abſque arterijs vel
ſaltem Arteriæ a venis non differunt.

Actio: pulmonis proinde ij° { motus dilatatio constrictio. Actio
Alteratio concoctio: dieo publica
vel saltem præparatio publica }

vnde quia 2as Actiones duas particulas principales
altera motus viz: bronchialis alterationis viz parenchyma

De Motu: plurima controversia 1° an seipsos movent an ab altero
2° quid sit movens an Cor an thoraX an musculi
3° si seipsos movent quomodo qua particula
4to si ab alio motus vel partim ab alio partim seipsis
An Motus sit animalis vel Naturalis

WH Motu non concidunt vt nunc Mortuo sed retrah[untur]
et dilatantur vlterius quam Nunc quia pectus d[ilatatur]
Motus ex duabus contrariis motibus vnde duo qui

WH vesica in follibus — Galen et seola Medicorum ab illo quod moventur a
vi vacui vt Aqua in fistula Quia
1° Quia Nunquam dilatatur pulmo Immobili
movente thorace
2° Quia cum aliquid accidit inter (vt aer) No
sed confosso pectore concidunt

Cadaver non confosso pectore non defecto Jecore: WH

WH quod × vidi enim efflare candelam: et
et liquor iniectus forsan ab alio latere per
vel quia alligat costis. sic vulnus diss . . . .
WH item 1° × Δ histericis: absque planis Naribus &c iuss . . . . .

Aristoteles et Averrois "et M:" &c. quod cor vnde Laurent × movet pulmones
vlterius de Juvenibus et Senibus Calidum Nativum adauctum Necesse
elevare instrumentum quia Magis sit factum
WH instrumentum elevatum Bronchij prolongantur Inspiratione
WH contra a frigido ingrediente Minor factus
vasa contrahuntur expiratur aer

WH puto potius cum Aristotele pulmones potins Naturaliter pectus
distendunt quam pectus ipsos sed tamen pectus ipsos

cum partes 2° { Inspiratio
Expiratio }

An Actiones ambo
si Actiones
Ab alio moveri

Quia alijs animalibus neque Musculi pectoris neque diaphragma
et tamen cantant et modulantur aves
et alijs nec pectus sed pulmones ventre vt Ranæ &c.

WH. Quare pulmo 1° et principaliter facultatem in se habet
movendi adiuvat pectus et diaphragma vt
Averroes admirabili consensu
vt Areteus Cor attrahendi Aeris cupiditatem iniecit
pulmonibus pulmo in se facultatem habet respirandi

Actio: pulmo͂ quidem 4° { motus dilatatio [illegible] A[illegible] / alteratio cum cordis [illegible] / vel potius propria [illegible]

84

[illegible] quia 2^ae actiones duas plur[illegible] principales
altera motus [illegible] altera [illegible]

De Motu: [illegible] 1°. an [illegible] ab altero an
2°. quod sit motus [illegible] an [illegible]
3°. si [illegible] 1°. qua [illegible]
4to si ab alio motus [illegible] alio [illegible]
An Motus sit animalis vel Naturalis

WH [illegible] motum [illegible] vel Naturalem [illegible] [illegible]
[illegible] dilatati [illegible] q Natura quia [illegible]
Motus ex duobus [illegible] motibus [illegible]

Galen et [illegible] ab illo qd movet: [illegible]

WH [illegible] [illegible] vel Aq^a in [illegible]
[illegible] 1° quia Natura [illegible] [illegible]
2° quia [illegible] [illegible] [illegible] Na[illegible]

[illegible] [illegible] [illegible] [illegible]
WH [illegible] [illegible] [illegible]
[illegible] forsan ab alio [illegible]
[illegible] quia [illegible] [illegible] [illegible]

WH [illegible] 1° X [illegible] [illegible] Naturalis [illegible]

Aristo: et Averrois [illegible]: qd [illegible] movet pulmones
[illegible] De [illegible] [illegible] Naturalis [illegible]
[illegible] [illegible] magis sit factus
WH [illegible] [illegible]
WH [illegible] a frigido [illegible] [illegible]
[illegible] [illegible] [illegible]

WH: [illegible] [illegible] pulmones [illegible] Naturaliter [illegible]
[illegible] [illegible] quam [illegible] ipsos [illegible]
Quia alii [illegible] [illegible] [illegible] [illegible]
[illegible] [illegible] [illegible]
[illegible] [illegible] sed pulmones [illegible] vel [illegible]

WH Quare pulmo 1° et principalis [illegible] in [illegible]
[illegible] [illegible] [illegible]
[illegible] [illegible]

et A[illegible] Cor attrahendi [illegible] [illegible]
[illegible] pulmo [illegible] [illegible] [illegible]

[illegible] [illegible] [illegible] / [illegible] [illegible] / [illegible] [illegible]

De Qu[illegible]ib: an Natural an finalis

Motus [illegible] finalis [illegible]

[illegible]

[illegible] potest

[illegible] finali: [illegible] Natural.

[illegible]

[illegible]

[illegible] No-

[illegible]

[illegible] finali [illegible]

[illegible]

[illegible]

[illegible]

a Natural: [illegible]

[illegible] potest.

[illegible]

[illegible]

[illegible]

[illegible]

[illegible]

[illegible]

Sed quod non [illegible]

[illegible] voluntary appetit [illegible]

[illegible] p. 373 C: [illegible]

Sed [illegible]

[illegible]

[illegible]

[illegible]

[illegible]

[illegible]

[illegible]

[illegible]

[illegible]

[illegible]

[illegible]

De 4° dubium an Naturalis an Animalis
Motus pectoris et diaphragmatis Animalis mere
licet non cogitantibus quia sic ambulant
delirantes: Δ Cis: Hill: sic flebiteing scratch. embrione: somnolentis Ed: Ro
WH vnde aliquibus Animalibus Inspiratio perfici non potest
Absque actione Animali: sed per se Naturalis
vt intestinorum: vteri cordis
WH vox animalis vnde Motus pulmonum necesse respirationi
Motus pectoris ad melius vel sine qua non.
et simul fiunt admirabili Consensu
et tussis motus Animalis licet Iritat ex pultrice
vt vomitu diglutitione et quicquid infestat Membra
movet ad defensionem:
fames motum, obiectum sensibilem voluntatem
a Naturali facultate Animalis adeo nocitat
(Galenus Motus Musculis subservit)
vt nihil intellectu cohibere impetum potest.
[p]ulmonum si Naturalis "Δ Cauteriam"
2° pulmones torpent vel concidunt Chincough Aura venenata
licet agitatum pectus non sequuntur
vt by the opening of a pitt choked
vt corn heapes in Apuglia
et diing crye Oh my breath is gone
agitando pectus ex industria Δ WH Δ p: 8 finish:
sed quod non fieri Absque animali facultate
et ita voluntarij apparent Captivi Galenus
EXempta C: Licinius Macer accusat Ciceronem de repetundis &c. apud Valerium
Laurens p. 373 sed vt plurimum suscitat tantum passionem
as Not velle almost can overcum Δ Cautela Macro
yett these storyes are cited: but they are rare
yet sufficient to testefy
pueri ludentes detenendo spiritus ob colorem
vsque torpedinem pulmones respirare non possunt
soe curst children by eager crying
grow black and suffocated, non deficiente
animali facultate
WH pulmonum motus esse voluntarios licet aliquando
absque fantasia viz: cito pertransiunt vt deliri
absque memoria: et licet coacti vt vrina

De Concoctiva facultate vel alteratione pulmonum
non ita conſtat vnde diverſitas dubia
1° An aliqna talis publica functio necne
2° qualis alteratio an calefactio an refrigeratio
et ſi calefactio an præparatio an concoctio
3° ſubiectum huius alterationis et quod facit cum { ſanguine / Aere / ſpiritu }
Hæc magna dubia et ambigua vt longiori
deſiderantia tempore: opinione dieo ratione ex hoc Corpore
1° habere publicam functionem apparet eX vaſis magnis &c.
Natura enim nihil fruſtra. publica vaſa: publicus vſus.
2° hinc plurima eXcrementa: vt tuſſi ſputo
quia vbi ſeperatur eſſe concocta apparet
contra tamen alijs animalibus quibus fungoſi et viſiculares pulmones
neque ſanguis neque eXcrementa
vnde ſi concoquunt vt veriſimile: in quibuſdam tantum
viz vbi carnoſi ſanguinolenti × Embrione
vnde quia non in omnibus apparet
concoctionem eſſe ſecundam functionem.
præcipua functio motus et pars principalis
primario et magis principaliter Bronchiæ
Actio vtraque ſecundum ſcolam Medicorum 1° refrigerat ſanguinem et contemperat
et ſimiliter quod præparant ſpiritum Naturalem et Aerem
vt fiant ſpiritus vitales in corde
Columbus aijt ipſum fuiſſe inventorem qui dicit
præparari ſpiritus motu continuo: ſanguis enim
dum Agitur tenuis redditur cum Aere permiſcetur
Colliditur præparatur WH crarned quo ſpuma
ſit apparet of the frothynes pulmonum
(et quod ſic Galen) ſpiritus aerem concoquit vitalem
vt caro Jecur ſanguis WH quorſum enim parenchyma
Galenus 7 & p. 8°

De Concoctione facultate vel alteratione pulmonis
nonnulla quaestiones vel dubia. 85
1° An aliquid talis pulmonis functio necessario
2° quali alteratione an calefaciat, an refrigerationi
et calefaciat an praeparatio an procedat
3° subiectum cuius alterationis et quod faciat {sang. / aerem / spiritus.
Haec magna dubia et ambigua ut longiori
tempore opinio dicendae ratione de Corde.
1° quibus pulmonis functio appareat ex vasis magnitudine.
Pal. n. nihil fractum. pulmonum vasa publicus
2° sicut plantarum radices ut tussi ...
quae ... dependet. ex ... appareat.
contra rumor alii ... quibus ... pulmones
neque sanguis neque ...
... si ... et ... igitur ...
... sanguinis ... et Embryon
... appareat
Concoctio. ex 2 functiones.
praecipua functio motus et principalis
praeparatio et magis principalis ...
Actio ... 2 ... 1° refrigerat sanguinem et ...
... quod praeparat spiritus Naturales et ...
... ad ... vitales in corde.
Columbus ... qui dicit.
praeparat spiritus motu ...: sanguinis n.
... Aristoteles ...
Colli... praeparat. ... 2° forma
... appareat ex ... pulmonis
(et quod Galenus spiritus ... vitales
... : ... n: pal...
Gal: 7 ... 8.

3º. 2 Ysedr spiritus vitalis sint ex naturali et sole
[illegible] pulmones ambo [illegible] [illegible] separat
vel [illegible] loco [illegible] et [illegible]
fuligo q[uae] expirationi effluat
et per glandulas et intestina
Vide nov [illegible] [illegible] suffocat
et [illegible] [illegible] [illegible] [illegible]
Whistler et Cotbody.
utique [illegible] [illegible] illita [illegible]
vlapud [illegible]: Quibus fabulis
Cyprii [illegible] plurimi designabi
Calo [illegible] ab ipso materia [illegible]
[illegible] suffocabit [illegible] [illegible] calor
illita [illegible] facta.

Sed philosophis magis [illegible] 12
vulgus spiritus ab corpori et palis
esse distinct et separat [illegible]
a diversi [illegible] [illegible] [illegible]
Sed spiritus et sanguis una res ut [illegible]
et [illegible] in [illegible] et Arist: ratio
sang[uinis] et aq[ua] Calida. [illegible] et [illegible]
flamma. [illegible] actus illius et [illegible]
actus lucidi
et [illegible] [illegible] ita spiritus sanguis
et [illegible] actu in [illegible] et flamma flam[illegible]
in [illegible] [illegible] generatio effluvia

spiritus non ex aere.

Si ex aere [illegible] sit spiritus [illegible]
ut sit humidi [illegible] [illegible]
[illegible] a [illegible] in [illegible] et spiritus
sit humidi [illegible] in pulmone [illegible]
et ipso [illegible] et [illegible] in [illegible].

3° ſecundum Medicos ſpiritus vitales fiunt ex Naturalibus et Aere
vnde pulmones ambo hac concoqui præparatione
vnde Excrementa horum inter Aquam et Aerem
fuligo qui expiratione efflatur
et hoc continue et inceſſanter
vnde Aer Inſpiratus unidoneus ſuffocat
vt ij qui Carbonibus accenſis : Julian Imperator
WH ſcoller of Cambridg.
vt ij qui conclavi nuper calce illita concalefacti
vt apud Valerium Quintus Catulus
Cymbrici triumphi particeps deſignatus
Caio Mario ; ab ipſo Mario morti deſignatus
ſeipſum ſuffocavit conclavi Nuper calce
illita concalefacta
Sed philoſophice magis (non vt
vulgus ſpiritus ab humoribus et partibus
eſſe diſtinctos et ſeperatos vt geniti
in diverſis locis vel contenti diverſis)
ſed ſpiritus et ſanguis vna res vt ſerum
et cremor in lacte. et Ariſtoteles ratio
ſanguinis vt Aqua calida. "non" vt Nidor et
flamma. hæc actus illius. et lumen
actus lucidi
vt candela lux ita ſpiritus ſanguine
et habet actum in fieri vt flamme flamma
in continua exiſtens generatione et fluxu

Spiritus non ex Aere

Si ex aere concoctus fiat ſpiritus Aer
vt fit tenuior craſſior ſi craſſus
quomodo a bronchiis in arteria venoſa et ſpiritus
ſi tenuior quomodo tunica pulmonum generatur
cum per ipſum pus et ſerum in Empiemate

Quomodo (cum miſtio ſit alteratorum vnio)
Aer cum ſanguine poſſit permiſceri vniri
quid permiſcit et alterat ſi calor
tenuior fit aer. ſi craſſior dum
præparatur fit a frigore quod Impoſſibile pulmonibus
Ariſtoteles valens Argumentum ſi ſpiritus ab acre
quomodo piſcibus. Agiles enim et ſpiritu Abundant
Concluſio. opinio WH in quibus pulmones carnoſi
et ſanguine repleti concoquunt ſanguinem cum ſpiritus et ſanguis vna res: eadem
ratione qua Jecur et iſdem Argumentis
Immo potius WH refrigerando halitum
pinguem et oleoſum detinet vt refrigeret
in Alembic et ſerpentina oleum
ſive Balſamum ſive pingue Alimentoſum
vnde vt carnoſitas exciccatur vt Senibus.
vel morbus cuius ſignum Galeno pulſus tentio
ita corpus areſcit deſtituitur ſpiritu
vnde omnes affectus pulmones longi et
tabem inducunt et incurabiles alimentum
omne abſumtos
vnde Hippocrates proceritas corporis in iuventute
decus in ſenectute onus. viz quando
deſit ariditate pulmonum alimentum
et ſpiritus
vnde ariditate pulmonum Ariſtoteles cauſa
vitæ ac necis Juventutis et ſenectutis
NB. Si WH ſanguis recipiat coctionem in
pulmonibus cur non pertranſit in Embrione pulmones
NB. pulmones motu ſubſidendo ſanguinem
propellunt a vena Arterioſa in arteriam
venoſam et hinc in auriculam ſiniſtram

Qu[illegible] (si mistio sit alteratio et unio)
[illegible] [illegible] possit [illegible] uniri
qu[illegible] [illegible] sit et altera[illegible] [illegible] [illegible]
[illegible] sit a[illegible] [illegible] [illegible]
[illegible] sit a [illegible] [illegible] [illegible] pulmo
[illegible] valde [illegible] [illegible] [illegible]
qu[illegible] [illegible] [illegible] n. et [illegible].

[illegible] Opinio [illegible] [illegible] pulmon[illegible] [illegible]
et [illegible] [illegible] [illegible] [illegible]
[illegible] qu[illegible] [illegible] et [illegible] [illegible]
[illegible] [illegible] [illegible] [illegible] [illegible]
[illegible] et [illegible] [illegible] et [illegible]
[illegible] Alembic et [illegible] [illegible]
[illegible] [illegible] [illegible] [illegible] [illegible]
Q[illegible] et [illegible] [illegible] et [illegible].
vel [illegible] [illegible] [illegible] [illegible] pulmo [illegible]
[illegible] [illegible] [illegible] [illegible] [illegible]
Q[illegible] [illegible] affectus pulmon[illegible] [illegible] et
[illegible] [illegible] et [illegible] [illegible]
[illegible] [illegible]
Q[illegible] Hipp: [illegible] [illegible] [illegible] [illegible]
[illegible] [illegible] [illegible] [illegible] [illegible]
[illegible] [illegible] pulmon[illegible] [illegible]
et [illegible]
Q[illegible] [illegible] pulmo [illegible] [illegible]
[illegible] [illegible] [illegible] [illegible] et [illegible]
NB. Si [illegible] [illegible] [illegible] [illegible] in
pulmo[illegible] [illegible] [illegible] [illegible] in [illegible]
[illegible] pulmon[illegible]
NB. pulmon[illegible] [illegible] [illegible] [illegible] [illegible]
[illegible] [illegible] [illegible] [illegible]
[illegible] et [illegible] [illegible] [illegible]

N[illegible]. Vita non potest esse sine Nutritione
Nutritio [illegible] sine coctione. Coctio sine Calore
Calor sine eventilatione qui ipse suffocatur
marcore vel suffocatione extinguitur.
[illegible] Habitus refrigeratio et eventilatio.
[illegible] Nil ergo [illegible]. neque [illegible] neque alimento
vita et respiratione [illegible]. neque vivitur
[illegible] neque [illegible]
[illegible] visio [illegible] ambulatio
lingua Cordis [illegible] respiratio [illegible] omnia
plantae [illegible] alimento et
ambiente [illegible]: sic plantae animalia
[illegible] [illegible] [illegible] [illegible]
ab ambiente aqua vel aere.
[illegible] respirat [illegible] △ [illegible]
[illegible].
[illegible] ambiente [illegible] respirat.
[illegible] Balaena aquam et reddit.
respirando △ [illegible] aqua efflant.
pisces [illegible] Calido [illegible] aqua
et [illegible]: [illegible] vel aliis [illegible]
[illegible] multiplex
[illegible] animalia calidiora
[illegible] et [illegible] respirant quibus
maiori [illegible] refrig. eventilatione
[illegible] plurimum [illegible] et calido abundat.
[illegible] [illegible] pulmones [illegible]
quibus [illegible] et caloris [illegible]
[illegible] respiratione [illegible]
[illegible] respirat [illegible]
Cordis [illegible]:
[illegible] respiratio [illegible]

[illegible]

[illegible] et quando adeo [illegible] animalis respiratio et [illegible] [illegible] [illegible]: 144

Neceſſitas: Vita non poteſt eſſe ſine Nutrimento
Nutrimentum ſine coctione: Coctio ſine Calore
Calor ſine eventatione: qui ipſum ſeipſum
Marcere vel ſuffocatione interimunt
Ita Calor Nativus refrigerio et eventatione
præcipue eventatione

Præſtantia { Nil eque neceſſarium neque ſenſus neque alimentum
Vita cum reſpiratione converti neque viventem
non ſpirare neque ſpirantem non vivere }
occulus præſciſſus viſio crura ambulatio
lingua locutio &c ſi reſpiratio ſtatim omnia

An plantæ quæ aerem continent calidum cito creſcunt plurimum

Plantæ ſatis ingrediente Alimento et
ambiente refrigeratione ſic plantanimalia
oſtrea Mytili ſi infectæ parva pulice
ab ambiente aqua vel aere

An neceſſitas eſt aeris et eius mutatio

Moſchus WH reſpirat per caudam Δ veſpa ſuffocata
in oleo

An plantarum efflatione odor eſt

Alia ambientem intra ſe recipiunt
Quadrupedes Aerem Balenæ aquam et reddunt
reſpirando Δ quando aquam efflant
piſces promittunt Calidum viz ſanguinem in aqua
et his Branchiæ Jagged vt alijs pulmo
in Bronchias ſciſſa multipliciter

Qua de cauſa et quomodo aere opus eſt animalibus reſpirantibus et etiam "refrig" aer neceſſe candelæ et Igni vide WH

Hinc Magna animalia calidiora
multum et ſæpe reſpirant quibus
maiori opus refrigeratione eventatione
quia plurimum ſanguine et calido abundant.
vnde omnia pedeſtria pulmones habent
quibus plus ſanguinis et caloris ad
erigendum corporis pondus.
Nullum Branchiatum reſpirat excepto
Cordulo Ariſtotelis
vnde Reſpirantia honorabiliora Animalia

Reſpirantium alia etiam ſæpius alia
rarius ſpirantia
Aves rarius ſpongioſas enim pulmones.
et minori corpulentia et ſanguine
Vrinantes Anates luter. latex: raro
'ſpirant ſed recompenſantur multo.
propria "Et." qui parum ex morbo ſpirant ſæpe
et frequenter ſcſe eventant
quædam vt cetacea licet degunt
ſub aqua tamen aliquando niſi
ſpirant moriuntur Δ porpos
ſic piſces Δ froſty pond.
Ranæ ſæerpentes Hieme non ſpirant
æſtate froggs ſwell.
forſan aliquibus ſufficit reſpirare bis in
hora vel die idque æſtate et
quando vivaciores agiliores.
vel quando ægrotant ſic porpos
agaynſt the wether or tempeſt
Δ equo dormiente rarior ab inſpiratione expiratio
Dignitas: pulmones pars Nobiliſſima (excepto corde)
vtpote fons ſanguinis: ſine Jecore diutius
perſeverare non poſſis abſque pulmone ne momentum
per Jecur omne adveniens alimentum tranatur. per
pulmones omne alimentum et tota maſſa ſanguinis
inceſſanter vnde Rubicundior ſanguis Arterialis
pulmones ſpiritus faciunt vel WH Indicant
alimentum vnde digniores Jecore
et Honorabiliores ſi honor benefica
exiſtimatio.

Respirationis alia aliis frequens alia
rarius spirant.

Aves varius spongiosus in pulmone.

[illegible] et [illegible] coagulatio et sanguinis

Animalia 4 nat: lutra, castor: raro
spirant sed respirant multo.

Pregnantes Et qui patet ex morbo spirant saepe
vel [illegible] sese ebulliunt

gradatim vel [illegible] [illegible] [illegible]
[illegible] aliquando nisi
[illegible] [illegible] [illegible]
[illegible] [illegible] [illegible]

Rane [illegible] [illegible] spirant
[illegible] [illegible] [illegible].

forsan aliquibus spirit [illegible] [illegible]
[illegible] vel [illegible] idque [illegible] et
[illegible] [illegible] agilior.

Vel quando [illegible] [illegible] [illegible]
[illegible] [illegible] [illegible] [illegible]

A [illegible] [illegible] [illegible] [illegible] [illegible]

Signum: pulmones [illegible] [illegible] ([illegible])
[illegible] [illegible]: [illegible] [illegible] [illegible]
[illegible] [illegible] [illegible] pulmo in [illegible]
[illegible] [illegible] [illegible] aliud [illegible]
pulmones [illegible] [illegible] [illegible] [illegible]
[illegible] [illegible] [illegible] [illegible]
[illegible] [illegible] [illegible] vel [illegible]
[illegible] [illegible] [illegible] [illegible]
[illegible] [illegible] [illegible] [illegible]
[illegible].

Debilitatis causa [illegible] | restringat [illegible] Caelo
Insufficient: materia [illegible] Medici
[illegible] [illegible]
[illegible] vapor [illegible] expulsio
Ecclesiae [illegible] [illegible]
[illegible] [illegible]
[illegible] evaluatio [illegible]
Ecclesiae [illegible] [illegible] Thalamus:
[illegible]
stimulatio [illegible]
Excitatio [illegible]

Devotio [illegible] | [illegible]
[illegible] partus
[illegible] Ecclesiae: [illegible]
[illegible] Angelus [illegible] p: 665
[illegible]

W4

4 [illegible] [illegible] Naturalis. [illegible]
1a. [illegible] [illegible]
[illegible] Ecclesia [illegible]
2a. [illegible] prius Ecclesia [illegible] W4, [illegible]
3: [illegible] posterior Ecclesia
3: [illegible] Ecclesia Cap. [illegible]
4: [illegible] [illegible] apud Homer.
5 Ecclesia [illegible]
[illegible] Gal: [illegible]
W4 [illegible] [illegible] Naturalis
[illegible] Naturalis [illegible] magis [illegible]
[illegible] [illegible]

vtilitates vel vſus

Inſpiratio et Expiratio { præcordiorum Agitatio / motus Inteſtinorum / WH Tranſitus ſanguinis }

Inſpiratio {
refrigerantium conſervatio calida
materia ſpiritus ſecundum Medicos animalibus vitalibus
vaporum deorſum propulſio
odores ad ſenſorium
ſorbitio
}

Expiratio {
eventatio fuliginis expreſſæ
Tuſſis et expurgatio Thoracis
voX loquela
ſternutamentum capitis purgatio
ſtimulantis excuſſio
Expuitio Narium emunctio
}

Detentio {
vomitus
deiectio vrinæ expulſio
partus
ſedatio doloris: grone
vitium Augmentatio Ariſtotle p. 665
frog &c. ſwine
}

WH

♃ Figuræ Capitum Naturales non Naturales ex { Hippocrate / Galeno }

Authores varij Veſſalius Columbus Fallopius

1ª Modice depreſſa vtrimque abſque vlla Eminentia

2ª Aucta priori Eminentia vel WH { altitudine / latitudine }

3: Contra aucta poſteriore Eminentia

4: vtraque aucta Eminentia Capite rotundo vt Thyrſites apud Homerum

5 Eminentia lateralis aucta raro Veſſalius vel vt Galenus Nunquam. eſt tamen

WH et omnibus eſt differentiæ ſunt Naturales et Non Naturales ſecundum magis et minus intra latitudinem

Caput terminatur prima vertebra
Galenus edito loco gratia occulorum
ſed hoc contingit vtilem eſſe homine tantum "erect"
qui erecta ſtatura vt qui Malos conſcendunt
WH potius videtur occulos hic gratia cerebri et
WH ſed forſan gratia occulorum et Aurium &c.
quia gratia cerebri et ipſius ſenſus gratia
vnde ſentire quaſi pro videre
ideo parte ſuperiori et anteriori gratia occulorum
qui cum ſenſuum Nobiliſſimi Nobiliſſimo loco
ſic quibus Nullum caput vt cancri
occuli eodem loco viz Nobiliſſimi ſupra et ante
et proceſſus Eminentes inſtar capitis in a Lobſter
vnde melius animal cibum indagare et
Nocitura aufugere viam eligere
ſnayles cornubus tactu pro viſu vtuntur
vnde occuli as Centinell to the Army
locis editis anterioribus

Figura Rotundum aliquantum depreſſum et oblongum
♃ WH Quia Natura omnia facit Rotunda niſi propter aliquid
quia perfectiſſima figura et ſecuritatis gratia
Natura autem perfectiva
vnde Cœlum rotundum plantæ pluræ rotundæ
oſſa rotunda
Multæ aliæ rationes ab Anatomia mihi ×
WH Inter Animalia quibus caput rotundum Ingenioſiora
plus enim cerebri capaciſſima figura
Quantitas ſic magnum caput: parvo vero capite
præcipites inconſtantes.
quod accidit a proportione cum Thorace
ſicut enim Caput vel Thorax excedit
ſic calor et frigus et conſequentia
Communis menſura facies vna a clavicula ad enſiformem

Caput terminat prima [illegible]
Galen[us] dicto loco gratia [illegible]
Sed cor [illegible] esse [illegible]
qui [illegible] statuere vel qui [illegible] [illegible]
WH potius videtur [illegible] gratia [illegible]
WH sed forsan gratia [illegible] et [illegible]
quia gratia [illegible] et ipsum [illegible] gratia
unde [illegible] quasi [illegible] videre
ideo [illegible] et [illegible] gratia [illegible]
qui [illegible] Nobiliss[imi] Nobiliss[imo] loco.
Sic quibus Nullum caput et [illegible]
[illegible] eodem loco viz Nobiliss[imo] [illegible]
[illegible]
unde [illegible]
Nobiliora [illegible]
[illegible]
unde [illegible]
[illegible]

Figura Rotunda aliquantum depressa et oblonga
7. WH Quia Nat[ura] omnia fecit Rotunda [illegible] aliquid
quia [illegible] figura et [illegible] gratia
[illegible]
unde [illegible] rotunda [illegible] rotunda
ossa rotunda.
Multae aliae rationes [illegible]
WH [illegible] quibus caput rotund[um] [illegible]
plus n[on] cerebri [illegible] figura
Qual[is] sic Magnum caput [illegible] capita
[illegible]
quod [illegible] a [illegible]
[illegible] Caput [illegible] egredi
sic calor et frigus [illegible]
[illegible] a [illegible]

Caput potest esse: vel ag[illegible] sferatis [illegible]
et qui [illegible] alto [illegible] caput.
Sic [illegible] caput grave
[illegible] Caput [illegible] 4 pag. 682
[illegible] non possit.

Ex Capit plura a sign. physiog.

mag: [illegible] Caput [illegible]
[illegible] [illegible]
[illegible] (Nisi ad[illegible] [illegible].
[illegible] grossities colli) male [illegible]
[illegible]
Caput male [illegible].
Instabile [illegible].
bene [illegible]
[illegible]

4 parvo [illegible] colli
[illegible]
[illegible] pendulus, [illegible].
[illegible]: [illegible]
[illegible] frigidus et [illegible]
[illegible] parvo [illegible] magis [illegible]

Alia plura lib. physiog. [illegible]
Dividit. [illegible]
Calvaria [illegible].
[illegible] pili [illegible]
Aic alii caput [illegible] parva
vel rotunda, [illegible]
[illegible] parvo caput [illegible]
[illegible]

Caput ponderoſum : vt aqua ſuffocatis deorſum
et qui ex alto cadunt ſuper caput.
ſic temulentis ſoporoſis caput grave
pueri præcipue imbecilli Caput ſrigidum 4 p. 682 ſuſtenere
præ frigore " et oſs " cerebrum et oſſa non poſſunt.
Ex Capite plurima ſigna phiſiognomiæ

Magnum parvum
bene formatum
male formatum

Magnum parvum
carnoſum
ex carne

Magnum parvum formatum { pectus. faciem collum

Avicenna Caput parvum bene formatum
perfidus timidus Iracundus
Magnum vero (niſi adſit pectoris latitudo
et groſſities colli) malum hebetes
fatui

ſic Caput male formatum ſuperne Accuminatum
Inſtabilem bardum indocilem hebetem
bene formatum Mediocre mole Ingenioſum
ſagacem aſtutum
WH parvum " cum Thorace pri pr " exili collo
Infortunatum debilem inſipientem
cum collo brevi ſenſatum prudentem, doctum
Conciliator : magnum carnoſum hebetantem motum
ex carne vero frigidum et retardatum motum
ſimiliter vtrum malum parvum vero. magis perfectum
Alia plura libris phyſiognomicis
Dividitur in faciem partem Glabram et
Calvariam partem hirſutam.
vnde calveſcere cum pili decidunt
Hinc alijs caput magnum facie parva
vt rotunda mobiles quick nimblewitted
Alijs contra parvum caput carnoſam
faciem cum Maxillis longis vt equus

Calvariæ per priorem ſyncipur ad ſuturam coronalem
quæ eſt Naſo poſito radice manus eXtremis digitis
hoc modo cleĉti loci Center
Occiput ad ſuturam λambdoides Noddle
verteX ſumitate vbi pili in girum
duplicem aliqui ſignum futurum divites
Tempora laterales vbi caneſcere Incipiunt tempore

- Calvariæ partes
  - Continentes
    - communes
      - communes pili de quibus ſno loco
      - cutis cuticula adeps nullus
      - paniculus. Nulla caro.
    - propriæ
      - Externæ
        - perioſtion
        - pericranion
      - Internæ
        - pia mater
        - dura mater
  - Contentæ
    - Cerebrum
    - Cerebellum
    - Medulla cerebri
    - Venæ nervi
    - et illorum partes

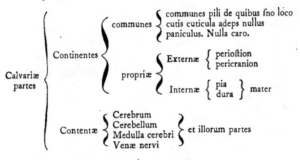

vice pinguedinis et carnis hic pili: præter Naturam
vt Ariſtoteles tr. 4: 680 lentum alij in pinguedinem alij in orbiculo cerebrum enim
quia frigidum humidiſſimum et maXimum homini maximam tutelam
res enim humida facile terminabile: refrigeratione calfaĉtione
et pati externis iniurijs poteſt
tot igitur munimentis

Pericranion quod alijs perioſteon
tenuis mollis acutiſſimus ſenſus a proceſſibus duræ matris
per ſuturas: hine eXternæ deſtillationes ſerent
Alij idum faciunt perioſtio alij dividunt ſed quid Fallopius
Idum tamen aliquibus ſaltem dupleX vt pia mater
et vt Laurentius omnes Membrane: vel diviſibiles WH
Cranion duplici tabulato cum Meditallio: quo fonticuli vſque
vidi perforatum trepan cui Non aderant Meditalli
Mirum quomodo ſovens venis et cerebri proceſſibus
cedet digitri cum mollis vt videte Hollerius corpus flexibile Homine

Calvariae pars prior sinciput ad suturam coronalem
1a est Naso posito vadit [illegible] digit
[illegible] modo [illegible] Cerebri Centrum
Occiput a sutura lambdoides Noddle
vertex sutura [illegible] pili [illegible]
[illegible] aliqui [illegible] sutura [illegible]
Tempora [illegible] [illegible] tempora

Calvariae partes
- Continentes
  - Communes
    - pili [illegible]
    - Cutis [illegible] Nullus
    - [illegible] Nullus [illegible]
  - Propriae
    - Externa
      - pericranium
      - pericranium
    - Interna
      - pia
      - dura
      - mater.
- Contenta
  - Cerebrum
  - Cerebellum
  - Medullam [illegible]
  - [illegible] Nervi
  - [illegible] elevat [illegible]

Vivo pungendo et radendo [illegible] pili [illegible]
quia [illegible] [illegible] [illegible]
[illegible] [illegible] facile [illegible] [illegible]
et [illegible] [illegible]
[illegible] [illegible] [illegible]

Pericranium quod alii periostium
tenuis mollis [illegible] [illegible] [illegible]
[illegible] [illegible] depilatione [illegible]
Alii idem [illegible] pericranio alii dividunt [illegible] quod fallor.
[illegible] [illegible] [illegible] duplex vel [illegible]
et vel [illegible] [illegible] Membrana [illegible] divisibilis [illegible]

Cranion 2o tabulatu cum meditullio: [illegible] [illegible]
vidi [illegible] [illegible] cum [illegible] Meditullio
[illegible] [illegible] [illegible] [illegible]
[illegible]

[illegible]

WH

Rog.^a Or. [illegible]

[illegible]

~~[illegible]~~ [illegible]

[illegible]

2^d [illegible] malleol [illegible]

[illegible]

[illegible]

[illegible]

[illegible] falle [illegible]

[illegible]

Alijs partibus craſſus alijs tenuior
WH vnde cautio in trepanning one ſide
being thorow before the other.
vnde not when the brayne ſwells. coughs
WH ſine ſuturis Regula &c. Suturæ vt ſpirantia cerebri WH et Incrementi
ſic teſtudine et ad dilatationem cerebri
vnde plures in mare et Apertius quam fœmina
Tranſeo ſed de his inter oſſa.
" Pia Mater ſecundina vt Embrionum cerebri χορεαδες "
Meninges cum inter cerebrum moliſſimum et cranium
medium neceſſe idque " durum " duorum contrariorum particeps
et quoniam cerebrum et ca[l]varia multum diſtant ideo
duas Membranas Matres duram piam
dura ſemper adherens cranio: pia Implicata revolvens
Dura itaque proportionatur pleuræ: peritoneo: perioſtio
Media conſtituta inter piam Matrem et cranion.
tanto cranio mollior quo pia craſſior
durior craſſior denſior cæteris omnibus
vnde cæteris omnibus in corpore principium vnde
vere matrem putabant aliqui
ſitu vndique Amplectitur cerebrum Conectitur firmiſſime
cranio præcipue parte Inferiori
et per capitis ſuturam cum pericranio continuata
Conectitur piæ beneficio vaſorum
Duplex vt cæteræ membranæ: licet Fallopius geminam
exterior pars propter os durior aſperior proinde minus ſenſus
Interior levis mollis lubrica ſenſativa
aqueo humore preſtes gratia cerebri

partes Ipſius { venæ vaſa / ſinus / falx } Inflare tentandum

venæ: diſtentæ ſanguine in filia D[s] Argent Embrione varices
Capitis dolore vnde Compreſſæ levamen
filia admodum Juvencula pallida Mortua dolore

Sinus quatuor velut aquæ: ductæ
"ex vena et arteria" Ingredientes ad Basim cerebri
Hinc inde reduplicatione duræ. 1ˢ et 2ˢ
sursum medio 3ˢ 4ᵘˢ in testes et Nates
vnde hic Herophilus Torcular
Abhinc plurimi venarum surculis in Duram
et piam et cerebrum Hinc inde vnde Abundantia sanguinis
quia pars frigida et plurimo vtitur alimento
vnde plurimum Emittit per Nares excrementum
et Multorum Morborum occasio abhinc Catharrhus
4ᵗᵘˢ sinus ad testes vbi varie divisiones per tertium ventriculum
vbi bibartitur in dextrum et sinistrum ventriculos et
cum Ramis primæ et quartæ Arteriæ per plexus
choroidis efformatione misceri volunt
Officium sinus dubium an venæ an arteriæ an vtriusque
sanguine enim repletus. tunicam tamen non habet venarum
WH sed sic nec Hepate nec aliquo viscere
sed nec officio pulsant enim vnde Cerebri pulsus

pulsu: attrahere
Aerem expellere fuliginem
facere spiritum

Laurentius Amentes qui non credunt WH ego Amen
ab arteria et spiritibus fieri pulsum et per consequen
totum cerebrum Apparet quia like a quagmire
vt in Apostemate supurato indelibili
etiam si prope Arteriam pulsus Arteriæ
Motus enim Corporibus Mollioribus pertransit
sic tussi et convulsione vocis respondet et pertumescit Cerebrum
WH Hinc pulsuum delicatularum Babsydes extremitatibus digitoru
cum itaque pulsant et sanguinem habent, pro venis et Arterijs
et fieri ex arterijs et venis permistis
et neque arteria neque vena sed sinus vtrimque
et hoc proprium cerebro.
tamen Fallopius negat fieri ex arteria
Forma intus triquetra et quasi duo foramina aliquibus
locis et vbique surculos mittit
Hinc dolor ex plenitudine occipite calido

Sinus q[ui] aliud velut a q[uo] d[illegible]
~~[illegible]~~ [illegible] ad [illegible]
[illegible] ide [illegible] d[illegible] 2°.
[illegible] 3[illegible] 4[illegible] [illegible] Nat.
[illegible] 90
[illegible] plur[illegible] [illegible]
[illegible]
[illegible]
[illegible]
[illegible]
[illegible]
[illegible]
[illegible]
chor[illegible] [illegible]
Officium sinus dubi[illegible] an [illegible] an [illegible]
[illegible]
[illegible] aliq[illegible]
[illegible] officio pulsat [illegible]
[illegible] ego [illegible]
[illegible] puls[illegible] [illegible]
[illegible] Apost[illegible] [illegible]
[illegible] Apostol[illegible] [illegible]
[illegible] pulsu [illegible]
[illegible]
[illegible]
[illegible] pulsu [illegible]
[illegible] pulsat [illegible]
[illegible]
[illegible]
[illegible]
[illegible]
Foeta [illegible] aliq[illegible]
[illegible]
[illegible] dolor [illegible]

[illegible] [illegible] [illegible]

Dura ex reduplicatione [illegible] [illegible] et

cerebellum ubi [illegible] [illegible]

falx [illegible] [illegible] plexus

[illegible] [illegible] [illegible] [illegible]

ad [illegible] [illegible]

[illegible] [illegible] a [illegible] [illegible]

[illegible] [illegible] [illegible] [illegible] [illegible]

bipartita [illegible] [illegible] [illegible]

[illegible] [illegible] [illegible] [illegible]

Pia mater [illegible] ut Cerebri [illegible] [illegible]

[illegible] [illegible] [illegible] [illegible]

~~[illegible] [illegible]~~ [illegible] [illegible] [illegible] Dit.

[illegible] [illegible] [illegible] alii [illegible] [illegible] [illegible]

Cerebri [illegible] [illegible] [illegible] [illegible]

et [illegible] [illegible] [illegible] [illegible] [illegible]

Corpus [illegible] et [illegible] [illegible] [illegible]

[illegible] et [illegible] ut [illegible]

Ambo [illegible] [illegible] Cerebello [illegible]

[illegible] [illegible] et [illegible] [illegible]

Cerebrum [illegible] [illegible] [illegible] [illegible]

[illegible] [illegible] et [illegible] [illegible] [illegible]

[illegible] [illegible] [illegible] [illegible] [illegible]

Quia [illegible] [illegible] [illegible] [illegible]

[illegible] [illegible] [illegible] [illegible]

~~[illegible] [illegible]~~ et [illegible] [illegible]

~~[illegible] [illegible]~~ [illegible]

Digi et [illegible] [illegible] [illegible] [illegible] [illegible]

Quia [illegible] [illegible] [illegible] [illegible]

Quaere [illegible] [illegible] [illegible] [illegible] [illegible]

[illegible] [illegible] [illegible] [illegible]

[illegible] [illegible] [illegible] [illegible] [illegible] [illegible]

[illegible] [illegible] [illegible] [illegible] et [illegible] [illegible]

~~[illegible]~~ et [illegible] [illegible]

[illegible]

Duræ reduplicationes inter cerebrum et
cerebellum vbi 1um et 2 ſynus. Item
triplo craſſior exiſtens.
falx dividens cerebrum in duas partes
ſepto Narium conexa figura falcis
ad corpus calloſum
cum venis plurimum a ſynu tertio.
Anſere cuniculo etc: non eſt ſed cerebrum
bipartitum conectitur multis exiguis plexibus.
Item capite ovili non reperi.
Pia Mater ſecundina vt Corium in Embrione χοροιδες
Mollis tenuiſſima "exquis" vt dura craſſiſſima
Immediate Cerebrum veſtiunt et Anſractus ingreditur
"quod dura non potuit"
Exquiſiti ſenſus vt alij picholchomini × ſenſus tactus organon
Cerebri venulas continet vt dura maiores
et ſinus vnde Anfractus ingreditur quod dura non potuit
Cerebrum firmat et continet vt Meſenterium Inteſtina
fovet et tuetur vt Epiploon
Ambo tunicas ſimiliter Cerebello Nuchæ
Nervis venis et Arterijs Egredientibus
vt contra picholhomini venæ ſenſum deferret eque e Nervis
Cerebrum Elatiſſimum Corpus pro tutiſſima turri: propugnaculis
pilis cute &c. vt Natura nullam partem magis
vnde principatus: tamen WH cum corde non certandum
Quia latius patet cordis Imperium.
ijs enim quibus non eſt cerebrum
"vt in Republica rex idum et conſultor parva
Magna dividuntur hæc"
dignior forſan corde neceſſario vero et prior cor
Quia melius eſſe bene quam ſimplicem eſſe
Quare cum omnia Animalia vnam partem perfectiſſimam habent
homo hanc: excellens reliqua omnia.
et per hanc dominatur reliquis omnibus: dominatur Aſtris
vnde Caput Membrum diviniſſimum et Jurare capite
"Neceſſitas vero" et Sacroſanctum: Comedere neſas

WH Calore tum ad ſenſum tum ad cibi concoctionem opus
Neceſſitas cum vitæ principio maior pro ciborum concoctione
quam competens ſenſibus : abſque enim calore torpeſcet.
ſenſu vero defenitur animal et alimento opus.
Ibi partes ſeperatas conſiſtere debet diverſa
temperie caloris Nativi Cor et Cerebrum.
vnde omnibus ſanguineis quibus maior calor
Cor et Cerebrum

* de partibus 4: 10 ſanguinis eius partis temperatura Jdonea ad ſenſus tran= quilitatem.

vnde * Ariſtoteles quum × Galenus
obijcit pulmones Cerebrum propter
exceſſum (Cordi Calori 4: p: 681) caloris
vt Cordi ſit monumentum in contrarium
et calorem contemperando Judicem
vnde contra exſangues quibus idem calor
ſufficiens vtriſque : cor et cerebrum conſuſum.
vt vermibus terrenis an cor an cerebrum WH
et quo calidior Cor Animalibus et pulmones ſanguine
eo Amplior cerebrum ad intellectum opus
vnde homo calidiſſimus omnium animalium Ampliſſimum cerebrum
Sicut in Republica minore idum Judex Rex
et conſultor, maioribus diſtincta bæc
politici enim multa exempla ab Arte noſtra
ſic vt Inferiori ventre vbi diverſas coctiones
qui diverſis Caloribus : diverſis præparationibus Alimenti opus eſt
ibi diverſa organa præter Cor qui fornaces
lares et opifices diverſi diverſarum functionum
Jecur lienem ventriculum &c. vti
Alkemiſtæ diverſis fornacibus caloribus : diverſa organa
Actio proinde Cerebri ſenſus et Cerebrum ſenſus
gratia quo definitur Animal :
vnde cum ſenſus organon et diverſa ſenſibilia obiecta
et ſpecies Cerebrorum in Nervos diſtributa
vnde Avicenna Nervi quaſi virgulta cerebri
prudentia ad organa ſenſitiva vt WH digiti Manus
vnde cerebrum non videt nec audit &c. tamen omnia.
præteria a ſenſibus reflectis ſentis quod dicit ſenſus Communis
qui vuum quid Cerebrorum Nervi et organa
et Hoc neceſſe quo percipiatur idem eſſe quod videns audiens &c
pluribus aprehenſibilibus vnum Intelligens.

Calore [illegible] ad [illegible] ad Cibi [illegible] [illegible]
Nervi [illegible] principio maior [illegible] [illegible]
[illegible] [illegible] absq. n: [illegible] [illegible] 91
[illegible] [illegible] [illegible] [illegible]
[illegible] partes [illegible] [illegible] [illegible]
[illegible] caloris [illegible] [illegible]
[illegible] [illegible] sanguinis [illegible] maior calor.
Cor et [illegible] [illegible] (Cord. [illegible] 4: p: 681)
[illegible] [illegible] [illegible] caloris
[illegible] [illegible] [illegible] [illegible]
[illegible] [illegible] sanguis [illegible] idem calor
[illegible] [illegible] [illegible] [illegible]
[illegible] [illegible] [illegible] [illegible]
et q. calidior Cor [illegible] [illegible]
eo Amplior [illegible] ad intellect. [illegible]
[illegible] [illegible] [illegible] [illegible] Amplis [illegible]
Sicut in Rep: pub: [illegible] [illegible] [illegible]
et [illegible] maioribus [illegible] [illegible]
politici n: nulla [illegible] ab [illegible] Nostra
Sic et [illegible] [illegible] [illegible] [illegible] [illegible]
q. [illegible] Caloris: [illegible] [illegible] [illegible]
Vibi [illegible] [illegible] [illegible] [illegible]
[illegible] et [illegible] [illegible] [illegible]
[illegible] [illegible] [illegible]
[illegible] [illegible] [illegible] [illegible]
Ar[illegible] [illegible] Cordi [illegible] et Cordi [illegible]
[illegible] q. [illegible] [illegible] [illegible]
[illegible] [illegible] et [illegible] [illegible]
et [illegible] Cordi = Nervos [illegible]
[illegible] Nervi [illegible] [illegible] [illegible]
[illegible] ad [illegible] [illegible] [illegible] Many.
[illegible] [illegible] Non videt [illegible] [illegible]
[illegible] a [illegible] [illegible] [illegible] [illegible]
q. [illegible] Cordi Nervi [illegible]
[illegible] [illegible] [illegible] [illegible] [illegible]

[illegible] [illegible] [illegible] 10 [illegible] [illegible] [illegible] [illegible] [illegible]

Intell. Non solo toto spiritus vastus continet sed
et facit [illegible]
et ab[illegible] [illegible] Memoria
et [illegible] quarta [illegible]
et quia [illegible] [illegible]
[illegible] Cogitativa
[illegible] Noy:
Continet Intelligit [illegible]
Affectus [illegible]
[illegible] Motus [illegible]
Figura [illegible] [illegible] capiti
variis [illegible]
[illegible] substantia.
Wt [illegible] ita et [illegible] gratia: [illegible]
[illegible] Non [illegible] quod intellectus gratia
[illegible] actio illius
Intellectus [illegible]
materia [illegible]
[illegible] Mdr.
[illegible]
Divisibil. a [illegible]
[illegible] [illegible]
Bipartitio [illegible]
[illegible] paralysi [illegible]
Quantitas [illegible] 2 [illegible] 4
[illegible]
[illegible] ad Maior [illegible]
Est non [illegible] media [illegible]
[illegible]
[illegible] designa
Augmentat. aliquid vel plurimis: [illegible]
[illegible]
Substantia [illegible]
Wt sed [illegible]
[illegible]
[illegible]
[illegible]

Vtillitas non ſolum vero ſpecies reflexionis Concipit ſed
et facit eX conceptis hoc eſt phantaſia
et abſentes revocat et hoc eſt memoria
et Homo vnus hoc pro arbitrio quæ reminiſcentia
et quia pro arbitrio proponit cum diverſa ſint
præterita preſentibus Cogitativa
coniungit ſeperat quæ affirmat negat
Concipit Intelligit: definit.
Affirmando negandoque ratiocinium includit
quare cum hoc MaXime proprium Anima Rationalis
Figura vt cranium the mowld: qua Capitis
varijs Anfractibus vt vaſa Ingrediuntur quod × anſere levis
præter. venæ in ceribri ſubſtantia
WH quod ſemper ita eſt alicuius gratia: cuius vero WH Neſeio
vnde non videtur Eraſiſtrato quod intellectus gratia
Galenus enim nihil in parte quod non conducit ad actionem illius
Intellectus ergo. quia functio cerebri
natura enim nihil facit fruſtra.
vnde "Pichol" Columbus propter expeditum motum
Alijs ne molle in ſeptum concidat
Dividitur a cerebello alijs quia vaſa Ingrediant
× In paſtinaca et vbi diſtant multum
Bipartitum deXtrum et ſiniſtrum ſed hic Mirum
leſo enim deXtra parte paralyſis ſiniſtræ et contra
Quantitas in homine MaXima animali calidiſſimo duorum Boum
et Maribus plus quam fæminis ponderoſum Bauhin 4lbs
woodcok non Maior vero occulo.
Eſt non Maior multo Medulla
Teſtudine occulus ſuperat Media parte { Animalia exſanguia · ſrigida
piſcibus eXigua
Augmentatur aliquando vt plenilunio: contentione voeis Avicenna
locis et temporibus vliginoſis
Subſtantia "molli" Albiſſima "ſp" puriſſima vt ſpiritus limpidiſſimus
WH ſed obſcuro loco omnia Nigra: nec timidis obſcurior
Molliſſima pueris quibus ratio Imperfecta: pene fluida Embrione
lenis et lenta vt ſpiritus mites tranquilli non facile
diſſipentur

Temperatura frigidum exangue enim et humidum molle.
frigidum tamen vt contemperaret ſpiritus a corde ne Inflammetur
et cito evaneſcat quod furioſis calefacto cerebro
Humidum ne Motionibus ſpiritus exciccetur et vt facile patiatur
a ſenſibilibus ſpeciebus
omnibus WH contrarium cordi propter enim ipſum diſertum diximus.
Cognoſcitur temperatura ex quantitate Capitis : colli longitudine
occulorum pilorum quantitate et colore &c.
vnde ex his plurima ſigna phyſiognomiæ et ſanitatis
Talis ſubſtantia in cuniculo cavitate occuli
frigidum exiles enim venæ : humidum vnde cito wheyiſh
vnde in vulneribus penetrantibus facile ſpacelatur
vnde Cooperimento " vtuntur " calido tractando.
vnde facile venere læditur exhauſtis enim ſpiritibus propter frigiditatem
prius et magis ſentiunt et patiuntur quæ vitioſæ Imbecillitate
et parvo momento cauſa parva afficiuntur
vnde pars humidiſſima facile paſſibiles refrigeratione et referveſcentia
maxime Idonea vnde : vtroque modo
Catharri omnes externi per ſuturas &c. Item per { Nervos / Nucham / venas Arterias &c }
vnde ſcatent excrementis per palatum Nares : quia humidiſſimum
et quia etiam ad tactum omnium Morborum frigidum ſuperiori loco
Inſtar cucurbitus vapores ſuſcipit colligit attrahit
condenſat detinet
vnde vel colliquat vt nix vel Compreſſum vt ſpongia
deſtillationes " decubitus " multorum Morborum procreat
Hic Somni ſedes vapor enim ſurſum ab Alimento per { venas / Arterias }
hic condenſat propellit infra calorem quo in anguſtum compulſo
ſenſuum. caput et corpus erigendi Impotentia
Temperatura concoquere ſpiritus dicitur et circa
concoctionem ſpiritus 7 opiniones a Bauhin recenſæ
WH Nullis Acquieſco : pluria enim dubia : Impoſſibilia :
WH potius ſanguis ſpiritus enim vt flamma Nullæ ſeperationes
ſed de his in Anatomia Nervorum aptius

Temperatura frig[illegible] [illegible] [illegible] [illegible] [illegible]

frig[illegible] [illegible] et [illegible] [illegible] [illegible]

et [illegible] [illegible] [illegible] [illegible] [illegible]

[illegible] [illegible] [illegible] [illegible] [illegible] [illegible]

[illegible] [illegible] [illegible] [illegible] [illegible] [illegible] p2

Cog[illegible] temperatura [illegible] [illegible] [illegible] [illegible]

[illegible] pilos [illegible] et colore [illegible]

— vide de [illegible] [illegible] a [illegible] physic[illegible] [illegible]

talis [illegible] [illegible] cavitate [illegible]

frigidi [illegible] [illegible] [illegible] vide [illegible] [illegible]

— vide [illegible] [illegible] [illegible] facile [illegible]

vide [illegible] [illegible] calido tractando.

— vide facile [illegible] [illegible] [illegible] [illegible] frig.

frig et magis [illegible] et [illegible] [illegible] [illegible]

et parvo [illegible] [illegible] [illegible]

— vide pag [illegible] facile passibil [illegible] et [illegible]

magis [illegible] [illegible] [illegible]

Cat[illegible] [illegible] Ecl[illegible] [illegible] [illegible] [illegible]

— vide [illegible] [illegible] [illegible] Haly: [illegible]

et quia [illegible] et [illegible] [illegible] [illegible] frig. [illegible] [illegible]

[illegible] [illegible] vapores [illegible] [illegible] [illegible]

[illegible] [illegible] [illegible]

— vide vol [illegible] [illegible] [illegible] [illegible] [illegible]

[illegible] [illegible] [illegible] Robert [illegible]

His [illegible] [illegible] vapor [illegible] [illegible] ab [illegible] [illegible]

[illegible] [illegible] [illegible] [illegible] [illegible] [illegible]

[illegible] capul et [illegible] [illegible] [illegible]

temperatura [illegible] [illegible] [illegible] [illegible]

[illegible] [illegible] [illegible] [illegible] [illegible]

Ut Nulli [illegible] [illegible] [illegible] [illegible]

Ut [illegible] [illegible] [illegible] [illegible] Nulli [illegible]

[illegible] [illegible] [illegible] [illegible] Horat[illegible] [illegible].

[illegible] principali [illegible]

[illegible]

[illegible]

[illegible]

[illegible] Capit. [illegible]

[illegible]

[illegible]

[illegible] Capit. [illegible]

[illegible]

[illegible] palazzi [illegible]

[illegible] Capit

[illegible]

[illegible]

[illegible]

[illegible]

[illegible]

[illegible]

[illegible]

Tale [illegible]

[illegible] Bo[illegible] A. 1582

Dubium quænam ſit pars principalis an ventriculus an ſubſtantia
WH viſum ventriculos aqua plenos: daſy ſheep
vehiculum aquæ limpide exiunt
Inſecta optime ſentiunt: et anſer ſatis
quibus non ſunt
Tamen cerebro ſenſum fieri Nervorum Anatomia docet
et WH Exemplum Rane: in cogitationibus dolet caput
vigilijs graveſcunt Imbelles
Tamen Hydrocephali Dr Argent totum cerebrum
abſumptum nil præter Meninges.
et Hollerius obſervat Cerebri capillos ſaniem ſepe
in doloribus magnis
WH Patavij Attonito: vſus vnctione a lue venerea
Alopeciæ Barbæ et Capitis
Hic cute integra. Carioſum Cranio vna parte
penetrante Meninges macula livida
detracta Membrana dura cerebri curded milk
cancer ovi magnitudine poſt curdem flaveſcentem
deinde ceruleus caloſus vnde durus
vt inciſum retharent [= retrahent] ſe partes
Intus. punicio purpureo
Tale quod Tumoris ſcirroſi Bauhin
Barrone Bonacurtio Anno 1582.

Corpus Callosum superior pars ventriculorum
sustinet Cerebrum
Ventriculi duo priores maiores. simicirculares
Mercurialis
vt regio Auriculæ sic Impetni spiritus Ingrediunt
Intus color splendidus WH recenter Mortuis
Tenui Membrana oblini "quibusdam" quidam contendunt propaginem pelvis
Hoc loco medicis fieri Epelepseiam e vertigine
cum materia hic abundans irritat
vel vt alij cum spiritus hic contenti agitati nimium
lesæ ventriculæ e ApopleXia penitus obstructus
vnde Apoplecticis vidi aquam et in his
plexibus like chopt brann, like a little Poridg
tamen Aquam vide summo suspensam
NB. Cerebrum atro sanguine venis distentis ventriculi liberi sunt
aquæ cruente Cerebellum putrescens adeo vt digitis
contactum divulsum elaberetur Circa destillationem Mettalorum
versatilium et Hydrarguri
WH vnde puto aquam hic eX corruptione cerebri
post mortem. præcipue pueris et humidis corporibus
recenter enim mortuis cerebrum sollidius Multo
Vsus Hic officinam esse spirituum animalium
vnde movendo Cerebrum eXternum Aerem per Nares &c
vnde pleXus esse eX venis et arteriis: Fallopius eX arteriis tantum
Alij motum eX ventriculis Intellectum in substantia cerebri
vnde Hippocrates si in mentem erepserit Melancholia si
aliter Epilepsia viz. in ventriculis
"Alij ad EXcrementa eX pirargo vt cloaca. Picolhomini"
Alij vt sit spirituum promptuarium vnde Galenus
securitatis gratia ij° altero leso in
Juvine Smirniæ
Alij ad eXcrementum purgationem cloacam Picholhomini vnde Alijs
qui ventriculis attribuunt santasiam 1° Intellectum &c.
Animam in ergastulo ponunt divinissimam facultatem
cum excrementis permiscent superiora Inferius
"WH puto" Alij et plexum Coroidem eX toto ad tactum glandulosum esse Bauhin
vnde Varolius vsus vt glandularum ad humores absorbendos
WH puto processus piæ: vbique enim plexum in cerebro

Corpus Callosum superior pars ventriculorum
fugit ad cerebellum 93
ventriculi 2° priores maiores: similitudinalis
alveus [illegible] [illegible] [illegible]
[illegible] color [illegible] [illegible] [illegible]
[illegible] [illegible] [illegible] [illegible] [illegible]
Hoc loco [illegible] Epilepsia [illegible]
[illegible] [illegible] [illegible]
[illegible] [illegible] [illegible] [illegible] agitat [illegible]
[illegible] [illegible] Apoplexia [illegible] [illegible]
[illegible] Apoplectici [illegible] [illegible] [illegible]
[illegible] like [illegible] brain like a little [illegible]
[illegible] [illegible] [illegible] [illegible]
Cerebellum [illegible] [illegible] [illegible] [illegible]
[illegible] [illegible] Cerebellum [illegible] [illegible]
[illegible] [illegible] [illegible] [illegible] [illegible]
[illegible] Hydrargyrum
[illegible] [illegible] [illegible] ex Cerebro [illegible]
post mortem [illegible] [illegible] [illegible]
[illegible] [illegible] Cerebellum [illegible] [illegible]

Hic officium [illegible] [illegible] [illegible]
[illegible] [illegible] [illegible] [illegible] [illegible]
[illegible] [illegible] [illegible] [illegible] [illegible]
Alii [illegible] ventriculi. [illegible] [illegible]
[illegible] Hippo[illegible] [illegible] [illegible] [illegible]
[illegible] Epilepsia [illegible] ventriculi
~~Alii [illegible] [illegible] [illegible] [illegible]~~
Alii [illegible] [illegible] [illegible] Galen
[illegible] [illegible] [illegible] [illegible]
[illegible] [illegible]
Alii [illegible] [illegible] [illegible] [illegible] [illegible]
[illegible] ventriculi [illegible] [illegible]
[illegible] [illegible] [illegible] [illegible]
[illegible] [illegible] [illegible] [illegible]
~~[illegible]~~ [illegible] [illegible] [illegible]
[illegible] [illegible] [illegible] [illegible] [illegible]
[illegible] [illegible] [illegible] [illegible] [illegible]

[illegible] Sed [illegible] : [illegible] : [illegible]
[illegible] Magis.
[illegible]
[illegible]
[illegible]
vel [illegible]
[illegible]
[illegible] alij [illegible] 3 [illegible]
[illegible]

[illegible] Nalos
[illegible]
[illegible] 4 2
[illegible]
[illegible] Cola [illegible]
[illegible]
[illegible]

[illegible] 4 [illegible]
[illegible]
[illegible]
[illegible]
[illegible]
[illegible]
[illegible]
[illegible]

[illegible] alij [illegible] 2 [illegible]
3 [illegible]
2 [illegible]
[illegible]
[illegible]
[illegible]
[illegible]
[illegible]
[illegible]

WH Sed Anſere : Anate &c : non ſunt omnino
cum tamen cuniculo eque Magno
et Auſere Cavitates iñ teſtibus ſic in
a playſe puto omnibus fere piſcibus et penatis
W et vbi ſunt quaſi reduplicationes cerebri ſunt
vel potius Medullæ cerebri
He duo concurrunt et revera tantum
vnum efficiunt vnde alijs tantum 3 ventriculi
alij 6 alij 4 alij 2

Teſtes et nates ſuperiores teſtes Inferiores Nates
ſub fornice revera extra cerebrum
parte Inferiori et poſteriori Meatus a tertio in 4^{tum}
Anus vbi cerebello remoto foramen Anus dictum
vulva fovea oblonga inter illas Columbus vulva in homine
vſus deferre vaſa quarti ſinus in cerebrum
et ſuſtinere cerebrum a compreſſione tertii ventriculi
Glans pinealis vbi ingreditur 4^{tus} ſinus iunctus plexu coroide
penis dicitur a ſimilitudine reſpondens teſtibus
Claudit orificium ventriculi : ſuſtinet vaſa
vnde ſub vaſis
Teſtes multo Maiores cerebro et cerebello iunctis
vt plurimum diſtant in paſtinaca et pene omnibus piſcibus
WH ſic m̄ a Ratt interſtitium longiſſimum inter cerebrum et cerebellum
WH teſtes contrario modo vel ſaltem proceſſus Anſere
galina cavæ : Nates vero obſcure eodem celario cerebri
Tertius ventriculus duorum priorum concurſus huc eſſe
ventriculum alij Negant vt his 2° tantum ventriculis
Appellam rimam longam cerebri centrum cerebri
duplici Cavitate altera deſinente in pelvim
Altera ſub teſtes et poſt tendens anterius ad
Meatum prioris in pelvim : vnde : ventriculi pro cloacis
fornix  triangulus longior angulo anterius
concameratum corpus, extremitate ſepti lucidi
linea medio ex tuberanti cum ſepto continuato
Immediate per plexos.

Septum lucidum candela apoſita: vt hoſtia
madida lapis ſpecularis: Membranea
cerebri portiuncula
4[tus] Ventriculus Initio ſpinalis medullæ. Calamus ſcriptoris
inter cerebellum et ſpinalem Medullam.
tenui Meninge obvolvitur: Alij negant eſſe ventriculum
Qui facultates ſecundum ventriculos diſponunt vt Scotus Thomas
Albertus &c. hic Memoriam locarunt
Qui ventriculum pro cloaca videntur redarguere
Quia Nullus Meatus in pelvim quo exitum deferret

Cerebellum cum Cerebro ſpeciem fleur de lis red
Galli appellati
"ſeiunctim a cerebro et diſtingtum redundare
occipitis Regionibus tanquam ſimili cerebro brutis
Alijs vt paſtinaca longius a cerebro."
partes dextræ et ſiniſtræ Mediæ duos globos Invicem poſt
paſtinaca bifidum
ab eminentiori parte media proceſſuum
Vermiformes ante Natibus, retro quarto ventriculo
qui dum retrahuntur aperiunt relaxant obſtruunt.
WH vnde illorum officium apparet non eſſe ianitores
quia Nihil agit relaxatione
proceſſus item quibus Abiunt Nucham: pons cerebelli Varolii
vermiformes proceſſus. Membranoſi vnde Picholhomini Non eſſe partes cerebri
Quantitas ſub 4[plo] vel ſub 10[plo] minus cerebro
Vſus: videtur pene cerebrum: quia eadem pene ſubſtantia magis pallet Platerus: ſpirarum
conſiſtentia ſed: WH aliquanto cerebrum fabrica
duriori compactiori vnde rationabiliter
Memoriæ ſi functiones cerebri ſubſtantia vt conſerving melius
rum
Galenus propter Nervos Motrices. vnde aliqui cereb"ellum"
ſenſibus Nucham Motui vnde obſtructo: 4to paraliſis Incumbit
prioribus obſtructis motus et ſenſus Coma:
vnde obdormientes ambulantes contingit: obſtructis tantum prioribus
Alij tum Motum tum ſenſum a cerebroſis ſed mollioribus Nervis
ſenſu durioribus Motum WH hoc vero falſum recurrentibus

Scriptor[illegible] [illegible] apposita: vel [illegible]
[illegible] [illegible] [illegible]: [illegible] 94
[illegible] [illegible]

4[to] Ventric. fistula seu alii medullae: calamus script.
[illegible] [illegible] et [illegible] medullae.
[illegible] [illegible] [illegible]: Alij [illegible] [illegible] [illegible]
Qui [illegible] [illegible] [illegible] [illegible] vel [illegible] Thom[as]
[illegible] [illegible] [illegible] memoriae [illegible].
Qui [illegible] [illegible] [illegible] [illegible]
Quia [illegible] [illegible] = [illegible] [illegible] [illegible] [illegible].

Cerebellum vel cerebrum parvum [illegible] [illegible] [illegible] [illegible]
Galli appellant

~~[illegible] [illegible] [illegible] [illegible] [illegible]~~
~~[illegible] [illegible] [illegible] [illegible] [illegible]~~
~~alij [illegible] [illegible] [illegible] [illegible]~~

[illegible] [illegible] et [illegible] media [illegible] [illegible] [illegible] [illegible]
[illegible] ab [illegible] [illegible] [illegible] [illegible]
[illegible] [illegible] [illegible] [illegible] 4[to] [illegible]
[illegible] [illegible] [illegible] [illegible] [illegible].
[illegible] illos [illegible] appellat [illegible] [illegible] [illegible]
quia [illegible] [illegible] [illegible].
[illegible] [illegible] [illegible] [illegible] [illegible] [illegible] [illegible]
[illegible] [illegible] [illegible] [illegible] [illegible] [illegible] [illegible] [illegible]
[illegible] [illegible] [illegible] 4[to] vel [illegible] 10[o] [illegible] [illegible]
[illegible] [illegible] [illegible]: quia [illegible] [illegible] [illegible] [illegible]
[illegible] [illegible]: [illegible] [illegible] [illegible] [illegible]
[illegible] [illegible] [illegible] [illegible]
[illegible] [illegible] [illegible] [illegible] [illegible]
Galen [illegible] [illegible] [illegible] [illegible] alij [illegible]
[illegible] [illegible] [illegible] [illegible] [illegible]: [illegible]
[illegible] [illegible] [illegible] [illegible] [illegible]:
[illegible] [illegible] [illegible] [illegible]: [illegible] [illegible] [illegible]
Alij [illegible] [illegible] [illegible] [illegible] [illegible] [illegible] [illegible]
[illegible] [illegible] [illegible] [illegible] [illegible]: [illegible]

[illegible] ratio vt [illegible] Nervi et [illegible]
Nervi n: desinit [illegible] [illegible] [illegible]
[illegible] [illegible] [illegible] sed organa.
Valuli [illegible] cerebello [illegible] sensibilia audibilia
vel cerebro [illegible] visibilia [illegible]
quia optici [illegible] cerebro.
acustici [illegible] cerebelli.
[illegible] [illegible] [illegible] quia [illegible]
Fernelii [illegible] opinio [illegible] a cerebro
[illegible] a [illegible]: [illegible] dolor [illegible]
et Nervi [illegible] [illegible] [illegible]
[illegible] [illegible] [illegible] [illegible]
[illegible] sed [illegible] [illegible] Nervorum [illegible]
[illegible] Nervi cerebro [illegible] [illegible]
[illegible] [illegible] vel [illegible] [illegible] [illegible]

Nervi a cerebro [illegible] [illegible] [illegible]
organi [illegible] a [illegible] [illegible]
[illegible] quia [illegible] Nervi a [illegible]
quia [illegible] [illegible] [illegible]
[illegible] [illegible] [illegible] [illegible]
An [illegible] [illegible] [illegible] [illegible]
vel Galen: [illegible] [illegible] [illegible]
[illegible] [illegible] [illegible] [illegible]
palo: [illegible] Nervi [illegible] [illegible] [illegible]
et [illegible] [illegible] [illegible] [illegible]
vel [illegible] [illegible]: [illegible] [illegible] [illegible]
[illegible] [illegible] [illegible] [illegible] [illegible]
[illegible] [illegible] [illegible] [illegible] Nervi
[illegible] [illegible]: [illegible] [illegible] [illegible]
[illegible] [illegible] ligatura [illegible] [illegible]
[illegible] n: [illegible] [illegible] [illegible] [illegible]
vel [illegible] [illegible] [illegible] [illegible]
[illegible] [illegible] Nervi a cerebro [illegible]
[illegible] [illegible] et cerebro [illegible] [illegible] Nervi

Tum Ratione vt inter Nervorum Anaſtomoſes
Nervi enim deferunt tantum facultate non agunt
neque movent neque ſentiunt. ſed organa.
Varolus. Cerebellum propter ſenſibilia Audibilia
vt cerebrum propter viſibilia " vnde opti "
quia optici terminantur cerebro.
acuſtici ponti cerebelli
et proinde ſiccius ſollidius Quia ſemper ita
Fernelij vt ante Picholhomini opinio motum a cerebro
ſenſum a Meningibus: vnde dolorem capitis ſentiunt
et Nervi Meditallio motivam facultatem
Tunicis quas a Meninge ſenſetiva
WH ſed poſſum Monſtrare Nervos Meningi a cerebro
" præteria" Neque cerebrum movere ea ratione
ſatis eſt vt principium neutrum agat.
Nervi A cerebro ſenſum et motum Muſculis et
organis alij a Medulla quæ forſan
Motorij quia calidior Nucha Ariſtoteles
quia pinguedo: et propius cordi
WH et movere Activum quam ſentire pati vnde maiori calore
An facultas cum eſſentia viz. ſpiritus pertranſeuntis
vt Galenus cum vel citra eſſentiam
" x puto ſpiritus in organis et Nervis ſepedictos"
puto: ſpiritus Nervis non progredi ſed Irradiatos
et actus fieri vnde ſenſus et motus
vt lumen in aere: forſan vt fluxus et refluxus Maris
Immediate ſubiectum ſpiritus vnde retractis
vel propter Intemperiem et Impactos humores Nervorum
Medulla adumbrata: fit reſolutio cum eſſentia
Impedit facultatem: ligatura citra eſſentiam
Spiritus enim quod idem contra Concilium WH cum calore
vt Ariſtoteles Inſtrumentum Inſtrumentorum vt malleus
x itaque ſpiritus Nutrici ab cerebri ventriculis
A ſpiritu moveri omnia et cerebrum et cor: vnde ſpirituoſi
laſcivia: loco ſtare neſciunt

hoc iure gloriari Galene Invento Ariſtotele Ignoto
cum enim Ariſtoteles Nervos in Corde oriri intellexit
fibras quæ proportionaliter reſpondent tendonibus: organis motus
quos etiam Ariſtoteles Nervos.
" Pro " Circa numerum comparatum diverſitas alij 7: 8: 9.
proceſſus Mamillares et Meatus olfactorii
1° Optici: Coniuncti alij in crucem
Riolanus optici Cavi nuper Mortuis
vnde: obiectum non 2° vnum apparet et
occuli ſimul moventur
Quia propter Robur: alij vt tranſeant ſpiritus vno occulo clauſo tantum
in vnum motus
Multæ opiniones de Coalitiis que Veſalius tribus exemplis refutat
aliquibus enim non ſunt ratts nec aliquibus hominibus
Hic obſtructi the blind Catarrack
WH Novi et curavi ab vulceribus Narium
hic Plater tumore Compreſſos ſcirroſo
the black Catarack gutta Serena Arabum vncouchable " vnde pate "
pelvis ſoporalis
vnde patet horum vſus.
WH hæ exciccatæ retractæ. vt vigilliis ſenectute
vnde occuli Concavi retractæ intro.
ad ventriculum ſequere vena quinta Veſalius a dura
ſignum " ſict " ſiccitatis cerebri in tabe et coitu
contra humidi relaxati occuli prominentes
vt defluxionibus et quibus phyſiognomici
Miſericordes Compaſſionati humidi enim
facile flentes.
prope Ingreſſum Carotidis Arteriæ vt ſpiritus
ſecunda Coniugatio what on the one ſide imagine altero
A lateribus baſis cerebri minores ad
proprium foramen in oſſe ſphenoide
foramen oblongum &c Nervorum exitui viz { hic / et tertio pari

vel tertij paris ramus dictus alterum et 8ª coniugatio
vel 5ᵗⁱ paris radiei minori
occulos moventi
tertiæ vna propago quæ potius vt a coniugatione per ſe tum exortu tum exitu
Infima et poſteriori ſede Medullæ: ab infima et poſteriori
ſede (WH Intus a 3ª) Nervulo eXiguo et recta ſub
cerebri baſi ad latera antrorſum et craſſam Meningen
ſolus perforat et 2° pari attenſus cum ipſo. Commune foramen.

Cor meum gloriari Gal[illegible] Arist: [illegible]
[illegible] Arist. Novos — Coelo [illegible]
[illegible] ratione [illegible]
[illegible] Arist. Novos. 95

[illegible] Circa [illegible] Congal. [illegible] 7: 8: 9:
[illegible]

1° Op[illegible]: Comici alij — [illegible]
[illegible] 2° — [illegible] appellat
[illegible]
Quia propter [illegible]: alij [illegible]
multae opiniones de Galileo [illegible]: 3 [illegible]
aliqui [illegible] aliquid [illegible].
Hic [illegible] Calabrasi:
[illegible] Nobis [illegible] Natis
[illegible]
[illegible] Calabrasi [illegible]
[illegible]
[illegible]
[illegible]
[illegible]
[illegible] physiog[illegible].
[illegible] Conphessibus [illegible]:
[illegible] Carolid. [illegible]
[illegible] allora
[illegible]
[illegible]
[illegible] Novos [illegible]
[illegible] 8° [illegible]
[illegible]
3° [illegible]
[illegible]
[illegible] Novos [illegible]
[illegible]
[illegible] 2° [illegible]

Altera tertij per pagos ad latus. ad eo
progressu [illegible] erui per pagos [illegible] dext.
[illegible] 4to [illegible] Cor.
tertia [illegible] [illegible].

4to. [illegible] aliquando [illegible] non
[illegible].
[illegible] [illegible] medull.
[illegible] 4to [illegible]

Ab [illegible] Capreolum [illegible] 2 [illegible]
[illegible] auditorio [illegible]
2a [illegible] Cor [illegible]
[illegible] par [illegible].
[illegible]
[illegible] : non 2d par [illegible] eodem foramine.

5 par [illegible] auditorium 2a [illegible] altero
molle altero duriori [illegible].
[illegible] ad os petrosum.
[illegible] 4 [illegible]

6 par 2a [illegible] eodem [illegible]
[illegible] 2d [illegible] occipitij [illegible]
[illegible] foramine.

7 [illegible] ~~aliquando~~
[illegible] obliqu.
[illegible] occipitio.
[illegible]
[illegible].

Ratt: 3d par [illegible].
~~A [illegible]~~ [illegible] [illegible].
[illegible] [illegible]
[illegible] [illegible] [illegible].

WH [illegible]: [illegible] [illegible]
[illegible] 4to [illegible]
[illegible]
[illegible] 4to [illegible]

Altera tertij propago ad latus: adeo
prope quartum vt eius propago videtur.
et cum quarto miſcetur foramine Commune
tertia quartaque guſtant
4^{tum} difert aliquantum exortu a tertio pari non
in progreſſu
oritur retro par ſecundum initio ſpinalis Medullæ
Picholhomini ſub quarto ventriculo Laurentius ſub cerebello
Ab exortu Capreolais et duobus Ramulis cum 5
vnitur auditorio: et exit per foramen 6 ſphenoidis
duplici propagine oritur quæ eodem loco craſſam meningen
perforat vnde Merito vnum par quum
vna exteriori tunica continetur
quod: non ſecundum par et tertium licet eodem foramine.

5 par Acouſticis auditorijs duplici principio altero
molle altero duriori eadem tunica duræ
matris Inveſtiuntur ad os petroſum
Iſti vel piſcibus. vnde WH organon auditorium paſtinaca
6 par duplici Nervo eodem perforans duram Matrem
et ad ſecunda foramina occipitij vbi venæ
Jugulares Ingrediuntur et ſinus faciunt
7 A Medulla cranio elapſura "aliquibus"
multis Invicem diſtantibus radicibus oblique
et proprium foramen occipitio.
Hic Aquapendens Nervum a cerebro in duram
quo ſemel duræ
Ratt: tertium par ante primum oritur
Anſere: optici ſtatum exitu Coniungitur
Anſere Nervi longi ſub calvario a poſtero
ad Roſtrum quo vſu Neſcio tale talpa. Ratts

WH NB Nervorum { foramina { oblonga prope exitum optici / $2^{æ}$ et propaginis $3^{æ}$ / $4^{tæ}$ tertiæ et $4^{tæ}$ / tribus Inferiori calvario / ſinum $6^{tæ}$ / proprium $7^{æ}$ }
exorta { $2^{æ}$ later / $4^{tæ}_{r:}$ tertiæ / 4to }

Pelvis a ſimilitudine oritur a pia matre
    A tertio ventriculo ab orificio amplo ſeſe anguſtiori
    ad glandem pituitariam
Glans pituitaria adeo extra craſſam meningem oſſis
    ſpænoidis ſeſſa ad finem Infundibuli
    ſuperne concava inferne gibba quadrata
      parva
    ſubſtantia cæteris glandulis compactior durior
  omni ex parte tenui Meninge obducitur. vnde
    hic oriri tenuem Meningen Columbus opinatur
    et Admiratur Veſalius innoraſſe ego Admiror quo Cognoſcerent.
vſus pituitoſi excrementi tranſcolantis in pallatum
    perforatur os duplici foramine ad latus quo
    ſecundum par Nervorum exit
    altero foramine in poſteriora magis et
      per Aſperam Rimam deducitur
  Ad latera foraminis Ramus carotidis Inſignior
      in calvarium tranſmittitur.

Rete Mirabile de tanta Galenus officina ſpiritus Animalis
        venis Arterij Carotidis mixtus
      glandem pituitariam vndique circumdant
      A lateribus oſſis ſphænoides
        tanquam rete ſuper rete piſcatorum
      quorum replicationes replicationibus connexæ
      Bauhin contra Veſſalium eſſe Capitale hominibus Manifeſtum vero Bubus &c
          Riolanus Amplum dempta dura meninge
            et aliud Rete baſi cerebri ex fibris venæ
              vt illa Arteriæ

[illegible] [illegible] [illegible] a [illegible] [illegible]
A 3° [illegible] ab [illegible] [illegible] [illegible] [illegible]
a [illegible] [illegible] 90
[illegible] [illegible] adeo [illegible] [illegible] [illegible] [illegible]
[illegible] [illegible] ad [illegible] [illegible]
[illegible] [illegible] [illegible] [illegible] [illegible]
parva
[illegible] [illegible] [illegible] [illegible] [illegible]
[illegible] [illegible] [illegible] [illegible] [illegible]
[illegible] [illegible] [illegible] [illegible] [illegible]
[illegible] [illegible] [illegible] [illegible] [illegible] [illegible]
[illegible] [illegible] [illegible] [illegible] [illegible]
[illegible] [illegible] 2° [illegible] [illegible] [illegible] q.
2° [illegible] [illegible] [illegible]
alveo [illegible] [illegible] magis [illegible]
[illegible] [illegible] [illegible] [illegible]
[illegible] [illegible] [illegible] [illegible] [illegible] [illegible]
[illegible] [illegible] [illegible]

[illegible] [illegible] [illegible] [illegible] [illegible] [illegible]
[illegible] [illegible] [illegible] [illegible]
[illegible] [illegible] [illegible] [illegible]
[illegible] [illegible] [illegible]
[illegible] [illegible] [illegible] [illegible]
[illegible] [illegible] [illegible] [illegible]
[illegible] [illegible] [illegible] [illegible] [illegible] [illegible]
Riccar. [illegible] [illegible] [illegible] [illegible]
[illegible] [illegible] [illegible] [illegible] [illegible] [illegible] [illegible]
[illegible] [illegible] [illegible]

2a Lezione.

[illegible] Nervi a Medulla tab. [illegible]

Origine spinali Medullae [illegible]

[illegible]

Ad [illegible]

[illegible]

[illegible]

[illegible]

A [illegible]

[illegible] Origo [illegible] spinali [illegible]

[illegible] a [illegible] spinali Medulla

[illegible]

NB. [illegible] Nervi

[illegible] spinali Medull.

[illegible] ad [illegible]

[illegible]

[illegible]

[illegible]

[illegible]

[illegible]

[illegible]

[illegible] Me[illegible]

[illegible]

[illegible]

[illegible]

A [illegible]

[illegible]

[illegible] Medulla

[illegible]

[illegible] Nervi [illegible]

2ª Sectione.

vt omnes Nervi a Medulla Tabula Bauhin
Origo ſpinalis Medullæ quæ ex quatuor proceſſibus ante
duobus maioribus a cerebro alij minor brevi cerebelli
Ad medium duo priores reflexuntur circa quum opticus
extra ventriculum fertur
Nucha ex his Avicenna cerebri vicarius
quatuor Eminentiæ cerebri { 2. oſſi frontis reſpondentes; 2 Cavitatem oſſe ſphenoides }
Opticorum origo (inter Cerebrum et ſpinalis ortum
latitantes) a principio ſpinalis Medullæ
vnde Cauteria occipitio valet occulis
NB. piam matrem remove intactis Nervis
Conexio. exortus cerebri quaſi contiguus ſpinali Medullæ.
Olfactorij meatus progreſſus ad poſteriora
magis attenuatur vſque ad cerebri extrema latera
in regione quæ ſupra foramina auditus.
in Mucronem acutiſſimum vnde conſenſus auditus et olfactus
Gravedine: retentione ſpiritus Eminentem Aerem
perforari Fallopius recenti Capite (quod × certo Varolus)
a ventriculis WH Δ capite vituli
primo Ingrediente putat aerem Muccam egridi
ſitus inter craſſam et tenuem Meningen.
Ventriculi Hipocamponides Arantij partem primam et
et plexus Membranæ latiph: pars piæ vbique plexus
foramina duo in pelvim " ortibus ventriculi "
3us ventriculus: fornix
4^{tus} ventriculus
Anus. ſpatium ex contactu tracorum 4^{r} ſpinalis
medula efformatum cum tracis cerebri
vel cerebelli
teſtes et nates portiones Medullæ
re vera extra cerebrum
WH Nervorum a ſubnatibus ad piam matrem

Cerebelli proceſſus amplectitur
ſpinalem Medullam vt Muſculi laringis
Varolus pontem cerebelli
ex hoc proceſſu Nervus Auditorius
vnde Varolo: Cerebelli vſus obiectis audibilibus
Varolus hinc non omnes Nervi a cerebro vel
ſpinali Medulla. hic enim a cerebello
proceſſus vermiformes
Nullus ventriculus Cerebello ſinus tantum qua
parte reſpicit Nucham
contra "varol" et WH aliquibus animalibus.
aliquando. Arantius Cyſternam vocat.

Secunda Sectione

Gallinæ cerebrum vt a Toad: Arma Gallinæ
Anſere vt pennatis teſtes WH Inventi
quæ cavæ. intus cum calloſo intus corpore
lævi Albicante.

Cervelli percossi a plocl
spinali spedillati spinali ludrigi
varoli ponte cerebell.
del cor percosso Nervo Auditorio
cerebatolo. Cervelli [illegible] obstante auditorio
varol. sim non [illegible] Nervi a cerebello
spinali spedulla. sim n. a cerebell.
percossi vermiformes
Nulla volto. Cerebello [illegible] [illegible] q.a
palle vesiril Nuchar.
esta et 1114 aliquis animalibus.
aliq den [illegible] [illegible] vocal.

Secunda [illegible]
Gallina cerebell. [illegible] a T o a d : [illegible] gallina
[illegible] 11 [illegible] [illegible] 1114 [illegible]
[illegible] [illegible] [illegible] [illegible] [illegible] [illegible]
[illegible] [illegible].

Appendix [illegible] Nervorum

vel processus [illegible] [illegible]

1 Nervi optici [illegible]

[illegible] duram matrem. proprio foramine [illegible]

2 Motorii 2i [illegible] [illegible]

[illegible] [illegible] Matrem

[illegible] foramen oblongum [illegible] [illegible] —

3 [illegible] [illegible] [illegible] [illegible] [illegible]

2d alio [illegible] [illegible] 4ti [illegible] [illegible]

fallop. 8 par.

[illegible] [illegible] Matrem

[illegible] fallop. [illegible] [illegible] ~~[illegible]~~

~ foramen oblong [illegible] ~~[illegible]~~

[illegible] [illegible] [illegible] [illegible] [illegible]

4 ~~[illegible]~~ [illegible] palati: [illegible] [illegible] [illegible] [illegible] —

3 par. fallop. 4 par. [illegible] [illegible]

[illegible] [illegible] Matrem [illegible] [illegible] [illegible]

[illegible] [illegible] [illegible].

[illegible] 2 foramina in [illegible] [illegible] —

[illegible] in palato [illegible] [illegible] [illegible]

[illegible] [illegible] [illegible] fallop: [illegible]

[illegible] [illegible] [illegible] [illegible].

5 [illegible] [illegible] long [illegible] fallop. 4ta

2d [illegible] [illegible] [illegible] — [illegible] 3 par [illegible]

A media Basi [illegible] [illegible] [illegible]

[illegible] [illegible] [illegible].

[illegible] duram matrem: paulo [illegible] [illegible] [illegible]

~~[illegible]~~ [illegible] Nervi

foramen oblong: fallop: [illegible]

[illegible] [illegible] [illegible] [illegible] fallop.

[illegible] [illegible] [illegible] [illegible] [illegible]

Apendix WH Nervorum
vt occulis occurrunt inter diſſecandum.

---

1 Nervi optici priores
Non per duram matrem. proprio foramine.
2 Motorij ſecunda coniugatio dicta:
Abſque. per Duram Matrem
per foramen oblongum In orbitum
3° Laterales. ſtradling ſynews. ſecundum alios radix quinti paris
ſecundum alios Tertij vel quarti Radix Minor.
Fallopius octavum par.
per "format" Duram Matrem.
Fallopius latitans in dura Matre
per foramen oblongum Fallopius "(proprium WH")
In Muſculum Trochleæ (Fallopius) totus.
4to "Tertius par:" Oris et palati Mowth: ſynews. Guſtus. &c. craſſi(
tertium par Fallopius quartum par Bauhin guſtandi
per Duram Matrem in ipſa Reduplicatione
ſuper ſpinam Lythoides.
per duo foramina in ſphænoide
ſuperiore in palatum ad Radicem proceſſus alati
Inferiore inter latitantem et Fallopius Muſculum
in linguam et Maxillam Inferiorem
5to Interiores. cloſe long ſinews. Fallopius quarti
Secundum Veſalium quinti paris Ramus minor tertii paris Bauh
A media Baſi cerebri orti et aliquantisper
ſub: cerebro ſerpentes.
per duram matrem: paulo Infra et Interius
"oris" ab oris Nervis
per foramen oblongum: Fallopius: WH proprium
In Muſculum Indignatorem totus Fallopius
WH videntur extra duram cum guſtandi coniungi

occuli Ramis NB Hi divifiones a Bauhin 3° pari vel laterali

- fupra opticum in
  - Attollentem palpebram
  - fuper berbam
- fub opticum in
  - Bibitor plurimis propaginibus
  - Humilem Bifido Ramo et aliquot fibellis
  - " Indignator " et alijs fibellis. Amator Inferior
- In Membranam occuli et Intimam vterum ×
- NB Fallopius obfervatio 224

p. 227 2dum fallopium 3ci propagine per

- oblongam quæ cum reliquis Nervis et vafis ligatis
  - Maior fupra par 2dum per occuli partem fuperiorem inter perioftion et " Avris " pinguedinem
    - Exteriori Angulo ad: Frontem.
    - Interno Angulo in M: occulum claudentem et frontis Mufculum
  - Minor &c: — vide Fallopium 228 &c.
- " Inferiorem "
- Superiorem Inferiorem in linguam — vide Fallopium 228 &c.

NB. WH An Fallopius non fit Nimis curiofus : certè
pronuncians (quæ Natura Incerto modo facit)
certò fieri

NB Galenus : non fuit Inventor Nervorum a cerebro ad fenfus
Cicero Tufculanæ : 1° p. 339
Item Cicero de vfu partium multa in de Natura deorum libro 2°

[illegible] pa[illegible]

[illegible]

[illegible]

3. [illegible]

[illegible] Fallop. [illegible]

[illegible] et [illegible]

NB. Fallop. obs. 224

Maior

[illegible]

Minor

p. 227

2. Fallop

3. [illegible]

Oblongi [illegible]

~~Superior~~

Superior

Infer.

Linguae.

Fallop. 228

NB [illegible] Fallop. [illegible]

[illegible] modo [illegible]

[illegible]

NB Galen: [illegible]

[illegible] p. 339

[illegible]

CPSIA information can be obtained
at www.ICGtesting.com
Printed in the USA
LVHW081018100219
607024LV00028B/1991/P

9 780260 72966[illegible]